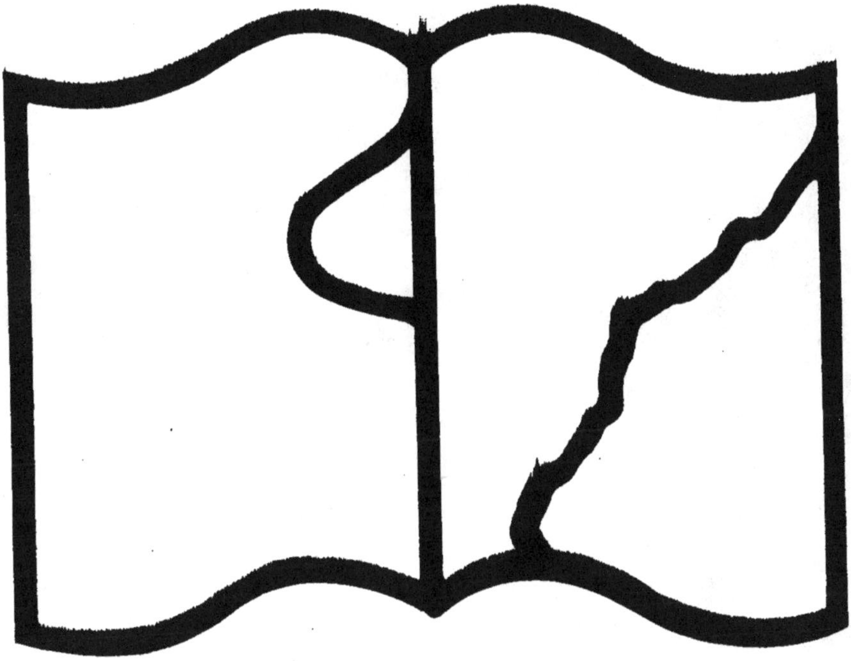

Texte détérioré — reliure défectueuse

NF Z 43-120-11

[illegible]

ARTHUS BERTRAND

LIBRAIRIE MARITIME ET SCIENTIFIQUE.

COMMISSIONNAIRE POUR LA FRANCE
ET L'ÉTRANGER.

SCIENCE MARITIME ET CONSTRUCTIONS NAVALES
HYDROGRAPHIE ET PHYSIQUE.

OUVRAGES SPÉCIAUX POUR LES ÉCOLES D'HYDROGRAPHIE,
CAPITAINES AU LONG COURS
ET MAITRES AU CABOTAGE.

PARIS

RUE HAUTEFEUILLE, 21, PRÈS L'ÉCOLE DE MÉDECINE.

MAI 1863

[illegible]

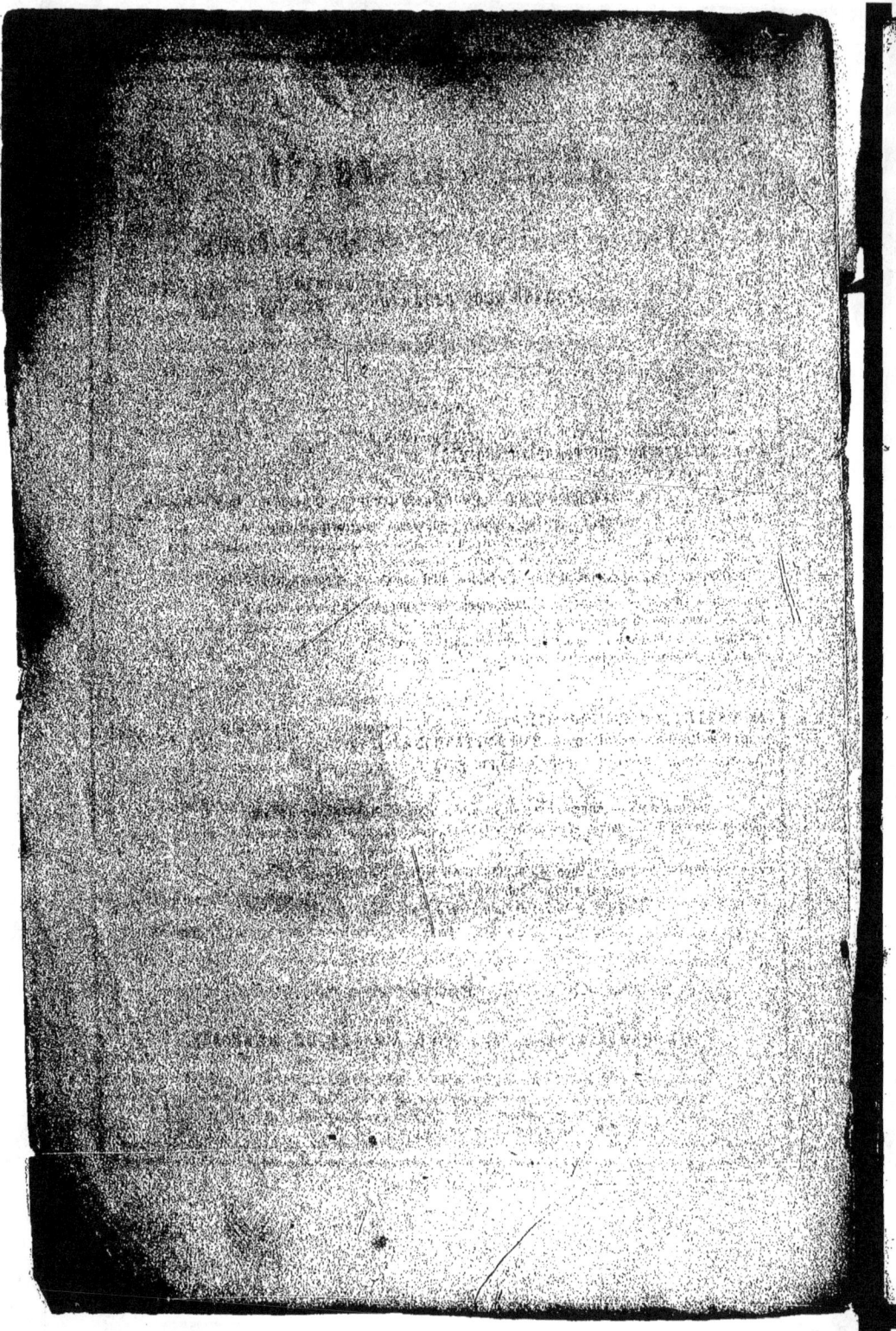

BOURGOIS, capitaine de vaisseau. — **RÉFUTATION DU SYSTÈME DES VENTS DE MAURY**, in-8° accompagné de 2 planches gravées.

BRAVAIS, lieutenant de vaisseau, professeur à l'école polytechnique, membre de l'Institut. — **HYDROGRAPHIE ET PHYSIQUE** *des Voyages en Islande, Scandinavie, Laponie, au Spitzberg et aux Féroé.*

ASTRONOMIE, HYDROGRAPHIE ET MARÉES, un vol. grand in-8 accompagné d'un atlas de 9 planches in-folio. 40 fr.

Longitudes et latitudes déterminées. Marées observées. Dépression de l'horizon et phénomène du mirage. Sur les températures de la mer. Sondages et courants dans les mers du nord. Phénomènes crépusculaires. Étoiles filantes. Densité de l'eau de la mer.

MÉTÉOROLOGIE, 3 vol. grand in-8 accompagnés d'un atlas de 6 planches in-folio. 55 fr.

Observations météorologiques faites à terre pendant les relâches et pendant l'hivernage. Comparaisons barométriques faites dans le nord de l'Europe. Variations et état moyen du baromètre. Sur la température de l'air, ses variations et son état moyen. Des températures par rayonnement. Hygrométrie. Nuages et vents dans le nord. Mesure des hauteurs par le baromètre optique astronomique.

MAGNÉTISME TERRESTRE, 3 vol. grand in-8 accompagnés d'un atlas de 8 planches in-folio. 60 fr.

Variations et mesure de la déclinaison magnétique, ainsi que l'intensité magnétique horizontale, etc.

AURORES BORÉALES, un vol. grand in-8 accompagné d'un atlas de 12 planches grand in-folio. 42 fr.

Description de toutes les observations avec leurs résultats.

OBSERVATIONS SUR LES NUAGES ET VENTS. In-8 avec une planche gravée. 6 fr.

HISTORIQUE DES HYPOTHÈSES FAITES SUR LA NATURE ET LA CAUSE DES AURORES BORÉALES. In-8. 2 fr.

SUR LES MARÉES OBSERVÉES. In-8 avec 2 planches gravées. 6 fr.

GÉOGRAPHIE PHYSIQUE, 2 vol. grand in-8 accompagnés d'un atlas de 4 planches in-folio. 35 fr.

Observations sur les glaciers du Spitzberg comparés à ceux des Alpes de la Suisse et de la Norwége. Mémoires sur la limite des neiges perpétuelles sur les glaciers du Spitzberg, ainsi que sur les phénomènes diluviens et les théories où on les suppose produits par les glaciers. Observations sur la direction qu'affectent les stries des rochers de la Norwége. Note sur le phénomène erratique du nord de l'Europe et sur les mouvements récents du sol scandinave, etc.

Ouvrage publié par ordre du Gouvernement.

BONNEFOUX (DE), capitaine de vaisseau. — **VIE DE CHRISTOPHE COLOMB**, 1 vol. in-8 orné d'une vignette. 6 fr.

COLLOMBEL, capitaine d'artillerie de marine. — **ESQUISSES DES CONNAISSANCES INDISPENSABLES AUX OFFICIERS** qui servent dans la marine militaire et dans l'artillerie de la marine, avec des considérations sur la spécialité de ces deux armes. 1 vol. in-8. 3 fr.

CHOPART, contre-amiral. — **LIVRE DES SIGNAUX**, à l'usage des embarcations. 1 vol. in-18 avec figures. 1 fr. 25 c.

CONSEIL, capitaine de port à Dunkerque. — **GUIDE PRATIQUE DE SAUVETAGE** à l'usage des marins. 1 vol. grand in-8 accompagné de nombreuses figures dans le texte et de 2 planches gravées.

Livre premier. — Du naufrage en général. — Cas divers. — Moyens naturels de combattre le danger.

Livre deuxième.—Engins de sauvetage à bord des navires et leur emploi. — Moyens d'y suppléer quand on n'en est pas pourvu.

Livre troisième. — Engins de sauvetage dans tous les ports et sur le littoral. — Personnel obligé d'un poste de sauvetage. Nomenclature des objets qui doivent former le matériel d'un poste de sauvetage côtier. Moyens de se servir de ces différents engins. — Secours à donner aux naufragés et rappeler à la vie ceux qui sont dans un état de mort apparente.

Livre quatrième. — Procédés employés pour sauver les navires et leurs cargaisons.

— **MANUEL PRATIQUE DE SAUVETAGE DANS LES EAUX INTÉRIEURES**, fleuves, rivières, cours d'eau, canaux, lacs, étangs, etc. 1 vol. in-8 accompagné de nombreuses figures dans le texte.

DE FRÉMINVILLE, ingénieur de la marine, professeur à l'école du génie maritime. — **COURS PRATIQUE DE MACHINES A VAPEUR MARINES**, professé à l'école d'application du génie maritime. 1 très-fort vol. grand in-8°, avec figures dans le texte, accompagné d'un atlas renfermant 100 planches. 55 fr.

L'atlas se compose de 90 planches gravées, grand in-folio, représentant l'ensemble des machines et tous leurs détails, avec les cotes exactes à chaque pièce, et 8 grands tableaux numériques de comparaison, donnant la dimension juste et précise de chaque pièce. Pour chacune d'elles, l'auteur a établi la charge par centimètre carré qu'elle supporte d'un fonctionnement régulier. Ce travail, de la plus grande utilité, n'avait jamais été publié jusqu'à présent.

Première partie. Historique. Machines marines à balancier et à roues. Définition de la puissance des machines à vapeur. Examen des résultats obtenus avec les machines marines à balancier. Machines à roues à connexion directe. Principaux types de machines à connexion. Examen des résultats obtenus. Machines à hélices. Principaux types de machines à hélices. Résultats obtenus. Machines de divers systèmes. Machines à haute pression. Machines à hélices pour transports. Machines à pilon. Machines à cylindres inclinés. Machines rotatives.

Seconde partie. Cylindres à vapeur. Dimension et formes principales. De la consommation de la vapeur. Accessoires des cylindres. Piston moteur. Orifice du cylindre à vapeur. Du tiroir. Tiroirs équilibrés. Tiroir à coquille. Étude de la régulation. Épure circulaire. Épures de vérification. Mesure de la puissance des machines à vapeur. Mécanismes de changement de marche. Coulisse Stephenson. Appareils propres à modérer la puissance des machines. De la valve. Appareils de détente variable. Appareils de condensation. Condenseurs à injection directe. Condenseurs à surface. Pompes à air. Bâche et tuyau de décharge. Appareils d'alimentation. Tiges et traverses du piston. Grande bielle. Guides. Balanciers. Manivelles. Arbres. Paliers. Forces d'inertie. Roues à aubes fixes et articulées. Des hélices. Formes des hélices. Installation des arbres. Hélices fixes. Hélices amovibles.

Ouvrage approuvé par S. Exc. M. le Ministre de la marine.

DE FRÉMINVILLE, ingénieur de la marine, professeur à l'école du génie maritime. — **TRAITÉ PRATIQUE DE CONSTRUCTION NAVALE**, 2 vol. in-8 accompagnés de nombreuses figures dans le texte et de deux atlas grand in-folio renfermant chacun 20 planches gravées.

Tome premier.—Tracé géométrique du navire.—Calculs de déplacement et de stabilité. —Étude sur les formes du navire appropriées à divers services.—Tracé à la salle du gabarit. —Étude sur la charpente des navires.—Constructions en bois.—Constructions en fer.—Constructions mixtes. — Étude sur les bois de construction.

Tome second. — Apparaux de lancement et de radoub. Bassins. Bateaux-porte. Cales de halage. Installation intérieure et apparaux de manœuvre. Gouvernail. Chaînes et ancres. Cabestans. Construction des mâts et de leurs accessoires. Surface de voilure. Gréement fixe. Principales manœuvres relatives aux voiles.

DE LAPPARENT, directeur des constructions navales, et du service général des bois de la marine. — **DU DÉPÉRISSEMENT DES COQUES DES NAVIRES EN BOIS**, et des moyens de le prévenir, in-8 avec figures dans le texte. 2 fr.

Choix et emploi des bois. — Conservation des bois d'approvisionnement et desséchement artificiel préalable de ceux mis en œuvre. — Précautions à prendre dans le cours de la construction et préparations à appliquer au bois, soit pour neutraliser les agents de destruction, soit pour mettre les bois en état d'y mieux résister.

Ouvrage autorisé par S. Exc. M. le Ministre de la marine.

— **ASSAINISSEMENT ET DÉSINFECTION DES CALES DE NAVIRE** par la carbonisation, au moyen du gaz forcé ; addition au mémoire précédent. Broch. in-8. 50 fr.

— **INSTRUCTION SUR LES BOIS DE MARINE ET LEUR APPLICATION AUX CONSTRUCTIONS NAVALES**, suivie du **TARIF OFFICIEL POUR LA RECETTE ET LE CLASSEMENT DES BOIS DE CONSTRUCTION.** 1 vol. in-4 avec figures sur bois, accompagné : 20 fr.

1° D'un tarif donnant l'équarrissage au milieu et le cube, *au cinquième déduit*, des arbres dont la hauteur et le tour, au pied et sur écorce, sont connus ;

2° De 42 planches gravées représentant : le *dendromètre* (instrument pour mesurer la hauteur des arbres sur pied) ; des *coupes* de navire, où l'on voit la fonction, dans la charpente d'un vaisseau, de chacune des pièces qui figurent au tarif officiel ; enfin de *découpes* d'arbres indiquant le meilleur parti à tirer des arbres, d'après leurs formes et leurs dimensions, avec l'extrait du tarif officiel;

3° De 16 planches lithographiées *en couleur*, montrant les qualités et les vices principaux des bois de chêne.

Ouvrage publié d'après les ordres de S. Exc. M. le Ministre de la marine.

DE LAPPARENT, directeur des constructions navales et du service général des bois de la marine. — **TARIFS ET TABLEAUX DIVERS POUR LE CUBAGE ET LE CLASSEMENT DES BOIS DE MARINE.** 1 vol. in-12. 3 fr.

Tarif de recette et de classement des bois de chêne.

Tableau des équarrissages théoriques, correspondant aux divers diamètres sur franc-bois.

Tableau pour servir au classement approximatif des arbres sur pied jugés propres au service de la marine.

Tableaux régulateurs des équarrissages bruts à donner aux arbres en grume.

Tarif pour le cubage estimatif, au 1/5 déduit, des arbres sur pied.

Tarif pour le cubage, au 1/5 déduit, des bois en grume ou équarris.

Tarif de cubage pour les bois équarris, comprenant toutes les longueurs de 20 en 20 cent. et tous les équarrissages de 2 en 2 cent.

Chaque tarif est précédé d'une explication détaillée.

Ouvrage approuvé par S. Exc. M. le Ministre de la marine.

— **TARIF OFFICIEL POUR LA RECETTE ET LE CLASSEMENT DES BOIS DE MARINE**, in-4 accompagné de figures dans le texte. 1 fr. 50 c.

DELAMARCHE, ingénieur-hydrographe. — **OBSERVATIONS HYDROGRAPHIQUES, PHYSIQUES ET MAGNÉTIQUES** recueillies pendant la campagne dans les mers de l'Inde et de la Chine, à bord de la frégate *l'Érigone*, 4 vol. in-8. 64 fr.

Cet ouvrage, où se trouvent consignées toutes les observations faites pendant le cours de ces campagnes, comprend l'itinéraire de la frégate, la liste des instruments employés et les tableaux des observations météorologiques, barométriques, thermométriques, magnétiques, d'inclinaison, de variation diurne, de déclinaison, d'intensité, etc., etc.

Ouvrage publié par ordre du Gouvernement.

DUBOIS, professeur à l'école navale impériale. — **COURS DE NAVIGATION ET D'HYDROGRAPHIE.** 1 très-fort vol. grand in-8 renfermant plus de 200 grandes figures intercalées dans le texte et 9 planches gravées. 15 fr.

De la boussole. Des connaissances des temps. Du cercle à réflexion. Du sextant et de l'octant. Des erreurs d'observations. Des chronomètres. Les régler. Détermination de l'heure vraie ou moyenne d'un lieu à l'aide d'une hauteur du soleil ou d'un autre astre. Détermination de la latitude et de la longitude. Déterminer la variation du compas. Des courants. Des cartes marines.

Géodésie. Détermination des positions géographiques des sommets principaux du canevas géodésique. Du nivellement géodésique. Lever d'une carte marine et d'un plan hydrographique. Détails topographiques.

DUBOIS, professeur à l'école navale impériale. — **COURS D'ASTRONOMIE, DE GÉOMÉTRIE ET DE MÉCANIQUE CÉLESTES, ET NOTIONS SUR LES MARÉES**, à l'usage des officiers de marine. 1 vol. grand in-8, avec de nombreuses figures intercalées dans le texte et 4 grandes planches gravées. 10 fr.

Définitions astronomiques. Mouvement général de la sphère céleste. Coordonnées servant à déterminer la position d'un astre dans la voûte céleste. Instruments propres à mesurer le temps, les instants et les angles. Étude des étoiles. Étude du soleil. Étude de la lune. Différents modes d'observation. Éclipses. Calculs des éclipses. Études des planètes et des satellites. Notions sur les comètes. Éléments de mécanique céleste. Détermination des rapports des masses planétaires à la masse du soleil. Aberration de la lumière. Notions sur les marées.

— **ÉTUDE HISTORIQUE SUR LES MOUVEMENTS DU GLOBE.** In-8. 2 fr.

— **L'ANNÉE ASTRONOMIQUE.** Revue annuelle des découvertes, des travaux, des instruments et appareils astronomiques récemment inventés. In-8. Année 1861. 2 fr. 50 c.

DUBREUIL, capitaine de vaisseau. — **MANUEL DE MATELOTAGE ET DE MANŒUVRE**, 5e édition, 1 vol. in-8° accompagné de plusieurs planches gravées.

DUPERREY, capitaine de frégate, membre de l'Institut. — **OBSERVATIONS HYDROGRAPHIQUES ET PHYSIQUES** recueillies pendant son voyage autour du monde sur la corvette *la Coquille*, 4 vol. in-4 et atlas grand in-folio. 255 fr.

Hydrographie. 1 vol. grand in-folio composé de 52 cartes et 12 feuilles de texte. 150 fr.

Physique. 1 vol. in-4 de 294 pages, 7 planches dont 6 cartes: — **Hydrographie**, 1 vol. in-4 de 163 pages; — **Hydrographie et Physique**, 1 vol. in-4 de 333 pages. 55 fr.

N. B. Ces trois parties ne se vendent pas séparément.

Tous les savants connaissent les travaux si justement estimés de *M. Duperrey* sur le pôle nord et l'intensité magnétique; c'est le seul ouvrage où ils se trouvent consignés.

Ouvrage publié par ordre du Gouvernement.

DU TEMPLE, capitaine de frégate, directeur de l'école des mécaniciens, à Brest. — **COURS COMPLET DE MACHINES A VAPEUR MARINES** fait, à Brest, aux mécaniciens de la marine. 2 vol. gr. in-8° accompagnés de 2 atlas renfermant 36 planches gravées.

Tome premier, avec un atlas de 13 planches. 7 fr. 50 c.

Arithmétique complète. — Géométrie. — Mécanique. — Physique. — Scaphandre.

Tome second, avec un atlas de 23 planches. 13 fr. 50 c.

Exposition générale des machines à vapeur. — Description. — Montage. — Conduite. — Travail. — Entretien et réparations. — Historique. — Tableaux divers.

Nota. Les questions du programme des candidats au long cours et au cabotage sont indiquées dans une table à part renvoyant à la partie du livre où elles sont traitées.

Ouvrage approuvé par S. Exc. M. le Ministre de la marine et rédigé d'après le nouveau programme officiel du 24 août 1861.

DU TEMPLE, capitaine de frégate, directeur de l'école des mécaniciens, à Brest. — **DU SCAPHANDRE ET DE SON EMPLOI.** In-8° avec 2 pl. 2 fr.

Circonstances dans lesquelles le scaphandre est d'un grand secours. — Description. — Usage. — Recouvrir le plongeur. — Conseils aux plongeurs. — Travaux sous-marins. — Signaux de convention. — Entretien du scaphandre.

— **RETOURS DES MANŒUVRES COURANTES SUR LE PONT D'UN NAVIRE DE GUERRE**, représentant le pont d'un navire avec toutes les manœuvres et le nom des cordages y aboutissant. Une grande feuille jésus in-plano. 1 fr. 25 c.

— **DESSINS DE MACHINES A VAPEUR MARINES** exécutés sous la direction de M. *L. du Temple* et photographiés par M. *Bernier*.

Cette publication se composera de huit séries.

Chaque série renfermera six grandes photographies.

Première série. Chaudières à carneaux. Chaudières tubulaires. Chaudières et grilles diverses. Alimentation des chaudières.

Deuxième série. Machines anciennes. Machines à connexion indirecte ou à balanciers. Cylindres. Pistons. Soupapes de sûreté. Arbre de couche. Roues à aubes.

Troisième série. Machines à connexion directe et à bielle directe. Cylindre fixe. Machines à connexion directe et à bielle renversée. Cylindre fixe. Organes de distribution de la vapeur. Organes qui produisent une détente variable.

Quatrième série. Machines à quatre cylindres condenseurs. Organes d'injection. Pompes à air. Indicateurs du vide. Paliers. Coussinets.

Cinquième série. Machines à cylindres oscillants. Arbre d'hélice avec ses accessoires. Tuyautage.

Sixième série. Machines à fourreau. Bâches. Presse-étoupe. Hélices.

Les deux autres séries seront composées de planches représentant les nouvelles machines construites par l'industrie.

En vente, la première série. — Prix de chaque série, 24 francs.

GIQUEL, professeur d'hydrographie. — **NOTES D'ASTRONOMIE ET DE NAVIGATION**, augmentées d'une nouvelle méthode de latitude et d'observations relatives aux chronomètres et au grossissement des lunettes. 1 vol. in-8 avec 2 planches gravées. 5 fr.

GLOTIN, lieutenant de vaisseau. — **ESSAI SUR LES NAVIRES A RANGS DE RAMES DES ANCIENS**, in-8, avec une grande planche gravée. 1 fr. 50 c.

GOURIOT DE REFUGE, capitaine de frégate. — **TACTIQUE DES CANOTS ARMÉS EN GUERRE.** Un vol. in-12, avec figures. 3 fr.

GUEPRATE, docteur ès sciences, directeur de l'observatoire de la marine, — **VADE-MECUM DU MARIN** ou **MANUEL DE NAVIGATION**, 2 vol. in-8°, avec figures. 15 fr.

— **PROBLÈMES D'ASTRONOMIE NAUTIQUE ET DE NAVIGATION**, précédés de la description et de l'usage des instruments et suivis d'un recueil de tables nécessaires à ces problèmes, 3 vol. in-8°. 27 fr.

LES DEUX VOLUMES ENSEMBLE, 40 FRANCS.

Le *Dictionnaire de marine à voiles*, accompagné de 7 planches gravées. 20 fr.	Le *Dictionnaire de marine à vapeur*, accompagné de 17 planches gravées. 22 fr.

Ouvrage publié sous les auspices de S. Exc. M. le Ministre de la marine.

PARIS, contre-amiral. — **L'ART NAVAL EN 1862** à l'exposition universelle de Londres; état actuel des navires militaires et du commerce, par M. le contre-amiral PARIS, membre du jury international. 1 vol. in-4° suivi d'une grande table alphabétique de tous les articles, avec renvoi aux numéros où ils sont expliqués, et accompagné d'un atlas grand in-folio de 19 planches gravées.

Navires cuirassés et copolas. — Blindages. — Paquebots. — Embarcations, gréement et détails divers. — Docks. — Machines marines. — Propulseurs.

— **CATÉCHISME DU MARIN ET DU MÉCANICIEN A VAPEUR**, ou traité des machines à vapeur marines, de leur montage, de leur conduite, de la réparation de leurs avaries; 2e édition augmentée de la manœuvre des navires à roues à aubes ou à hélice, et d'une grande table alphabétique de tous les articles, avec renvoi aux numéros où ils sont traités. In-8 grand raisin avec de nombreuses figures dans le texte. 16 fr.

Ouvrage publié sous les auspices de S. Exc. M. le Ministre de la marine.

— **APPENDICE AU CATÉCHISME DU MARIN ET DU MÉCANICIEN A VAPEUR**, ou guide théorique du candidat au long cours, rédigé conformément au dernier programme, et description de divers appareils à vapeur marins avec toutes leurs pièces. In-8 accompagné de 10 planches gravées, avec plusieurs figures sur bois. 3 fr. 50 c.

— PARIS, contre-amiral. — **TRAITÉ DE L'HÉLICE PROPULSIVE.** 1 vol. in-8 jésus de 580 pages, avec 9 grands tableaux et figures dans le texte, suivi d'une table alphabétique de tous les articles, avec renvoi aux numéros où ils sont traités, accompagné de 16 grandes planches gravées. 22 fr.

Ouvrage publié sous les auspices de S. Exc. M. le Ministre de la marine.

— **UTILISATION ÉCONOMIQUE DES NAVIRES A VAPEUR,** moyens d'apprécier les services rendus par le combustible suivant la vitesse et la dimension des navires. 1 vol. grand in-8 accompagné de 25 tableaux et 12 grandes planches gravées, exposant les résultats des expériences et du service à la mer des navires. 8 fr.

— **MANŒUVRIER COMPLET** ou traité des manœuvres de mer et du gréement, à bord des bâtiments à voiles et à vapeur; par MM. le baron *de Bonnefoux* et *E. Pâris.* 1 vol. in-8 de 580 pages avec figures dans le texte. 7 fr.

Ouvrage rédigé d'après le dernier programme pour servir au brevet de capitaine au long cours et maître au cabotage.

PARIS, contre-amiral. — **ESSAI SUR LA CONSTRUCTION NAVALE DES PEUPLES EXTRA-EUROPÉENS,** ou collection des navires et pirogues construits par les habitants de l'Asie, de la Malaisie, du grand Océan et de l'Amérique, mesurés et dessinés par M. *Pâris*, pendant ses voyages autour du monde, à bord des bâtiments de l'État *l'Astrolabe, la Favorite* et *l'Artémise*. 1 fort vol. in-folio jésus vélin, de 160 pages de texte et 130 planches. 200 fr.

Ouvrage publié par ordre de S. Exc. M. le Ministre de la marine.

— **INSTRUCTIONS SUR LA MANŒUVRE DES CANOTS** naviguant avec grosse mer dans les brisants, accompagnées de renseignements pratiques à l'usage des marins des navires marchands ou des patrons de canots et suivies des moyens de faire revenir les noyés. 40 c.

— **VOCABULAIRES DES TERMES DE LA MARINE A VAPEUR :**

Allemand-français,
Danois-français,
Espagnol-français,
Hollandais-français,
Italien-français,
Russe-français,
Suédois-français,

publiés sous la direction de M. *Pâris*, contre-amiral, par des officiers et des commissions nommées à cet effet d'après les ordres du ministre de la marine de ces différents pays.

Chaque vocabulaire forme une brochure grand in-8 jésus. 1 fr. 25 c.

PARIS ET BONNEFOUX. — **GOUVERNAIL-FOUQUE** ou gouvernail supplémentaire, remplaçant au besoin et instantanément le gouvernail véritable ou de garniture. In-8 avec une planche. 50 c.

POUGET, capitaine de frégate. — **PRÉCIS HISTORIQUE SUR LA VIE ET LES CAMPAGNES DU VICE-AMIRAL COMTE MARTIN** pendant les années 1764 à 1797. In-8 orné de plusieurs planches. 6 fr.

REECH, directeur de l'école du génie maritime. — **MÉMOIRE SUR LES MACHINES A VAPEUR** et leur application à la navigation. Un vol. in-4 accompagné d'un grand atlas in-folio. 30 fr.

Faits d'expérience. — Théorie ordinaire. — Des machines à haute pression. — Des explosions et des dépôts salins ou terreux dans les chaudières. — De l'emploi des roues à aubes. — De la forme des bateaux à vapeur et de leurs dimensions absolues. — Des perfectionnements généraux à apporter dans le mécanisme.

REECH. — **MACHINES DU BRANDON.** Rapport à l'appui du projet des machines du Brandon, dressé en exécution d'une dépêche ministérielle. 1 vol. in-4. 15 fr.

REYNEVAL. — **DE LA LIBERTÉ DES MERS.** 2 vol. in-8 avec une table alphabétique. 10 fr.

TAPIÉ, professeur de mathématiques, ancien officier de marine. — **GUIDE PRATIQUE DU NAVIGATEUR**, contenant 1° les modèles de tous les calculs astronomiques usités à la mer, avec notes dans le texte, expliquant la manière d'opérer dans tous les cas particuliers; 2° la carte du ciel; 3° une notice donnant la description et la position des principales constellations; 4° des tables pour faciliter les calculs les plus usuels, des tables pour faire le point, etc., etc. In-4 avec planches. 5 fr.

Opérations sur les nombres sexagésimaux. — De l'estime. — Du point. — Connaissance des temps. — Correction des hauteurs. — Passage au méridien. — Levers et couchers des astres. — Aurore et crépuscule. — Passage au premier vertical. — Cas où l'angle de position est droit. — Variation du compas. — Problèmes sur les chronomètres. — Des longitudes et des latitudes. — Connaissance du ciel.

TOUSSAINT, avocat au Havre. — **CODE MANUEL DES CAPITAINES ET ARMATEURS DE LA MARINE MARCHANDE**, ou résumé de leurs droits et de leurs devoirs à terre et en cours de voyage dans leurs rapports avec le commerce et les administrations de la marine, des douanes et des contributions indirectes, suivi d'un répertoire alphabétique de toutes les matières avec renvoi aux numéros où elles sont expliquées. 1 très-fort vol. grand in-8. 12 fr.

Du capitaine maître ou patron. — Des pilotes lamaneurs. — Règles auxquelles est soumise l'existence des navires. — Contrats auxquels peuvent donner lieu les navires. — Organisation de l'inscription maritime. — Classement des gens de mer. — Obligations et priviléges des gens de mer inscrits. — De la nomination du capitaine et de ses devoirs pour l'armement. — Affrétement et nolisement du navire. — Contrats et assurance du navire et du chargement. — Formalités relatives à l'expédition du navire. — Pièces dont le capitaine doit être muni à son départ. — De la sortie du port et du pilotage. — Responsabilité du capitaine et de l'armateur. — Armements pour la pêche de la morue, baleine et autres poissons. — Des convois et escortes. — Armements en course. — De l'émigration. — Des mers en temps de paix et en temps de guerre. — Discipline à bord. — Accidents qui arrêtent le voyage ou y mettent fin. — Des épaves. — Douanes dans les colonies. — Poids et monnaies des colonies. — Police des rades. — Retour des colonies. — Des consuls français. — Traités entre la France et les puissances étrangères. — Police des rades. — Police sanitaire. — Du rapport de mer. — Formalités relatives au déchargement et au payement des droits de douane. — Règlement des avaries. — Désarmement du navire. — Gages de l'équipage. — Droits de navigation.

VIEL, dessinateur au ministère de la marine. — **CONSTRUCTION DES BATIMENTS DE MER**; tracé, calculs de déplacement, stabilité hydrostatique, description et tracé d'une hélice à deux ailes doubles, surface de voilure, dimensions, nombre de bouches à feu et effectif de l'équipage de tous les types des bâtiments à vapeur, des canonnières et des batteries cuirassées. In-8 grand raisin accompagné de 34 planches gravées. *Seconde édition revue et augmentée de texte et de planches.* 15 fr.

Construction de l'échelle métrique. — Tracé d'un bâtiment et exécution des pièces les plus difficiles qui entrent dans sa construction. — Tracé intérieur de la membrure. —

Arcasse. — Couples dévoyés. — Encolures des barres. — Pièce de tour. — Estains. — Cornière et barre de hourdi représentées en perspective. — Établissement de plusieurs ponts les uns au-dessus des autres.

Tableaux de déplacement d'une frégate à vapeur. — Application des formules de déplacement à des corps réguliers. — Exposant de charge. — Métacentres. — Expériences de stabilité. — Règlements de mâture. — Calculs du point vélique. — Formules de jaugeage. — Poids déterminé par suspension sur couteaux. — Réduction des mesures anciennes en parties décimales du mètre.

Tracé et boisage de la partie arrière des bâtiments poupes rondes. — Tracé et exécution des couples cylindriques. — Coupe transversale au maître-couple d'un vaisseau de premier rang, à vapeur, et nomenclature des pièces figurées dans cette description.

Tableau général donnant les dimensions, calculs de déplacement et stabilité, surfaces de voilure, nombres de bouches à feu et effectifs de tous les types des bâtiments à vapeur, des canonnières et des batteries cuirassées.

Ouvrage publié avec l'autorisation de S. Exc. M. le Ministre de la marine.

PARIS. — IMPRIMERIE DE Mme Ve BOUCHARD-HUZARD, RUE DE L'ÉPERON, 5. — 1863.

ARTHUS BERTRAND, ÉDITEUR,
LIBRAIRIE DE LA SOCIÉTÉ DE GÉOGRAPHIE,
COMMISSIONNAIRE POUR LA FRANCE ET L'ÉTRANGER,
21, rue Hautefeuille, à Paris.

NOUVELLES ANNALES DES VOYAGES

ET DES SCIENCES GÉOGRAPHIQUES,

AVEC CARTES ET PLANCHES.

SIXIÈME SÉRIE

RÉDIGÉE

PA V. A. MALTE-BRUN,

Secrétaire général de la Société de géographie et Membre correspondant des Sociétés de géographie de Londres, de Berlin, de Vienne, de Darmstadt, de Francfort-sur-le-Mein, de Genève et de Russie.

PROSPECTUS.

Lorsque, le 1er décembre 1807, Malte-Brun signait l'introduction des *Annales des Voyages*, il annonçait que le but de cet ouvrage était « de créer, pour les sciences géographiques, un dépôt où les hommes voués à ce genre d'études pussent consigner, en commun, des travaux qui tendraient au même but; discuter les difficultés qui les arrêtaient; faire un échange continuel de lumières et de découvertes; *et, surtout, répandre de plus en plus le goût de ces connaissances en offrant une variété agréable de ces petits morceaux où l'instruction se cache sous les attraits d'un tableau neuf et piquant.* »

Pour assurer l'utilité et la durée de cet ouvrage, il faisait appel à tous les savants français et étrangers. On sait quel fut le résultat de cet appel : les *Annales des Voyages* parurent, et leur succès fut tel que, un instant interrompues, à la suite des événements de 1814 et 1815, elles reparaissaient, en 1819, sous le titre de *Nouvelles Annales*, pour ne plus éprouver d'interruption jusqu'à nos jours, grâce à la constance et aux savants efforts de MM. Eyriès, Walckenaër, Larenaudière, Klaproth, Ternaux-Compans et Vivien de Saint-Martin, qui, successivement ou simultanément, continuèrent l'œuvre commencée par Malte-Brun, et, par l'autorité de leur nom et de leur talent, firent traverser aux *Annales* les circonstances critiques qui, depuis trente ans, ont agité notre pays.

Accessible à tous, nous faisant une loi absolue de la plus stricte impartialité, nous faisons un appel aux voyageurs, aux savants, aux gens de lettres qui s'occupent d'une branche quelconque des sciences géographiques, pour la publication de tout ce qu'ils désireront porter promptement à la connaissance du public.

Actualité géographique, intérêt et *variété,* telle sera notre devise.

Nous n'entendons pas seulement que les *Annales des Voyages* soient un excellent dépôt de morceaux précieux pour la géographie et l'histoire des peuples, nous voulons que, fidèles à leur titre, elles redeviennent ce qu'elles ont été souvent, ce que jamais elles n'auraient dû cesser d'être, le répertoire complet de tout ce que la marche du temps et le progrès des découvertes produisent chaque jour en géographie ; nous voulons qu'elles suivent pas à pas le progrès des sciences géographiques envisagées sous toutes leurs faces et dans toutes leurs ramifications ; nous voulons qu'elles *reflètent,* en quelque sorte, ce mouvement de la science, et qu'elles en soient la vivante image. Nous voulons que pas un fait de quelque intérêt pour l'histoire de la terre n'ait lieu, sur aucun point du globe que ce puisse être, sans être aussitôt enregistré dans les *Annales des Voyages;* que pas une découverte ne se produise, que pas un ouvrage relatif aux sciences historiques et géographiques ne paraisse chez une des nations policées des deux continents sans que les lecteurs des *Annales* en soient immédiatement informés. Nous mettrons aussi à contribution les mémoires des sociétés savantes et les publications périodiques de toutes les parties du monde, où se trouvent très-fréquemment enfouis des morceaux précieux pour l'histoire des peuples et pour la géographie, matériaux perdus pour la masse des lecteurs, faute de leur être connus ou de se trouver à leur portée, et qu'un des soins les plus actifs des *Annales* sera de mettre en lumière. Les journaux quotidiens eux-mêmes renferment fréquemment des documents pleins d'intérêt pour la science, mais qui disparaissent au milieu du tourbillon politique; nous nous ferons un devoir de les recueillir et de les conserver. Enfin nous donnerons à la partie bibliographique un développement particulier, en accusant, en quelques mots, le but, la portée, le point capital de chaque ouvrage qui aura été mis sous nos yeux.

Notre revue est consacrée aux sciences géographiques, c'est-à-dire que toutes les branches des sciences qui ont quelque rapport avec la description du globe y seront représentées : l'histoire, la géologie, la météorologie, l'ethnologie y trouveront place toutes les fois que nous aurons l'occasion de rencontrer quelques détails dignes de fixer l'attention de nos lecteurs.

Nous ne comprenons pas l'existence d'un journal géographique sans cartes; aussi prenons-nous l'engagement formel de donner, par année, plusieurs cartes et plans destinés à appuyer les relations les plus importantes ou à faire connaître les découvertes récentes.

Il paraît régulièrement, le premier de chaque mois, un cahier de 8 à 9 feuilles ; les 12 cahiers réunis forment 4 beaux volumes in-8 ornés de cartes, vues et plans.

Cette nouvelle série comprend, dans chaque cahier,

1° Une ou plusieurs relations inédites et des mémoires originaux, accompagnés de cartes ou de plans toutes les fois que le sujet l'exige ;

2° L'analyse et des extraits ou des traductions partielles d'un ou de plusieurs ouvrages récents, français ou étrangers ;

3° Un choix nombreux et varié de nouvelles géographiques présentant l'ensemble du mouvement géographique du mois, et d'articles divers, de notices, etc., parmi les plus piquants et les plus remarquables publiés par les recueils et par les journaux français, ou par les revues étrangères ;

4° Le compte rendu des travaux de toutes les sociétés savantes de l'Europe en ce qui se rapporte aux sciences géographiques ;

5° Une bibliographie très-complète de toutes les publications géographiques du mois.

Pour Paris, 30 fr.; pour les départements, 36 fr.; pour l'étranger, 42 fr.

NOTA. On ne peut pas souscrire pour moins d'une année, qui doit toujours commencer avec le mois de janvier.

Les **Nouvelles Annales des Voyages,** une des plus anciennes revues scientifiques publiées en France, est la seule qui soit exclusivement consacrée aux sciences géographiques et historiques. Créées, en 1808, par *Malte-Brun*, elles ont toujours continué à paraître, sans interruption, jusqu'à ce jour.

Chaque année forme 4 forts volumes in-8 et un ouvrage complet qui représente fidèlement le mouvement des nouvelles, ainsi que des explorations géographiques de l'année.

Des cartes spéciales, exécutées avec le plus grand soin, tiennent toujours le lecteur au courant des changements et des découvertes les plus récentes.

COLLECTION COMPLÈTE.

Années 1819 à 1862. 177 vol. in-8, y compris les tables générales; au lieu de 1,320 fr. 930 fr.

La collection se compose de six séries; les cinq premières séries se vendent séparément, savoir :

Première série, par MM. *Eyriès* et *Malte-Brun*, comprenant les années 1819 à juin 1826 inclus; se compose de 30 vol. in-8 ornés de cartes, plans, vues, etc. Prix, au lieu de 225 fr., 112 fr. 50 c.

Deuxième série, par MM. *Eyriès*, *Larenaudière* et *Klaproth*, comprenant les années 1826 (depuis juillet) à 1838 inclus; se compose de 30 vol. in-8 ornés de cartes, plans, vues, etc. Prix, au lieu de 225 fr., 112 fr. 50 c.

Troisième série, par MM. *Eyriès*, *A. de Humboldt*, *Larenaudière*, *Auguste de Saint-Hilaire*, *Walckenaër* et *Dureau de la Malle*, comprenant les années 1834 à 1839 inclus; se compose de 24 vol. in-8 ornés de cartes, vues, plans, etc. Prix, au lieu de 180 fr., 90 fr.

Quatrième série, par MM. *Ternaux-Compans*, *F. Arago*, *d'Avezac*, *L. Duperrey*, *Dureau de la Malle*, *Eyriès*, *A. de Humboldt*, *Larenaudière*, *Marmier*, *Auguste de Saint-Hilaire*, le vicomte *de Santarem*, le baron *Walckenaër*, comprenant les années 1840 à 1844 inclus; se compose de 20 vol. in-8 ornés de cartes, vues, plans, etc. Prix, au lieu de 150 fr., 75 fr.

Cinquième série, par M. *Vivien de Saint-Martin*, comprenant les années 1845 à 1854 inclus; se compose de 40 vol. in-8 ornés de cartes, plans, vues, etc. Prix, 300 fr.

NOTA. Chaque année antérieure à 1845 se vend séparément, au lieu de 30 fr., 20 fr.

Les tables générales des trois premières séries, 1819 à 1839, 1 vol. in-8, 10 fr.

Paris. — Imprimerie de madame veuve Bouchard-Huzard, rue de l'Éperon, 5.

TRAITÉ PRATIQUE

DE VOILURE.

Paris. — Imprimé par E. Thunot et Cᵉ, rue Racine, 26.

RETOURS DES MANŒUVRES COURANTES SUR LE PONT D'UN NAVIRE DE GUERRE.

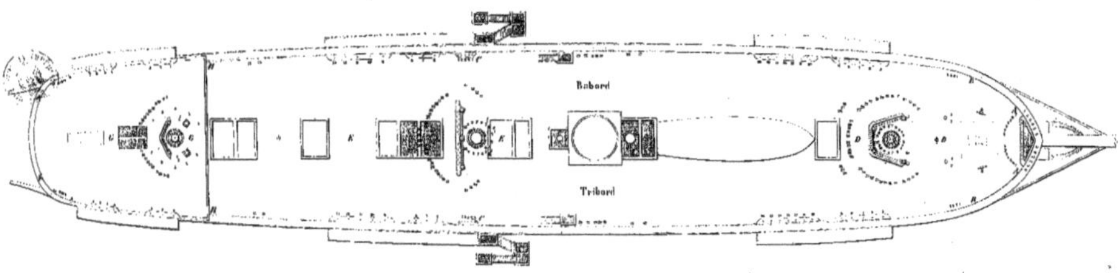

Manœuvres

Manœuvres

Manœuvres

Manœuvres

Manœuvres

Manœuvres

Manœuvres.

Observations.

PARIS, ARTHUS BERTRAND, ÉDITEUR.
Librairie Maritime et Scientifique.

TRAITÉ PRATIQUE

DE VOILURE

OU

EXPOSÉ DE MÉTHODES SIMPLES ET FACILES

POUR CALCULER ET COUPER TOUTES ESPÈCES DE VOILES

SUIVI

D'UN DICTIONNAIRE

DE MARINE A VOILES

PAR

M. JULES MERLIN

Ancien élève de l'École de Maistrance,
Maître voilier chargé de la voilerie du port de Toulon.

Ouvrage accompagné de 96 figures dans le texte et de 7 grandes planches gravées.

PARIS

ARTHUS BERTRAND, ÉDITEUR

LIBRAIRIE MARITIME ET SCIENTIFIQUE

21, rue Hautefeuille.

1863

TRAITÉ PRATIQUE

DE LA VOILURE.

NOTIONS PRÉLIMINAIRES.

Ce traité, essentiellement pratique, étant destiné à servir de guide à l'ouvrier possédant des connaissances mathématiques suffisamment étendues pour l'intelligence complète de tout ce qu'il renferme, comme à l'ouvrier qui n'a de ces connaissances que les premières notions d'arithmétique, nous devons faire connaître quelques principes de géométrie indispensables pour la solution des problèmes que nous aurons à résoudre dans le cours de cet ouvrage.

Ligne droite. Tout le monde connait ce qu'est une *ligne droite;* cependant, afin que sa définition soit gravée dans la mémoire des commençants, nous dirons que c'est la trace que laisserait un crayon, par exemple, assujetti à parcourir une feuille de papier sans jamais dévier dans sa direction. Nous dirons encore que c'est le plus court chemin d'un point A à un autre point B (*fig.* 1).

Fig. 1.

Par deux points donnés A et B, on ne peut tracer qu'une seule ligne droite.

Fig. 2.

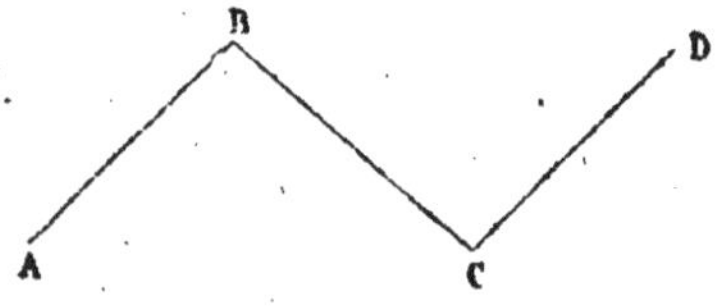

Ligne brisée. Une *ligne brisée* est celle qui est composée de lignes droites qui se rencontrent ou se coupent en certains points : ABCD (*fig.* 2) est une ligne brisée.

Ligne courbe. Une *ligne courbe* est la trace que laisserait sur le papier un crayon assujetti à le parcourir, en changeant constamment de direction.

Une ligne courbe peut être considérée comme composée d'une infinité de lignes droites infiniment petites et telles qu'on ne peut assigner les points de rencontre : AB (*fig.* 3) est une ligne courbe.

Fig. 3.

Circonférence du cercle. Parmi les différentes lignes courbes dont la géométrie fait mention, il en est une (*fig.* 4) dont tous les points ABCD sont également éloignés d'un point O, pris dans l'intérieur, que l'on appelle *centre.* Cette ligne, ainsi construite, est appelée *circonférence du cercle* ou tout simplement *circonférence.* Une partie quelconque AB de la circonférence se nomme *arc.*

Fig. 4.

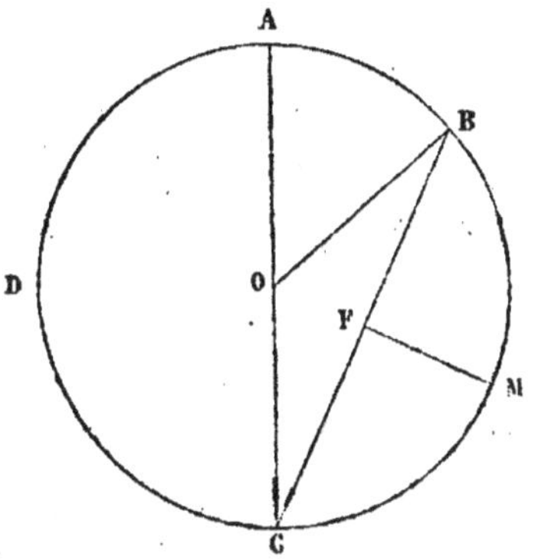

On appelle *rayon* une ligne droite OB, qui partant du centre se termine à la circonférence.

D'après la définition de la circonférence, tous les rayons sont égaux comme mesurant la distance de cette ligne au centre. Une ligne droite AC, qui passant par le centre se termine de part et d'autre à la circonférence, se nomme *diamètre.*

Tous les diamètres sont égaux comme doubles du rayon.

On appelle *corde* d'un arc, une droite qui joint les extrémités de cet arc : BC est la corde de l'arc BMC.

Une droite MF, *perpendiculaire* sur le milieu de la corde CB, est appelée *flèche* de l'arc CMB.

Fig. 5.

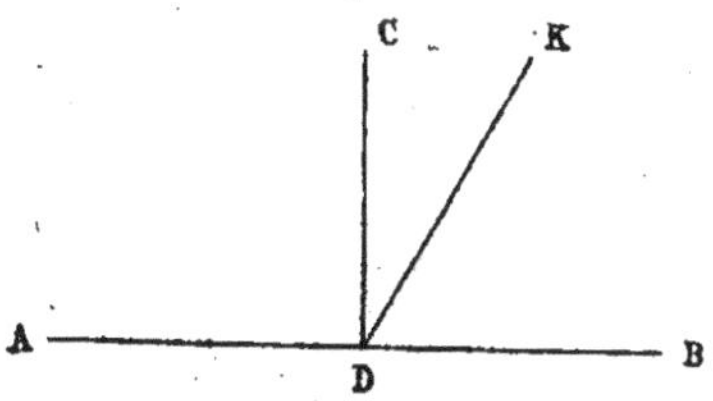

La circonférence se divise en 360 degrés ; le degré en 60 minutes, et la minute en 60 secondes.

Perpendiculaire. On dit qu'une droite CD (*fig.* 5) est *per-*

pendiculaire sur une autre droite AB, lorsque la première ne penche ni du côté AD ni du côté DB de la seconde, c'est-à-dire que tous les points de la droite CD sont également éloignés de deux points A et B, pris sur la droite AB à égale distance du point D.

Le point D où la droite CD rencontre la droite AB s'appelle le *pied* de la perpendiculaire.

Oblique. Toute droite DK, qui penche plus vers un côté que vers l'autre de la droite AB, est *oblique* à AB.

Parallèles. On dit que deux ou un plus grand nombre de lignes droites sont *parallèles*, lorsque, tracées sur un même plan ou sur une même feuille de papier, elles ne peuvent jamais se rencontrer, prolongées même à l'infini, c'est-à-dire qu'elles conservent toujours la même distance entre elles. Si les deux droites AB, CD (*fig.* 6) sont tracées de manière que la distance qu'elles ont entre elles soit constamment la même, ces deux droites seront parallèles. Une droite parallèle à l'horizon, c'est-à-dire à la surface des eaux dormantes, est dite *horizontale*, et l'on nomme *verticale* une perpendiculaire à l'horizontale.

Fig. 6.

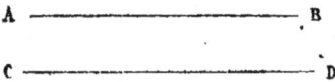

Angle. On appelle *angle* l'ouverture que laissent entre elles deux lignes qui se coupent; le point où elles se coupent est appelé *sommet de l'angle* et les lignes en sont les côtés : ABC (*fig.* 7) est un angle; les lignes AB, CB en sont les *côtés* et le point B le sommet.

Fig. 7.

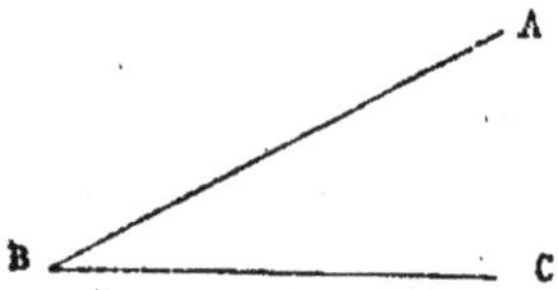

On distingue trois sortes d'angles par rapport à l'écartement que les lignes qui les forment ont entre elles. L'*angle droit* (*fig.* 8) est formé par deux lignes perpendiculaires l'une à l'autre.

Fig. 8.

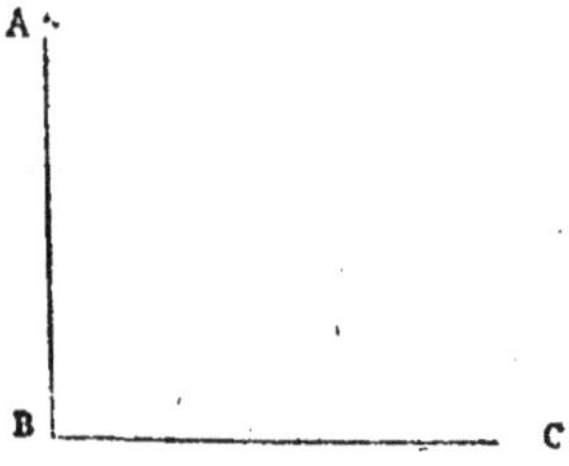

L'*angle aigu* (*fig.* 7) est plus peti qu'un droit, et l'*angle obtus* (*fig.* 9) est celui qui est plus grand qu'un droit.

On appelle *angles adjacents* deux angles qui ont un côté commun et dont les deux autres côtés sont en ligne droite; les deux angles ABC, CBD (*fig.* 10) sont dits adjacents.

trapèze. Les deux côtés parallèles AB et CD sont appelés *bases du trapèze*, et l'on appelle hauteur la perpendiculaire EF commune aux deux bases.

Fig. 18.

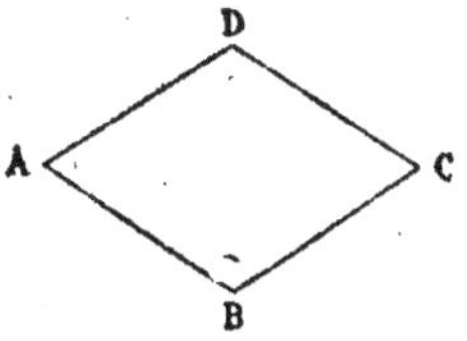

Fig. 19.

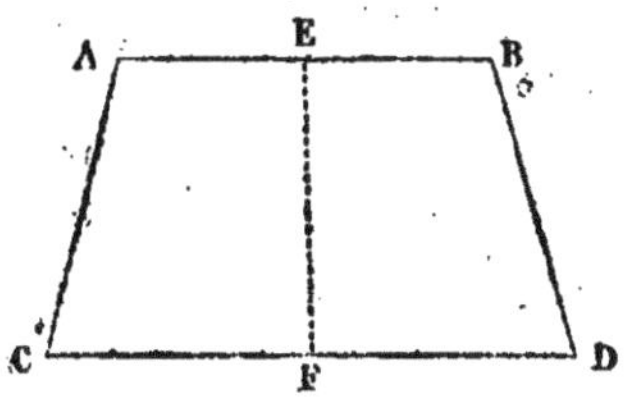

Un trapèze est *régulier* lorsque la perpendiculaire élevée sur le milieu de l'une des bases, passe par le milieu de l'autre base et divise ainsi le trapèze en deux parties symétriques. Lorsque le contraire a lieu, le trapèze est dit *irrégulier*.

MANIÈRE DE TRACER LES LIGNES.

Ligne droite. Pour tracer une ligne droite passant par deux points donnés A et B (*fig.* 1), on appliquera une règle à arêtes bien dressées sur les points, de manière à les apercevoir à peine; puis on fera glisser le long de la règle un crayon ou un tire-ligne. Si les points étaient à une trop grande distance pour qu'on pût se servir d'une règle, on emploierait une ficelle qu'on fixerait aux points A et B, après l'avoir frottée avec du blanc; on pincerait la ficelle en l'élevant verticalement; puis, l'abandonnant à elle-même, elle laisserait sur la surface qu'elle toucherait une trace qui serait la ligne AB.

Ligne brisée. Pour tracer une ligne brisée, on n'aura qu'à unir deux à deux les points de cette ligne, soit à l'aide d'une règle, soit à l'aide d'une ficelle.

Ligne courbe. Pour tracer une ligne courbe devant passer par plusieurs points, on appliquera une règle ployante sur ces points, puis on fera glisser un crayon ou un tire-ligne contre la règle.

Circonférence. Pour tracer un arc ou une circonférence dont on connaît le centre et le rayon, on prendra un compas portant à l'une de ses branches un crayon ou un tire-ligne; on l'ouvrira de manière que la distance des extrémités des branches soit égale au rayon donné; puis, posant la branche à pointe sèche sur le point qui doit être le centre, on fera tourner le compas.

Si la circonférence était trop grande et qu'elle dût être tracée sur le plancher d'un atelier ou tout autre, on se servirait d'une ficelle, en ayant soin de faire en sorte qu'elle fût, autant que possible, également tendue.

Par trois points donnés non en ligne droite, on peut toujours faire passer une circonférence ou un arc de cercle.

Soit proposé de faire passer une circonférence par les trois points A, B, C (*fig.* 20). Unissons ces points deux à deux par les droites AB, BC sur le milieu D et F de ces droites, élevons les perpendiculaires DO, FO; ces perpendiculaires se rencontreront en un point O, qui est le centre de la circonférence, et OC le rayon.

Fig. 20.

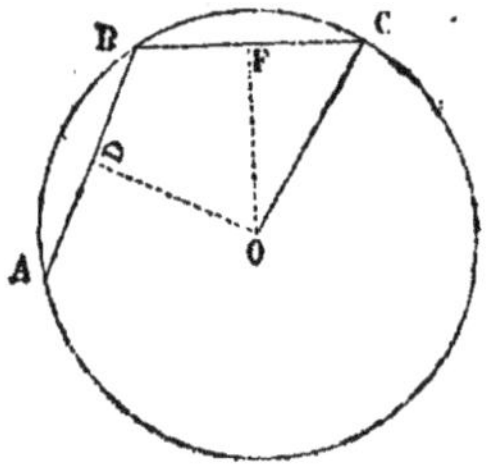

Donc, etc...

D'après ce que nous venons de démontrer, on peut conclure que, pour trouver le centre d'une circonférence ou d'un arc, il faut prendre trois points sur cette circonférence ou cet arc, les unir deux à deux par des lignes droites, élever sur le milieu de ces lignes des perpendiculaires qui se rencontreront en un point, et ce point sera le centre cherché.

Nous remarquerons que lorsqu'une droite est perpendiculaire sur le milieu d'une corde, cette droite passe par le centre de la circonférence.

Perpendiculaire. Pour mener à une droite donnée AB (*fig.* 21) une perpendiculaire passant par un point donné D de cette droite, on prend sur AB, à partir du point D, deux grandeurs égales DA et DB; et des points A et B pris successivement pour centre, avec un rayon quelconque, mais plus grand que AB, on décrit deux arcs qui se coupent en un point C, et ce point, joint à celui donné sur la droite, détermine la perpendiculaire CD.

Fig. 21.

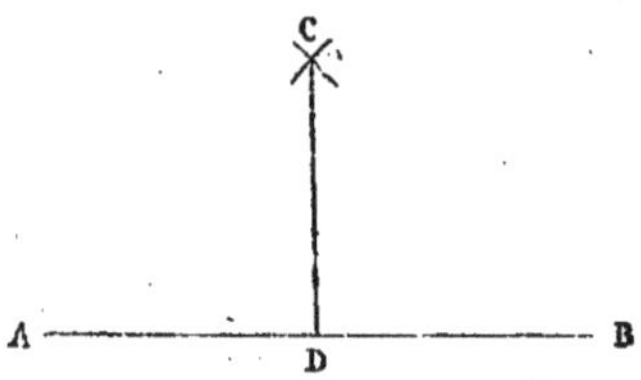

Si la perpendiculaire à la droite AB (*fig.* 22) devait passer par un point D donné en dehors de la droite du point D, pris pour centre, et avec un rayon plus grand que la plus courte distance de ce point à la droite AB, on décrirait un arc qui couperait la droite AB en deux points A et B; puis de ces points comme centre et avec un rayon plus grand que la moitié de la distance AB, on décrirait deux arcs qui se couperaient en un point C, au-dessous de la droite AB; et en unissant ce point au point donné D, on aurait la perpendiculaire demandée.

Fig. 22.

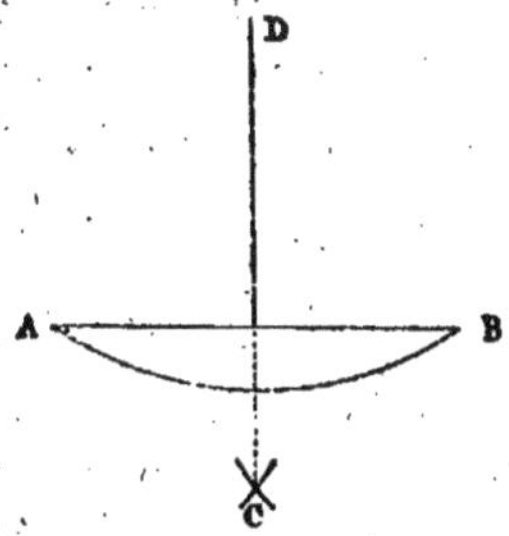

La méthode que nous venons d'employer pour élever ou abaisser d'un point donné une perpendiculaire à une droite, est la plus juste que l'on puisse suivre lorsqu'on opère graphiquement; c'est aussi celle que l'on suit le plus souvent lorsqu'on a à exécuter cette opération sur le plancher; mais dans la pratique, pour plus de promptitude, on se sert d'une *équerre* pour exécuter la même opération sur le papier. L'*équerre* est une petite planchette qui a la forme d'un triangle rectangle.

Fig. 23.

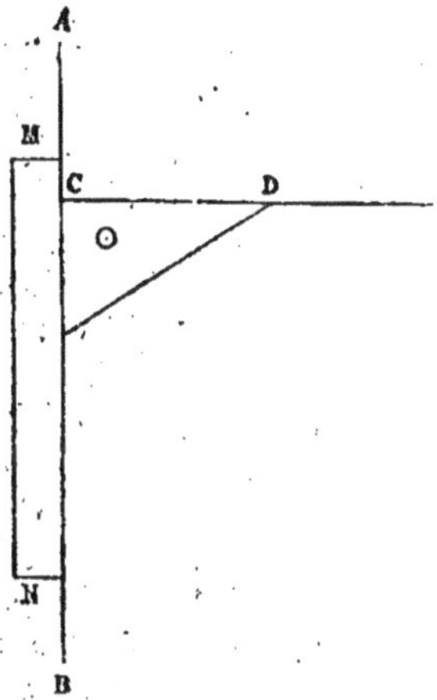

Pour élever ou abaisser, au moyen de l'équerre, une perpendiculaire à une droite AB (*fig* 23) en un point C, pris sur cette droite, ou en un point D, pris en dehors, on applique une règle MN le long de la droite AB, on fait glisser un des côtés de l'angle droit de l'équerre contre la règle, jusqu'à ce que l'autre côté rencontre le point donné C ou D; alors on fait glisser un crayon ou un tire-ligne contre cet autre côté.

Fig. 24.

Nous observerons que, pour que cette opération soit exacte, il faut que l'angle droit de l'équerre soit juste, et ses arêtes ainsi que celles de la règle parfaitement dressées.

Parallèles. Pour mener sur le plancher, par un point donné

A (*fig.* 24), une parallèle à une droite BC, du point A on abaisse sur BC une perpendiculaire AB sur un autre point C; par exemple, de la droite BC on élève une seconde perpendiculaire; on porte la longueur AB de la première sur la seconde de C en D, et l'on joint AD qui est la parallèle demandée.

Sur le papier, les parallèles sont généralement tracées au moyen de l'équerre. Pour cela, on applique un côté de l'angle droit de l'équerre sur la droite BC (*fig.* 25), à laquelle on veut mener les parallèles; on fait coïncider une règle RS avec l'autre côté; on assujettit cette règle au moyen de quelque objet pesant, des plombs à tracer, par exemple, que l'on pose dessus; puis on fait glisser l'équerre contre la règle jusqu'à ce que le côté, qui en principe a été appliqué sur la ligne BC, rencontre les points par où les parallèles doivent être tracées; à chaque rencontre on fait glisser un crayon contre ce côté, et toutes les lignes que l'on tire ainsi sont parallèles à la droite BC.

Fig. 25.

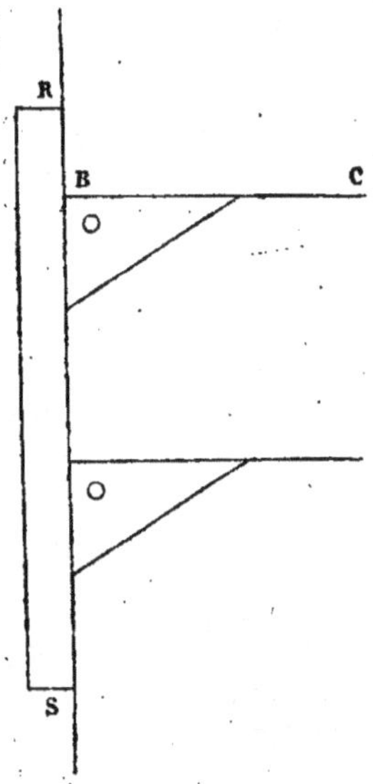

Ellipse. Nous croyons utile de faire connaître la marche à suivre pour tracer une *ellipse*, parce que ce tracé peut trouver son application dans le cours des ouvrages de la voilerie, comme, par exemple, dans les ouvertures qu'on est obligé de pratiquer dans certaines tentes et tauds pour livrer passage aux cheminées à vapeur, mâts, etc... Mais avant de définir cette ligne, nous dirons d'abord que la plus grande ligne droite que l'on puisse mener dans l'espace qu'elle comprend s'appelle *grand axe*, et que la plus grande que l'on puisse mener perpendiculairement au grand axe passe par son milieu, et on l'appelle *petit axe*.

Il existe plusieurs moyens pour tracer une ellipse, mais nous nous bornerons à indiquer celui qui nous paraît le plus facile pour exécuter cette opération sur le plancher.

Soit donc AB (*fig.* 26) représentant le grand axe d'une ellipse et CD le petit axe; par le point C et avec AO demi-grand axe pour rayon, décrivons un arc qui coupe le grand axe aux points FF' :

ces points sont dits les foyers. Cela posé, l'ellipse est une courbe dont la somme des distances d'un point quelconque aux deux foyer est égale au grand axe.

Il suit de cette définition que, si l'on fixe par ses extrémités aux foyers FF' un cordon FMF' d'une longueur égale au grand axe, et qu'ensuite on fasse glisser un crayon dans le pli M du cordon, en faisant parcourir à ce crayon tous les points de la surface dont le cordon, fixé ainsi qu'il est dit, lui permettra de parcourir en avançant de gauche à droite ou réciproquement, on décrira d'abord la moitié AMCB de la courbe; puis faisant passer le cordon de l'autre côté du grand axe et opérant de même on décrira l'autre moitié ADNB; on aura donc décrit une courbe AMCBNDA, dont la somme des distances d'un point quelconque aux deux foyers sera évidemment égale à la longueur du cordon, et, par conséquent, au grand axe de l'ellipse. Donc cette courbe sera une ellipse. Donc, etc.

Fig. 26.

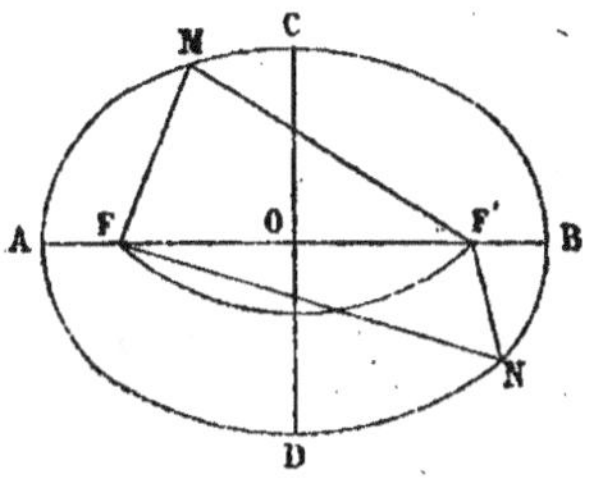

MESURE DES LIGNES, DES ANGLES ET DES SURFACES.

Mesurer une ligne, c'est chercher combien de fois cette ligne contient l'*unité linéaire* ou de longueur.

On prend généralement le mètre pour unité de longueur.

Ligne droite. Pour mesurer une ligne droite AB (*fig.* 27) avec le mètre, par exemple, on placera l'une des extrémités du mètre au point A, et l'on marquera le point C où aboutit l'autre extrémité; on continuera ainsi jusqu'à ce que le reste DB soit moindre que le mètre. On placera alors le mètre de manière que le point D étant sur une de ses divisions, le point B se trouve sur le dernier décimètre qui est divisé en millimètres; lisant alors le nombre de décimètres, de centimètres et de millimètres compris entre les points D et B, et ajoutant ce nombre au nombre de mètres compris entre les points A et D, on aura la longueur de la ligne droite AB.

Fig. 27.

Ligne brisée. Pour mesurer une ligne brisée, on mesurera séparément chacune des lignes droites qui la composent, comme nous venons de le dire, puis on en fera la somme.

Ligne courbe. Pour mesurer une ligne courbe, on la divise en parties assez petites pour qu'on puisse, sans erreur sensible, les considérer comme des lignes droites; alors prenant avec un compas chacune de ces parties et les portant successivement sur une droite qu'on aura préalablement tracée, on aura la courbe rectifiée, c'est-à-dire sa longueur par approximation. On peut aussi, suivant le cas, envelopper la courbe avec un fil inextensible et développer ce fil en ligne droite.

Circonférence. La circonférence, comme nous l'avons dit, se divise en 360 parties égales appelées *degrés;* mais la valeur du degré dépendant de la grandeur de la circonférence, nous devons nous proposer de mesurer une circonférence dont le rayon est donné.

Pour cela on pourra employer le procédé que nous venons d'indiquer pour mesurer une courbe quelconque, ou, plus exactement, multiplier π (on prononce pi) par le double de la longueur du rayon π, qui exprime le rapport de la circonférence au diamètre, a été trouvé de 3.1416...; mais, dans la pratique, lorsqu'on n'a pas besoin d'un grand degré d'approximation, on ne tient compte que des deux premières décimales et on le fait égal à 3.14; c'est ainsi que nous l'emploierons. Supposons donc que le rayon d'un cercle soit 1.67, pour connaître la longueur de la circonférence, il faut multiplier 3.34 double de 1.67 par 3.14, et le produit 10.48 exprime la longueur de la circonférence à un centimètre près.

Arc. La longueur d'un arc d'une circonférence dépend du nombre de degrés de cet arc; il faut donc, pour trouver la longueur d'un arc sans employer la *rectification*, déterminer le nombre de degrés qui le composent. Pour cela on se sert d'un instrument appelé *rapporteur*, qui n'est qu'un demi-cercle ABC (*fig.* 28), dont la demi-circonférence est divisée en degrés et minutes.

Fig. 28.

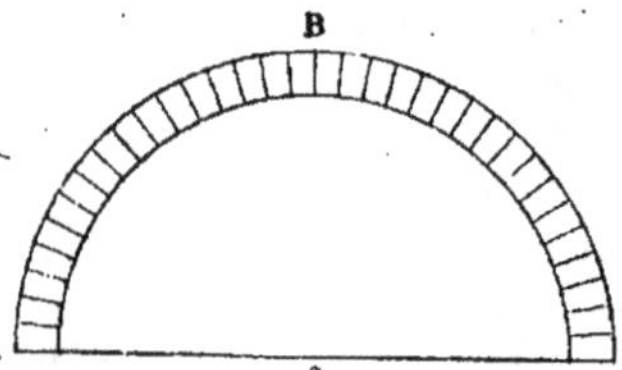

Pour mesurer avec cet instrument, l'arc FK (*fig.* 29) de la circonférence MFKR, on le place sur le cercle de manière que son diamètre AC étant sur le diamètre MK de la circonférence, les deux centres O, du rapporteur et de la circonférence, se confondent en un même point; puis on lit sur le rapporteur le nombre de degrés compris entre les droites OP, ON qui passent par les extrémités de l'arc.

Le nombre de degrés de l'arc étant ainsi déterminé, on multiplie ce nombre par la longueur de la circonférence dont il fait partie, et l'on divise le produit par 360. Le quotient exprime la longueur de l'arc.

Fig. 29.

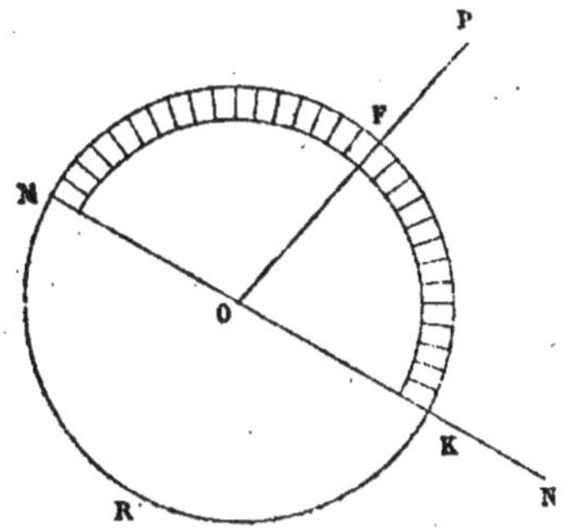

Exemple. Supposons que l'arc FK soit de 62 degrés, et le rayon OK, de la circonférence dont il fait partie, soit égal à 4,56. Cherchons d'abord la longueur de la circonférence comme nous l'avons indiqué, nous trouvons qu'elle est égale à 28^m,64 à 1 centimètre près, multipliant ce nombre par 62, nous obtenons pour produit 1775,68, qui étant divisé par 360, donne pour quotient 4,93 pour la longueur de l'arc.

La mesure de l'arc FK est aussi celle de l'angle PON qui a son sommet au centre et dont les côtés passent par les extrémités de l'arc. On voit donc que le rapporteur sert aussi à mesurer les angles et par conséquent à les former.

Fig. 30.

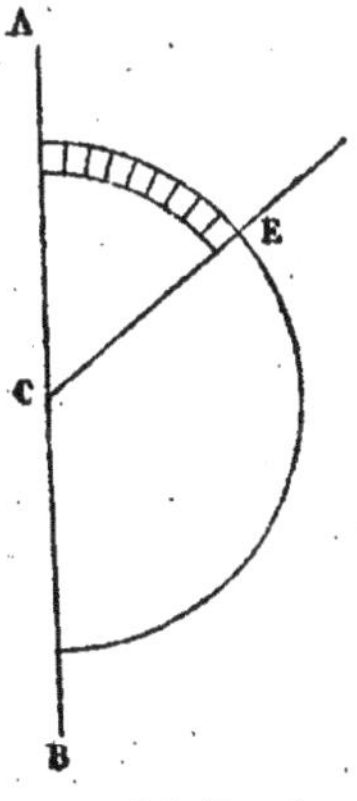

Soit proposé de faire avec la droite AB (*fig.* 30) en un point C de cette droite un angle égal à 43 degrés, par exemple, posez le rapporteur sur le papier de manière que son diamètre coïncidant avec la droite, son centre soit sur le point C; marquez ensuite le point E qui correspond à la division 43 degrés du rapporteur, unissez le point G au point E, l'angle ACE sera l'angle cherché.

Ellipse. Pour connaître le contour d'une ellipse sans employer la rectification, il faut ajouter le demi-grand axe au demi-petit axe et multiplier la somme par π ou 3,14.

MESURE DES SURFACES.

Mesurer une surface c'est chercher combien de fois cette surface contient l'unité de superficie ou de surface.

On prend ordinairement pour unité de superficie le mètre carré, c'est-à-dire un carré dont chaque côté est d'un mètre.

Triangle. La surface d'un triangle est égale à la longueur de sa base multipliée par la moitié de sa hauteur.

Supposons que la longueur de la base AB du triangle CAB (*fig.* 31) soit égale à 7m,35 et sa hauteur CM soit de 4m,30.

La surface de ce triangle sera exprimée par le produit de 7,35 multiplié par 2,15 ou 15m,80, à un centimètre près.

Fig. 31.

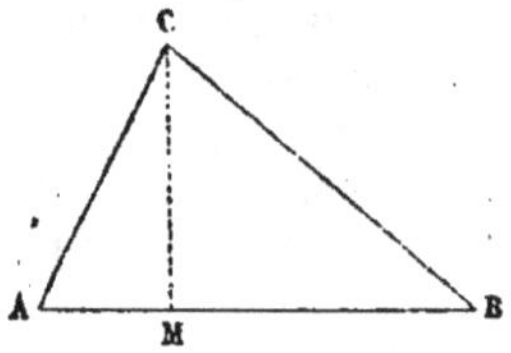

Parallélogramme. On obtient la surface d'un parallélogramme, en multipliant la longueur de sa base par la longueur de sa hauteur. On opère de la même manière pour obtenir la surface d'un rectangle et celle d'un carré.

Quadrilatère. Pour avoir la surface d'un quadrilatère quelconque, on le décompose en deux triangles au moyen d'une diagonale ; on évalue séparément la surface de chacun d'eux et l'on en fait la somme.

Cercle. On nomme *cercle*, la surface limitée par la circonférence. Pour déterminer la surface d'un cercle, il faut multiplier la longueur de la circonférence par la moitié du rayon, ou, plus simplement, multiplier le rayon par lui-même et le produit par π ou 3,14.

Fig. 32.

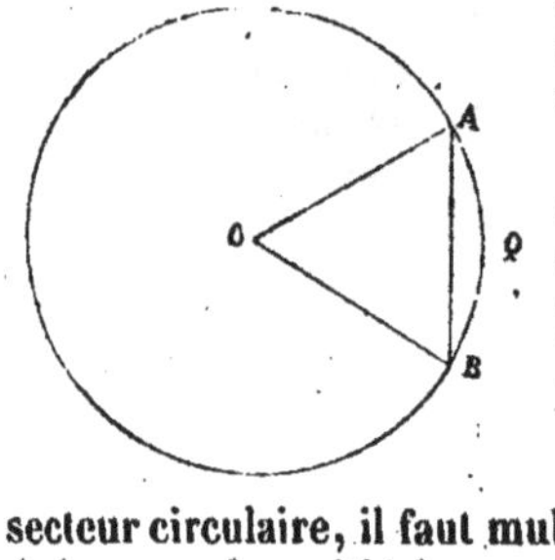

Secteur. On appelle *secteur circulaire* la partie du cercle comprise entre un arc et les deux rayons qui passent par les extrémités de cet arc; AOB (*fig.* 32) est un secteur circulaire.

Pour déterminer la surface d'un secteur circulaire, il faut multiplier la longueur de l'arc qui lui sert de base par la moitié du rayon de la circonférence dont il fait partie.

Segment. On nomme *Segment* la partie du cercle comprise entre un arc et sa corde : ABQ (*fig.* 32) est un segment.

On peut voir que le segment est la différence entre le secteur AOB et le triangle AOB qui a pour base la corde AB et pour côtés les rayons OA et OB. Donc pour avoir la surface du segment, il faut de la surface du secteur retrancher celle du triangle.

Un exemple numérique fera mieux comprendre la marche à suivre pour déterminer la surface du secteur et celle du segment.

Soit OANB, (*fig.* 33) un secteur; AMBN le segment correspondant.

Supposons que l'angle AOB soit de 70 degrés, que le rayon AO soit égal à 20 mètres et la corde AB à 23 mètres, déterminons d'abord la surface du secteur; pour y parvenir, cherchons la longueur de l'arc qui lui sert de base, ainsi que nous l'avons indiqué; nous multiplions 40 mètres, double du rayon, par π ou 3,14; nous obtenons pour produit 125,60 qui est la longueur de la circonférence, multipliant cette longueur par 70, nombre de degrés de l'arc et divisant le produit 8792 par 360, nous obtenons pour quotient $24^m,422$ qui est la longueur de l'arc, cette longueur multipliée par 10 mètres moitié du rayon, nous donne enfin pour la surface du secteur $244^m,22$.

Fig. 33.

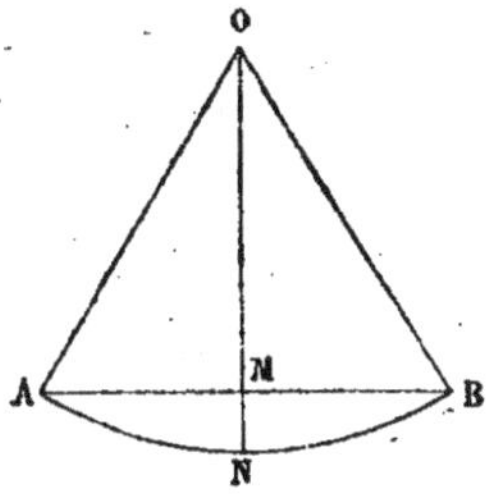

Supposons maintenant que la flèche MN de l'arc soit de $3^m,64$, la hauteur OM du triangle AOB sera alors égale à 16,36, sa surface sera donc égale à 188,14, retranchant cette quantité de la surface du secteur, nous trouvons pour reste $56^m,08$ qui est la surface du segment.

Nous aurions pu trouver plus directement la surface du secteur en multipliant celle du cercle par le rapport du nombre de degrés de l'arc à celui de la circonférence, ce qui revient à multiplier la surface du cercle par le nombre de degrés de l'arc et diviser le produit par 360.

En nous basant sur ce que nous avons dit relativement à la surface du cercle, nous aurions multiplié le rayon 20 mètres par lui-même et le produit 400 mètres par π ou 3,14, ce qui nous aurait donné pour la surface du cercle 1256 mètres, puis multipliant cette surface par 70, nombre de degrés de l'arc, nous aurions obtenu pour produit 87920 mètres qui divisé par 360, nombre de degrés de la circonférence, nous aurait donné pour quotient ou pour la surface du secteur, $244^{m},22$, et par conséquent, même résultat que par le premier procédé.

Dans l'exemple que nous venons de traiter, la flèche de l'arc est telle, que les perpendiculaires élevées sur le milieu des cordes sous-tendantes des demi-arcs, se seraient rencontrées en un point assez rapproché de la circonférence.

Il nous aurait donc été facile de déterminer graphiquement la longueur du rayon ainsi que l'angle du secteur, si ces données eussent été inconnues; mais il n'en est pas toujours ainsi, et dans les brigantines, par exemple, où la flèche de courbure de la bordure est relativement plus petite et où le voilier trace cette courbe au moyen de la flèche, et de la ligne droite de bordure seulement, le centre de la circonférence se trouve en un point tellement éloigné, qu'il serait difficile de déterminer la longueur du rayon ainsi que la grandeur de l'angle du secteur, par un procédé simplement graphique. Il faut alors recourir au calcul qui, du reste, dans ce cas, est très-simple et qui consiste à multiplier la moitié de la corde de l'arc par elle-même, diviser le produit par le double de la longueur de la flèche et ajouter au quotient la moitié de la longueur de cette dernière.

Exemple. Soit ABCDA (*fig.*34) un segment de cercle, dont il s'agit de trouver le rayon. Supposons que DC, moitié de la corde AC soit égale à 15 mètres et que BD, flèche de l'arc, égale $1^{m},20$. Multiplions 15 par 15, divisons le produit 225 mètres par $2^{m},40$, double de la flèche de l'arc, et au quotient (93,75) ajoutons la moitié de la flèche de l'arc ou 60 centimètres, la somme 94,35 exprime la longueur du rayon.

Fig. 34.

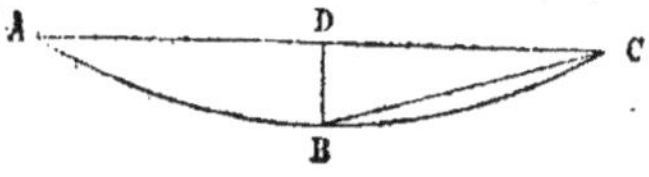

Quant à l'angle du secteur, il est égal à quatre fois l'angle DCB, formé à l'extrémité de l'arc par les cordes AC et CB.

Fig. 35.

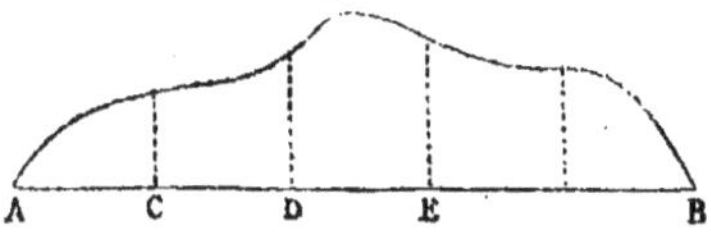

Ellipse. Pour connaître la surface d'une ellipse, il faut multiplier la longueur du demi-grand axe par la longueur du demi-petit axe et le produit par π ou 3,14.

Si l'on avait à calculer la surface comprise entre une ligne droite

AB (*fig.* 35) et une ligne courbe quelconque, on diviserait la ligne droite AB en parties égales et assez petites pour qu'en élevant par les points de division C, D, E, etc... des perpendiculaires à AB, on puisse, sans erreur sensible, considérer les parties AC, CD, DE, etc... de la courbe, comprises entre les perpendiculaires comme des lignes droites, puis on ferait la somme de toutes les perpendiculaires et l'on multiplierait cette somme par la distance commune entre elles.

Les perpendiculaires menées par les points de division à la droite AB, sont appelées *ordonnées*.

ÉCHELLE DE PROPORTION.

Lorsque les dimensions d'une figure quelconque sont connues, on peut toujours, quelque grande que soit cette figure, la représenter sur le papier avec des dimensions beaucoup plus petites. Pour cela on fait usage de l'échelle de proportion.

Proposons-nous donc de construire une échelle de proportion d'une grandeur quelconque, de quatre centimètres pour mètre par exemple.

Fig. 36.

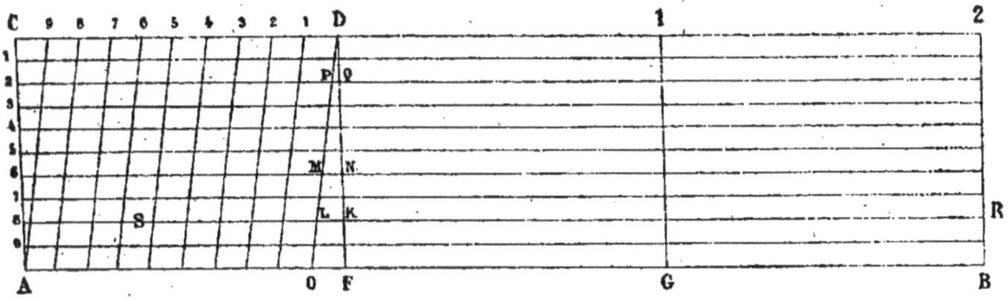

Pour cela on porte sur une droite AB (*fig.* 36) autant de parties égales à 4 centimètres qu'on veut faire représenter de mètres à l'échelle.

Par les points A, F, G, B, on mène AC, FD, G1, B2, perpendiculaires à AB. On prend sur AC, à partir du point A dix parties égales de grandeur quelconque, et par les points ainsi déterminés, on mène des parallèles à AB; cela fait, on divise AF en dix parties égales; on joint le point D au point O, qui marque la première division, et par les autres points on mène des parallèles à DO, on numérote toutes ces lignes de la manière indiquée dans la figure, et la construction est terminée.

Voyons maintenant comment avec cette échelle on représente sur le papier telle grandeur qu'on veut.

Pour cela, remarquons que chacune des parties de CD représente 1 décimètre ou 10 centimètres; les parties des parallèles comprises entre les lignes DF et DO représentent un nombre de centimètres indiqué par le chiffre placé en regard sur la gauche des parallèles : ainsi PQ représente 2 centimètres, MN représente 6 centimètres, etc.

Ceci compris, si on voulait prendre sur l'échelle avec une seule ouverture de compas une grandeur égale à 2,58, par exemple, on placerait une pointe du compas au point R, l'autre pointe au point S et la distance RS serait la distance demandée. Ce qui est évident, puisque cette distance se compose de KR, ou 2 mètres, plus LS, ou 5 décimètres, plus KL, ou 8 centimètres, ce qui fait bien $2^m,58$.

On comprend que les côtés des figures que l'on tracera sur le papier au moyen d'une pareille échelle, seront entre eux dans le même rapport que les côtés des objets réels représentés par ces figures.

Nous avons construit notre échelle en prenant pour 1 mètre une grandeur de 4 centimètres; mais il n'est pas rigoureusement nécessaire de prendre un nombre exact de centimètres pour représenter 1 mètre, on peut prendre une grandeur quelconque, mais toujours en rapport avec celle du papier que l'on veut employer.

Dans la pratique, pour ne pas avoir à construire une échelle toutes les fois que l'on a à exécuter un plan, on se sert d'échelles gravées sur du bois dur, tel que du bois de buis, par exemple.

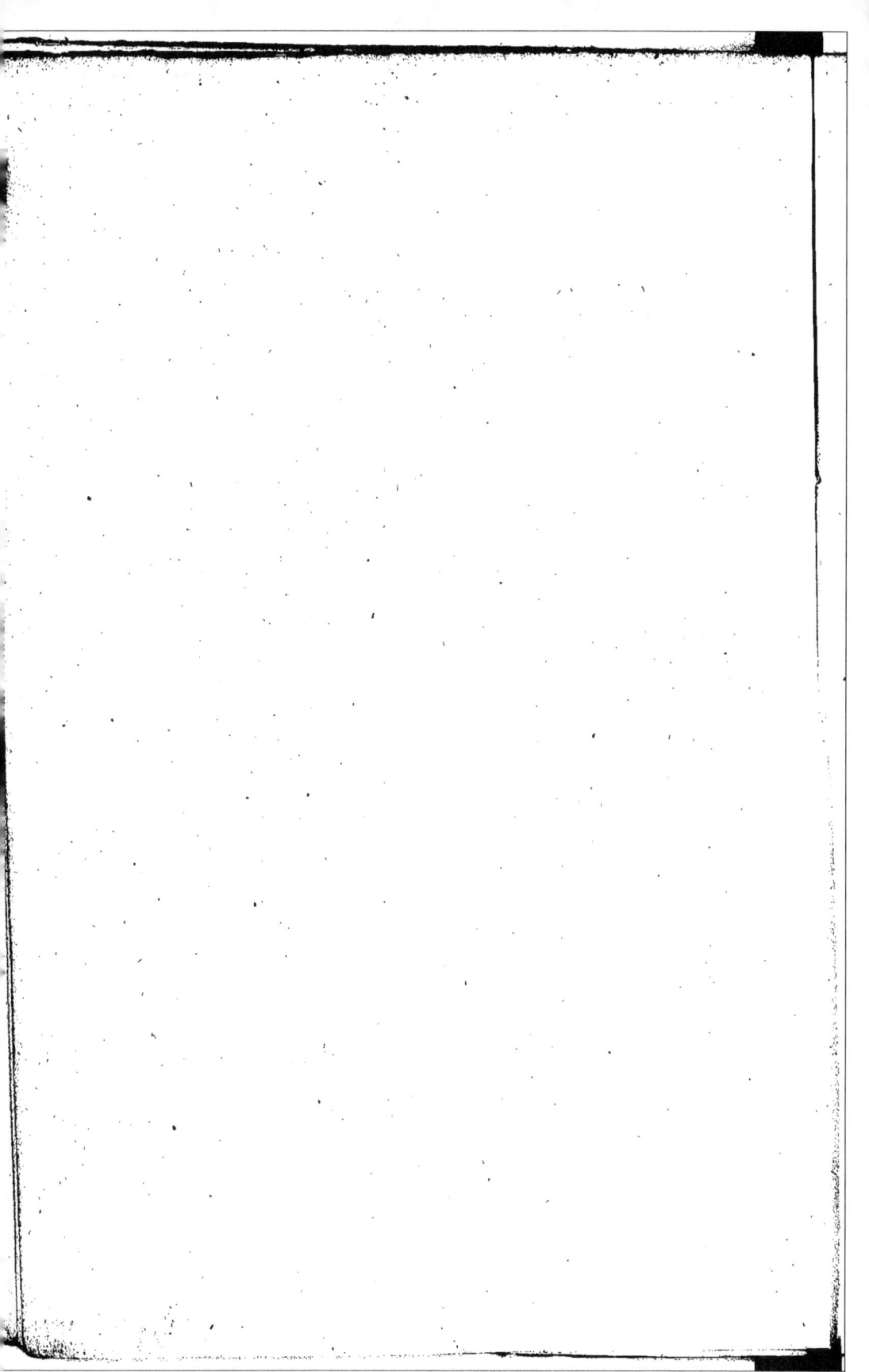

INTRODUCTION.

Laize. On nomme *laize* une bande de toile d'une longueur quelconque, mais d'une largeur uniforme (1). Les bords de la toile qui terminent sa largeur sont appelés *lisières* ou *lis.*

La toile est fabriquée avec des fils de noms différents : les fils qui déterminent sa largeur, c'est-à-dire ceux qui vont d'un lis à l'autre s'appellent *fils de trame*, ou, en terme de voilerie, *droits fils*, et les fils qui en font la longueur et qui sont parallèles aux *lis* se nomment *chaînes.*

Les droits fils sont perpendiculaires aux lis et réciproquement.

Fig. 37.

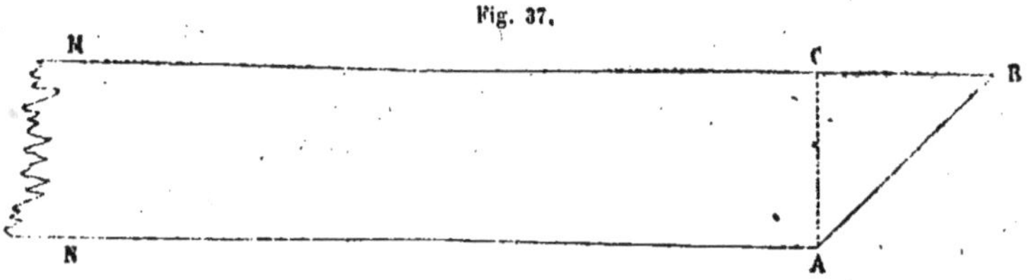

Coupe. Lorsqu'une laize (*fig.* 37) est coupée suivant une direction AB oblique aux lis, le côté CB du triangle ACB rectangle en C est dit *coupe de la laize.*

La coupe d'une laize est donc un côté de l'angle droit d'un

(1) La largeur des toiles à voiles est généralement égale à 57 centimètres. Leurs forces se désignent par numéros, du numéro 1 au numéro 8 inclus. Les plus petits numéros sont affectés aux plus grosses toiles.

Les voiles des embarcations sont généralement confectionnées avec le numéro 8. Cette toile, quoique la plus légère de toutes, semble encore trop forte pour les voiles des embarcations de moyennes dimensions, et à plus forte raison l'est-elle pour les petites.

M. Cautellier, lieutenant de vaisseau, chargé de la voilerie du port de triangle rectangle dont l'autre côté est le droit fil, et la direction de la coupe l'hypoténuse.

Lorsqu'une laize est coupée à droit fil, on dit alors qu'elle n'a pas de coupe ou qu'elle est coupée *carrément*.

Voile. L'assemblage, par des coutures, de plusieurs laizes d'égales ou de différentes longueurs et coupées dans le même sens ou en sens divers, constitue une *voile*.

On distingue deux espèces de voiles : les voiles *triangulaires* où de trois côtés, et les voiles *quadrangulaires* ou de quatre côtés.

Voiles triangulaires. Les côtés qui terminent ces voiles sont : l'*envergure*, qui est le côté par où la voile est suspendue ou *enverguée*; la *chute arrière*, ou le côté le plus rapproché de l'arrière du bâtiment, et enfin la *bordure*, qui est la partie la plus basse de la voile et dont la direction est généralement à peu près horizontale.

Parmi les voiles triangulaires, on distingue les *focs*, les *houaris* et les voiles *latines*.

Foc. Un foc est une voile située à l'avant du navire et enverguée sur une corde ou draille, qui va du mât de beaupré au mât de misaine.

Houari. On donne le nom de *houari* à une voile triangulaire enverguée en partie sur un mât et en partie sur une vergue située sur le prolongement du mât, et dont la manœuvre s'exécute au moyen de deux rocambaux en fer fixés sur cette vergue.

Voile latine. Lorsque la voile triangulaire est enverguée sur une *antenne*, on lui donne le nom de *voile latine*. Telles sont les voiles de *tartanes*, *mistics*, etc.

Voiles quadrangulaires. Parmi les voiles quadrangulaires, on distingue celles qui ont la forme du trapèze régulier que l'on nomme vulgairement *voiles carrées*, et celles qui ont la forme du quadrilatère irrégulier qu'on appelle *voiles auriques* et *voiles à bourcet*.

Toulon, a demandé plusieurs fois à l'autorité supérieure l'introduction d'une toile de 32 centimètres de largeur seulement, pour être spécialement affectée à la confection des voiles des embarcations que nous venons de mentionner. Il est à désirer que sa demande soit enfin prise en considération car, de l'emploi d'une pareille toile, que l'on pourrait faire un peu plus légère que le numéro 8, résulterait une économie sensible de temps et de matières, puisque, aujourd'hui, on divise en deux la toile numéro 8, pour l'employer à la confection des voiles précitées. Il est aussi incontestable de dire que ces voiles établiraient beaucoup mieux.

Voiles carrées. Les voiles carrées sont : les basses voiles, les huniers, les perroquets et les cacatois des bâtiments mâtés carrés. Les lignes qui terminent ces voiles sont : l'*envergure*, la *bordure* et les *deux côtés*. On distingue encore la *chute au milieu* et la *chute totale*. Les voiles carrées sont portées par des vergues suspendues aux mâts par le milieu de leur longueur et disposées horizontalement.

Voiles auriques. On donne le nom de *voiles auriques* à celles qui peuvent tourner autour d'un de leurs côtés comme charnière : les *artimons*, les *brigantines*, les *voiles goëlettes*, etc., sont dans ce cas. Les côtés qui terminent ces voiles sont : l'*envergure*, la *bordure*, la *chute arrière* et la *chute avant* ou *chute au mât*. On distingue encore la diagonale, qui est nécessaire pour fixer la forme de la voile.

Voiles à bourcet. Lorsqu'une voile quadrangulaire est fixée sur une vergue dont le point de suspension n'est pas au milieu de la longueur, cette voile prend alors le nom de voile à *bourcet* ou *au tiers*. On lui donne cette dernière dénomination, parce que le point de suspension est généralement au tiers de la longueur de la vergue, à partir du bout qui doit recevoir l'empointure de la chute avant. Telles sont les voiles des embarcations, des chasses-marées, etc., comme dans les voiles auriques ; l'*envergure*, la *bordure*, la *chute arrière* et la *chute avant* sont les côtés qui terminent ces voiles. La diagonale est pareillement nécessaire pour déterminer la forme de la voile.

Voiles d'étais. Les *voiles d'étais* sont celles qu'on envergue sur des drailles ou sur des *étais* tendus entre deux mâts verticaux. On ne délivre à l'armement des bâtiments de l'État que la *voile d'étai de grande voile* ou *pouillouse*, et le *foc d'artimon de cape*. Les autres voiles d'étais qui étaient délivrées jadis ont été supprimées.

Bonnettes. Outre les voiles dont nous venons de faire la nomenclature, il y en a encore de supplémentaires qui sont généralement affectées aux bâtiments gréés carrés. Ces voiles sont les bonnettes. Elles s'ajoutent aux voiles carrées et prennent le nom des voiles auxquelles elles sont adaptées. Ainsi on les appelle *bonnettes basses*, *bonnettes de hunier* ou *bonnettes de perroquet*, suivant qu'elles s'ajoutent aux basses voiles, aux huniers ou aux perroquets.

Pour pouvoir couper les voiles, il faut d'abord en connaître les dimensions, puis le nombre des laizes qui doivent les composer, la longueur ainsi que la coupe de chacune d'elles.

Pour déterminer les dimensions des voiles, on dresse ce qu'on appelle le *plan de voilure*, ou bien on va prendre ces dimensions à bord du bâtiment.

Nous traiterons ces deux questions dans la première partie de cet ouvrage. Dans la seconde, nous développerons la marche à suivre pour connaître le nombre des laizes et la coupe de chacune d'elles pour une voile quelconque, et, dans la troisième, nous nous occuperons de ce qui est relatif à la confection.

PREMIÈRE PARTIE.

DU PLAN DE VOILURE.

Une figure représentant un navire muni de son système de mâts et de voiles, est ce qu'on appelle un *plan de voilure*.

Pour construire ce plan, il n'est pas indispensable de représenter complétement l'extérieur du navire; il suffit de tracer sa partie supérieure à partir de la ligne du pont. Cependant, comme il est plus difficile d'extraire du devis de construction les données nécessaires pour tracer la partie supérieure seulement, que pour en extraire celles qui doivent servir au tracé du plan vertical-longitudinal, nous allons faire connaître ce qui est nécessaire pour construire ce plan quant à ce qui concerne le voilier; ensuite nous donnerons un aperçu pour arriver à la solution de cette question.

Les données nécessaires pour tracer le plan vertical-longitudinal sont : le tracé de la *quille* et des *perpendiculaires;* le tracé de l'*étrave*, celui de l'*étambot;* le tracé du trait extérieur des *montants de voûtes* ou celui du trait extérieur de l'arrière, si le navire est à poupe ronde; le tracé du *pont* et du *plat-bord;* la position des mâts et leur direction, ainsi que la hauteur de la lisse de bastingages au-dessus du pont.

Pour que les élèves puissent comprendre comment avec ces données on parvient à construire ce plan, nous allons les extraire d'un devis de construction et les réunir dans un tableau avec leurs valeurs numériques.

Ce tableau, que l'on pourra considérer comme type, servira pour exécuter notre tracé.

Tableau présentant les données nécessaires pour tracer le plan vertical longitudinal d'une corvette de charge de 800 tonneaux.

Tracé de la quille et des perpendiculaires.

Hauteur verticale de la quille 0,35
Distance entre les perpendiculaires. 43,50

HAUTEURS prises à partir du dessous quille.	Tracé de l'étrave.	TRAIT extérieur distance de la perpendiculaire d'étrave.
0.00	En dedans de la perpendiculaire.	2,19
0,35	*Id.*	1,65
0,97	*Id.*	1,02
1,59	*Id.*	0,57
2,21	*Id.*	0,25
2,85	*Id.*	0,00
3,49	En dehors de la perpendiculaire.	0,21
4,14	*Id.*	0,37
4,77	*Id.*	0,49
5,41	*Id.*	0,59
6,06	*Id.*	0 67
6,71	*Id.*	0,73
7,34	*Id.*	0,78
8,02	*Id.*	0,81

Distance du trait extérieur de l'étrave au milieu de la rablure. . . { à la tête . . 0,26 / au pied. . . 0,40 }

Tracé de l'étambot.

Hauteur prise du dessus quille à la ligne droite de la barre d'hourdy. 5,96
Hauteur prise du dessus quille au point où l'étambot coupe la perpendiculaire. . 3,97
Quête de l'étambot sur quille 0,64
Distance du milieu de la rablure ou trait extérieur de l'étambot. . . { à la tête . . 0,28 / au pied. . . 0,28 }

Tracé du trait extérieur des montants de voûte.

Hauteur prise de la ligne droite de la barre d'hourdy à la ligne droite de l'angle de la voûte . . . . 1'02
Saillie à cette hauteur en dehors de la perpendiculaire. 1,40
Hauteur de la ligne droite de la barre d'hourdy à l'extrémité supérieure des montants de voûte. 3,90
Saillie à cette hauteur en dehors de la perpendiculaire. 1,86

Tracé du pont et du plat-bord.

Distance de la perpendiculaire d'étrave au couple le plus voisin. 1,64
Distance de la perpendiculaire d'étrave au maître couple. 18,94
Distance de la perpendiculaire d'étambot au couple le plus voisin. 2,71

	HAUTEURS PRISES A PARTIR du dessus quille.	
	Ligne du pont.	Ligne du plat-bord.
Sur le couple le plus voisin de la perpendiculaire d'étrave. .	7,74	8,74
Sur le maître couple.	7,32	8,32
Sur le couple le plus voisin de la perpendiculaire d'étambot.	8,60	9,60

Position des mâts sur quille.

De la perpendiculaire d'étrave à l'axe du mât de misaine.	6,16
De l'axe du mât de misaine à l'axe du grand mât.	17,11
De l'axe du grand mât à l'axe du mât d'artimon.	13,07

Inclinaison des mâts sur l'arrière.

Mât de misaine.	»
Grand mât.	0,02
Mât d'artimon	0,05

Mât de beaupré.

Hauteur prise à partir du dessus quille au point où l'axe du beaupré coupe la perpendiculaire d'étrave	7,75
Angle que forme le beaupré avec une droite parallèle à la quille.	20°

Et maintenant, opérons en suivant les données du tableau.

Tracé de la quille. Tirons d'abord une droite AB (*fig.* 1), elle représentera le dessus de la quille. En dessous de cette droite et à une distance égale à 35 centimètres, hauteur verticale de la quille, menons CD parallèle à AB; ce sera le dessous de la quille. Cela fait, par un point B pris sur le dessus quille, élevons une perpendiculaire BM, ce sera la perpendiculaire d'étrave. Mesurons sur le dessus quille, à partir de la perpendiculaire d'étrave, la distance donnée par le tableau entre les deux perpendiculaires (43,30) de B en A; par exemple, par le point A, élevons la perpendiculaire AN, nous aurons ainsi la perpendiculaire d'étambot.

Tracé de l'étrave. Sur le tableau, la colonne de gauche de l'article : Tracé de l'étrave, donne différentes hauteurs que nous portons sur la perpendiculaire d'étrave, à partir du dessous quille, ainsi que l'indique cette colonne; par les points obtenus, nous menons des parallèles au dessus quille, puis nous prenons dans la colonne de droite les distances correspondantes; nous portons ces distances sur les parallèles, à partir de la perpendiculaire en dedans et en dehors de cette perpendiculaire, d'après l'indication du tableau, et nous obtenons ainsi les points U, U', U''... U^n, par lesquels nous faisons passer une courbe qui représente le trait extérieur de l'étrave.

Pour avoir le trait intérieur de la rablure, nous portons à la tête et au pied de l'étrave, à partir du trait extérieur et dans un sens normal, les distances données par le tableau (26 centimètres à la tête et 40 centimètres au pied); puis par les points E et G ainsi déterminés, nous faisons passer une courbe qui, partant de la tête, s'écarte graduellement du trait extérieur en approchant du pied et vient se terminer au point G, dont la distance au trait extérieur est de 14 centimètres plus grande qu'à la tête de l'étrave.

Tracé de l'étambot. Pour tracer l'étambot, nous portons d'abord sur la perpendiculaire, à partir du dessus quille de A en H, par exemple, la hauteur à la ligne droite de la barre d'hourdy (5,96), et par le point H nous menons une parallèle au dessus quille; cette parallèle représente la ligne droite de la barre d'hourdy. Nous portons pareillement, à partir du dessus quille, la hauteur du point où l'étambot coupe la perpendiculaire (3^m,97) de A en L, et, après avoir porté sur le dessus quille, la quête de l'étambot (0,64 de A en P, nous unissons le point P au point L par une droite prolongée jusqu'à la rencontre de la ligne droite de la barre d'hourdy. La ligne PO qui en résulte représente le trait intérieur de la rablure de l'étrave; cela fait, nous portons à la tête et au pied de l'étambot la distance du centre de rablure au trait extérieur de l'étambot (0,28), et par les points ainsi déterminés, nous menons la droite SS' qui représente le trait extérieur de l'étambot.

Tracé du trait extérieur des montants de voûte. Pour exécuter cette partie du tracé portons, à partir de la ligne droite de la barre d'hourdy, la hauteur à l'angle de la voûte (1,02) de H en Q, ainsi que la hauteur à l'extrémité des montants (3,96) de H en R; par les points Q et R menons QQ' et RR' parallèles au dessus quille; portons sur la première la saillie à l'angle de la voûte (1,40) de Q en Q' et sur la seconde la saillie à l'extrémité des montants (1,86) de R en R'. Unissons le point R' au point Q' et ce dernier au point O (1).

Tracé du pont et du plat-bord. Traçons d'abord sur le

(1) La position de ce point n'est pas exacte. Pour avoir sa vraie projection, il aurait fallu exécuter celle de la barre d'hourdy; ce qui aurait occasionné un travail assez compliqué et d'aucune importance pour ce que nous nous sommes proposé. Nous pensons donc, que l'arrière du navire sera suffisamment représentée en traçant les montants de voûte comme il est indiqué.

plan, le couple le plus près de la perpendiculaire d'étrave, le maître couple et le couple le plus près de la perpendiculaire d'étambot. Pour cela prenons sur le tableau les distances de ces couples aux perpendiculaires et portons ces distances sur le dessus quille, la première (1,64) de B en T, la seconde (18,94) de B en K et la troisième (2,71) de A en Y. Par les points T, K, Y, menons des perpendiculaires au dessus quille, ce sera les axes des couples précités. Portons maintenant sur chacune de ces perpendiculaires, à partir du dessus quille, les hauteurs portées sur le tableau dans les colonnes intitulées ligne du pont et ligne du plat-bord, c'est-à-dire sur la première perpendiculaire 7,74, de T en T' et 8,74 de T en T''; sur la seconde, 7,32 de K en K' et 8,32 de K en K''; enfin sur la troisième 8,60 de Y en Y' et 9,60 de Y en Y''. Par les points Y'', K'', T'' et Y', K', T' faisons passer des courbes qui représenteront la première la ligne du plat-bord et la seconde celle du pont.

Position des mâts. Le tableau indique que la position de l'axe du mât de misaine, sur quille, doit être en arrière de la perpendiculaire d'étrave de 6,16, que l'axe du grand mât doit être éloigné de celui de misaine de 17,11 et qu'enfin l'axe du mât d'artimon doit être en arrière de celui du grand mât de 13,07. Mesurons donc sur le dessus quille, de B en X par exemple, 6,16; le point X sera la position de l'axe du mât de misaine. Portons pareillement de X en X' 17,11, et de X' en X'' 13,07; le point X' sera la position de l'axe du grand mât, et le point X'' celle du mât d'artimon.

La position de l'axe de chaque mât étant ainsi déterminée, il nous reste à tracer leur direction. Pour cela remarquons que le tableau ne donnant pas d'inclinaison pour le mât de misaine, ce mât doit être perpendiculaire à la quille; donc, en menant par le point X une perpendiculaire à la quille, nous déterminerons sa direction. Pour le grand mât, nous lisons sur le tableau qu'il doit être incliné sur l'arrière de 0,02, c'est-à-dire que son inclinaison doit être de 2 centimètres pour chaque mètre de longueur. Pour déterminer la direction du mât, nous prendrons une inclinaison relative à un nombre quelconque de mètres, 10 par exemple, cette inclinaison sera donc de 20 centimètres, que nous portons sur le dessus quille de X' en 1 et par le point 1 nous élevons la perpendiculaire 1Z'. Prenant ensuite une ouverture de compas égale à 10 mètres, nous portons obliquement cette ouverture de X' en Z' et nous joignons, par une droite, Z'X', cette droite est la direction du mât.

Nous trouverions la direction du mât d'artimon d'une manière analogue. Pour le mât de beaupré, portons sur la perpendiculaire d'étrave, à partir du dessus quille, la hauteur où l'axe de beaupré coupe la perpendiculaire (7,75) de B en B'. Par le point B' menons B'B" parallèles au dessus quille et faisons, au point B', l'angle B"B'C' égal à 20 degrés. Le côté B'C' sera la direction du beaupré.

Maintenant que nous avons tracé le plan vertical et que nous connaissons la position et la direction des mâts, nous allons indiquer ce qu'il importe de connaître pour continuer le tracé de ces derniers, puis nous donnerons succinctement la marche à suivre pour exécuter ce tracé. Mais auparavant, nous observerons que la ligne Y'K'T', qu'on appelle ligne droite du pont, ne donne la hauteur de celui-ci qu'en abord et en-dessous des bordages, tandis que sur le milieu du bâtiment cette ligne est élevée de toute la hauteur du bouge des baux correspondants plus l'épaisseur des bordages. Il suit que, pour exécuter le tracé des mâts verticaux et afin que leur vraie saillie au-dessus du pont soit représentée sur le plan, il faut porter au-dessus de la ligne droite du pont, à la position de chaque mât et aux extrémités du bâtiment, le bouge du bau correspondant augmenté de l'épaisseur des bordages et, par les points ainsi déterminés, faire passer une courbe qui représente la hauteur du pont au milieu du bâtiment. C'est à partir de cette ligne qu'il faut porter la saillie de chaque mât.

Sur notre plan, la hauteur du pont au milieu du navire est représentée par la courbe tracée immédiatement au-dessus de celle qui représente la ligne droite du pont.

Le plan vertical étant terminé, on porte le tirant d'eau sur l'avant et sur l'arrière, on joint ces deux points et l'on a l'horizontale.

DIMENSIONS NÉCESSAIRES POUR EXÉCUTER LE TRACÉ DES MATS.

Pour un bas mât. La longueur comprise entre le pont et son extrémité supérieure; la longueur comprise entre le pont et la face supérieure des élongis, et la hauteur verticale de ces derniers (1).

Pour un mât de hune. La longueur totale, la distance de la

(1) Cette hauteur est ordinairement égale à la moitié du diamètre du mât correspondant.

face inférieure du trou de clef à la face supérieure des élongis dudit mât, ainsi que la distance de la face inférieure de la caisse à la face inférieure du trou de clef.

Pour un mât de perroquet. La longueur totale, la distance comprise entre la face inférieure du trou de clef et le capelage du perroquet ainsi que la longueur de la flèche, c'est-à-dire, la distance comprise entre le capelage du perroquet et celui du cacatoi. On prend aussi la distance de la face inférieure du trou de clef à la face inférieure de la caisse.

Pour le mât de beaupré. Il faut connaître sa saillie en dehors de l'étrave; la longueur de son bout dehors et sa rentrée en dedans du chouquet de beaupré (1) ou sa saillie en dehors. Si le bout dehors est à flèche, il faut de plus en connaître la longueur, c'est-à-dire la distance comprise entre le capelage du grand foc et celui du clin foc. Enfin, la longueur du bout dehors de clin foc où sa saillie en dehors du blin (2) est nécessaire lorsque le bout dehors de beaupré n'est pas à flèche.

Les diamètres des mâts que nous venons de citer sont aussi nécessaires.

Afin que les élèves soient fixés sur la marche que nous allons suivre, nous extrairons du devis de mâture du navire dont nous avons déjà tracé le plan vertical, les valeurs relatives aux données dont nous venons de faire mention et ce sera au moyen de ces valeurs que nous opérerons.

Mât de beaupré.

Saillie en dehors de l'étrave	11,00
Diamètre	0,69
Saillie du bout dehors de beaupré	7,60
Diamètre du bout dehors de beaupré	0,305
Longueur totale du bout dehors de beaupré	13,10
Bout du bout dehors de beaupré	0,40
Saillie du bout dehors de clin foc	4,56
Bout du bout dehors de clin foc	0,30

Mât de misaine.

Distance du pont à l'extrémité supérieure du mât	17,87
Distance du pont à la face supérieure des élongis	14,53
Diamètre du mât	0,67

(1) Cette rentrée est généralement égale à la moitié de la saillie du beaupré.

(2) Le bout dehors de clin-foc vient généralement à toucher le chouquet de beaupré; il suit que lorsqu'on connait la longueur du bout dehors de clin-foc, on connait aussi sa saillie.

Mât du petit hunier.

Longueur totale	13.85
Distance de la face inférieure de la caisse à la face inférieure du trou de clef	0,63
Distance de la face inférieure du trou de clef au capelage	11,55
Diamètre du mât	0,355

Mât du petit perroquet.

Longueur totale	11,18
Distance de la face inférieure du trou de clef au capelage	6,39
Distance du capelage de perroquet au capelage de cacatoi	4,27
Diamètre du mât	0,205

Nota. On peut, si l'on veut, représenter les diamètres des mâts; mais comme ce n'est pas indispensable, nous nous bornerons à figurer les axes des mâts verticaux et le dessus des différentes parties qui constituent le mât de beaupré.

Soit donc AB (*fig.* 2) l'axe du beaupré, par le point C, pris au-dessus de cet axe, à une distance égale au demi-diamètre du beaupré (0,35) menons une parallèle CD, elle représentera le dessus du beaupré. Portons, sur cette parallèle la saillie du beaupré (11,00) de C en D et par le point D menons une verticale DE qui représentera la direction du chouquet. Cela fait, par le point E pris au-dessus de CD, à une distance égale au diamètre du bout dehors (0,31), menons EF parallèle à CD, portons sur cette parallèle la saillie du bout-dehors de beaupré (7,60) de E en K et celle du bout-dehors de clin-foc (4,56) de K en F. Portons aussi 30 centimètres de F en F' et 40 centimètres de K en K'. Les points K' et F' marquent le premier le capelage du grand foc et le second celui du clin-foc.

Passons maintenant au tracé du mât de misaine.

Sur le prolongement de XZ portons, à partir de la ligne du pont, de P en Q et de P en R la distance du pont à l'extrémité supérieure du mât (17,87) et celle du pont à la face supérieure des élongis (14,33). Par le point R menons l'horizontale RS, qui figurera la face supérieure des élongis. Mesurons de R en S la distance de l'axe du bas mât à celui du mât de hune (1); par le point S menons SG parallèle à l'axe du bas mât; cette parallèle représentera l'axe du mât de hune (2). Portons en contre-bas, de S en I, la

(1) Dans les mâtures réglementaires des bâtiments de l'État, cette distance est égale aux 83 centièmes du gros diamètre du mât inférieur.

(2) Ce sont les génératrices des mâts qui sont parallèles et non les axes; mais la différence qui en résulte est de peu d'importance pour le voilier, et l'on peut, sans crainte d'erreur sensible, supposer que les axes sont parallèles.

distance de la face inférieure du trou de clef à la face inférieure de la caisse (0,63), de S en H, la distance comprise entre la face inférieure du trou de clef et la face supérieure des barres de perroquet (11,55) et de I en G la longueur totale du mât (13,83). Par le point H menons l'horizontale HM qui représente la face supérieure des barres de perroquet.

Pour tracer le mât de perroquet, portons sur l'horizontale HM de H en M, la distance de l'axe du mât de hune à celui de perroquet. Par le point M menons MN parallèle à l'axe du mât de hune, nous aurons ainsi l'axe du mât de perroquet. Portons de M en O la distance entre la face inférieure du trou de clef et la face inférieure de la caisse (0,26); de O en N la longueur totale du mât (11,18), de M en T la distance de la face inférieure du trou de clef au capelage du perroquet (6,39) et de T en Y la distance du capelage de perroquet à celui de cacatois (4,27), ce qui termine le tracé du petit mât de perroquet et par conséquent tout ce qui compose le mât de misaine.

Le tracé du grand mât et celui du mât d'artimon s'exécute d'une manière analogue. Il serait donc inutile de répéter, pour chacun de ces mâts, ce que nous avons dit pour le mât de misaine. Nous pensons que l'explication que nous venons de donner pour ce dernier suffira pour mettre les élèves au courant de la marche à suivre pour le tracé d'un mât vertical quelconque.

Passons maintenant au tracé des vergues des voiles carrées.

Nous avons déjà dit (Introduction) que les vergues des voiles carrées sont suspendues aux mâts par le milieu de leur longueur et disposées dans un sens horizontal; nous ajouterons que dans leurs positions naturelles, c'est-à-dire lorsqu'elles sont ce qu'on appelle *brassées carré*, elles sont de plus perpendiculaires aux mâts, quelle que soit d'ailleurs la direction de ceux-ci. C'est donc dans un sens perpendiculaire aux axes des mâts que ces vergues doivent être représentées sur le plan de voilure; mais comme sur ce plan les axes des mâts de hune et de perroquet figurent sur l'avant des axes des bas mâts, si les centres des différentes vergues étaient portés sur les axes de leurs mâts respectifs, il s'ensuivrait que les droites qui uniraient ces centres deux à deux, ne seraient pas perpendiculaires aux vergues; les voiles ne seraient donc pas divisées, par ces droites, en deux parties symétriques et par conséquent elles ne seraient pas de l'espèce de celles dont nous avons donné la définition. Pour obvier à cet inconvénient on figure les centres des vergues sur un axe commun : on peut prendre l'axe d'un mât quelconque, celui du bas mât ou celui du mât de perroquet; mais c'est généralement l'axe prolongé du mât de hune que l'on choisit.

Nous prolongerons donc l'axe du mât de hune, et, pour éviter les erreurs qui pourraient résulter de la confusion des lettres, nous opérerons sur le grand mât. Nous ne tracerons que l'arête supérieure de chaque vergue, puisque c'est sur cette arête que la voile est enverguée et que la connaissance de la distance d'une arête à l'autre suffit pour déterminer la longueur de la chute des voiles.

Avant de parler des rapports qui doivent servir à fixer les distances que les vergues doivent avoir entre elles et de ceux relatifs à la position des différents points qui limitent les dimensions des voiles, nous dirons que dans la marine militaire il a toujours été et il est toujours d'usage que ces dimensions soient les plus grandes possibles eu égard à celles de la mâture, et que le nouveau système de points d'écoutes et d'empointures avec cosses dans la toile, permet de les faire plus grandes encore qu'auparavant. Cependant nous observerons qu'il ne faut pas que la grandeur de ces dimensions dépasse certaines limites : d'abord, pour que les voiles puissent être bien tendues et ensuite pour que la position de certaines parties de l'une d'elles ne soit pas de nature à gêner la manœuvre d'une autre ou susceptible d'être détériorée par cette manœuvre.

Ces considérations et l'expérience nous conduisent à établir les rapports suivants.

Basse Vergue. La position de la face supérieure d'une basse vergue est généralement à la hauteur des jottereaux, afin que dans le brassiage la vergue puisse se loger dans l'angle formé par les haubans et les gambes de revers, cet angle étant à peu près à la même hauteur. Le règlement de mâture fixe cette position au-dessous des élongis du bas mât, à une distance égale au dixième de la longueur totale du mât de hune. Nous suivrons le règlement et nous obtiendrons la distance qu'il faut laisser entre la face supérieure des élongis et celle de la grande vergue en ajoutant au dixième de la longueur totale du mât de hune (1,55), la hauteur verticale des élongis (0,35), ce qui nous donne pour somme 1,90 que nous portons de L en V. Nous obtenons de cette manière le point V qui est la position cherchée.

Vergue de hune. Pour connaître à quelle distance au-dessus de la face supérieure de la basse vergue doit figurer la face supérieure de la vergue de hune, il faut multiplier la distance comprise entre la face supérieure des barres de perroquet et la face supérieure de la basse vergue par 0,89; le produit exprimera cette distance. Dans le cas qui nous occupe, nous avons donc à multiplier par 0,89, 14,85, qui est la distance de la basse vergue au capelage du mât de hune; ce qui nous donne pour produit 13,22, qui est la distance cherchée et que nous portons de V en V'.

Vergue de perroquet. La position de la face supérieure de la vergue de perroquet au-dessus de celle de la vergue de hune sera déterminée en multipliant la distance comprise entre cette dernière et le capelage de perroquet par 0,88. Dans le cas qui nous occupe, cette distance est égale à 8,71. Cette quantité étant multipliée par 0,88 donne pour produit 7,66, que nous portons de V' en V'', et nous obtenons ainsi le point V'' qui est la position de la face supérieure de la vergue de perroquet.

Vergue de cacatois. La face supérieure d'une vergue de cacatois doit figurer au-dessus de la face supérieure de la vergue de perroquet correspondante à une distance égale aux 82 centièmes de celle comprise entre la vergue de perroquet et le capelage de cacatois. Il nous faut donc multiplier 5,88, qui est cette dernière distance, par 0,82, et porter le produit de V'' en V'''. Le point V''' marque la position cherchée.

Ayant ainsi marqué, sur l'axe du mât de hune, les points qui indiquent la position des différentes vergues, par chacun de ces points on mène une perpendiculaire à l'axe, et l'on porte sur chaque perpendiculaire, à droite et à gauche de l'axe, la demi-longueur de la vergue qu'elle doit représenter.

Puis on marque, sur chaque vergue, la position des capelages, et l'on détermine celle des empointures et des points d'écoutes afin d'en déduire les dimensions des voiles.

POSITION DES EMPOINTURES DES VOILES CARRÉES EN GÉNÉRAL, DES POINTS D'ÉCOUTE DES HUNIERS, PERROQUETS ET CACATOIS, ET DES POINTS D'AMURES DES BASSES VOILES.

Empointures. La plus grande longueur qui puisse être donnée à l'envergure d'une voile carrée doit être telle que ses extrémités ne dépassent pas les faces intérieures des clans d'écoute de la voile supérieure, car si cela était, les empointures gêneraient la manœuvre des écoutes et seraient bientôt raguées par elles. D'après cela, il semblerait que les empointures pourraient être portées à la position même des faces intérieures des clans d'écoute, mais la pratique a prouvé qu'il vaut mieux encore les figurer à l'endroit où le chaumard commence à être arrondi et prend la forme de la vergue, c'est-à-dire un peu plus en dedans.

On déterminera donc la distance qu'il faut laisser entre chaque empointure d'une basse voile et le capelage correspondant de la basse vergue en multipliant par 0,025 la distance comprise entre les deux capelages.

Pour les huniers, perroquets et cacatois, la distance à laisser entre chaque empointure et le capelage correspondant sera déterminée en multipliant la distance comprise entre les deux capelages de la vergue correspondante par 0,03.

Points d'écoute. Pour connaître à quelle distance en dedans des capelages de la basse vergue doivent figurer les points d'écoute d'un hunier, il faut multiplier la distance comprise entre les deux capelages de la basse vergue par 0,02. Le produit exprime cette distance.

La distance de chaque point d'écoute d'un perroquet en dedans du capelage correspondant de la vergue de hune doit être égale au centième de la distance comprise entre les deux capelages de cette vergue.

La position des points d'écoute d'un cacatois sera déterminée d'une manière analogue, c'est-à-dire que chaque point figurera en dedans du capelage correspondant de la vergue de perroquet d'une quantité égale au centième de la distance comprise entre les deux capelages de cette vergue.

On remarquera que la distance qu'il faut laisser entre chaque capelage d'une basse vergue et le point d'écoute correspondant d'un hunier est relativement plus grande que celle qu'il faut laisser entre les capelages des autres vergues et les points d'écoute correspondants des autres voiles. Cette différence est motivée par le battant des moques adaptées aux points d'écoute des huniers.

Nous observerons que les points d'écoute d'une voile carrée quelconque ne doivent pas être portés sur la ligne qui représente la face supérieure de la vergue sur laquelle la voile doit border ; il faut les élever au-dessus de cette ligne d'une quantité égale au demi-diamètre de cette vergue. (Voyez la *fig.* 2.)

Points d'amure des basses voiles. A bord des bâtiments et surtout à bord des vapeurs, certaines particularités dans l'installation pouvant empêcher que la position du point d'amure soit telle qu'on l'aurait jugée convenable par rapport à la grandeur du bâtiment, on ne devra arrêter définitivement cette position, sur le plan de voilure, qu'après s'être assuré, à bord même du bâtiment, de l'élévation réelle qu'elle doit avoir au-dessus du pont. Néanmoins, nous dirons que cette élévation ne doit pas être beaucoup moindre que celle de la lisse de bastingages. Voici pourquoi : d'abord, on ne doit pas se dissimuler que lorsqu'on amure les basses voiles, les vergues inclinent toujours un peu vers l'avant; il suit de là que si, dans le principe, le point d'amure était trop rapproché de son retour, les poulies se toucheraient sans trop d'efforts, et la ralingue de bordure gênerait la manœuvre du pont; il y aurait, en outre, une certaine partie de la surface de la voile qui serait abritée par la muraille du navire et ne recevrait pas l'action directe du vent : elle serait donc inutile à la marche du bâtiment.

Donc, toutes les fois que des circonstances n'exigeront pas que le point d'amure soit au-dessus de la lisse de bastingages, il devra être à la même hauteur ou à une hauteur bien peu moindre.

Une fois la hauteur du point d'amure connue, on mesurera la distance comprise entre son retour et une verticale passant par la suspente de la grande vergue, puis on fixera sa position sur le plan de voilure, de la manière suivante : par le point où l'axe prolongé du mât de hune rencontre la ligne du pont, on mènera une perpendiculaire à cet axe, on portera sur cette perpendiculaire la distance du retour d'amure à la verticale dont nous venons de parler, de J en J′, et l'on joindra le point V centre de la vergue au point J′; cela fait, on portera sur le prolongement de l'axe du mât de hune l'élévation du point d'amure de J en J″, par le point J″ on mènera une parallèle à JJ′. Cette parallèle rencontrera la ligne VJ′ en un point J‴ qui sera la position du point d'amure.

Les motifs qui nous ont fait dire que la position du point d'amure d'une grande voile devait être telle que nous l'avons indiquée, n'existant pas pour la misaine, attendu que celle-ci amure généralement sur le minot fixé à l'extérieur du navire, le point d'amure de la misaine pourra être un peu plus approché de son retour : dans les cas ordinaires, son élévation au-dessus du minot devra être égale aux trois quarts environ de celle du point d'amure de la grande voile au-dessus du pont.

Quant à la marche à suivre pour fixer sa position sur le plan de voilure, elle est tout à fait semblable à celle que nous avons suivie pour fixer la position du point d'amure de la grande voile.

Échancrure des voiles carrées. Toutes les voiles carrées doivent avoir leur bordure échancrée, c'est-à-dire que le fond de la voile, ou le centre de la bordure, doit être plus élevé que la ligne droite qui unirait les points d'écoute. Cette échancrure est nécessitée dans les huniers, perroquets et cacatois par les étais et les bras des différentes vergues; dans les basses voiles, par la hauteur des embarcations au-dessus du pont, la teugue du gaillard d'avant et les garde-corps de poulaine.

Les côtés de ces mêmes voiles sont aussi échancrés, mais c'est pour un motif particulier que nous expliquerons en temps opportun.

Pour le moment nous ne nous occuperons que de l'échancrure de bordure.

La hauteur de l'échancrure de chaque voile pourra être fixée, lorsqu'il n'y aura pas de motifs pour agir autrement, de la manière suivante :

Grand et petit hunier	0,04	De la longueur de la chute totale.
Perroquet de fougue	0,06	
Grand et petit perroquet	0,10	
Perruche	0,14	
Cacatois	0,06	

Basses voiles. L'échancrure des basses voiles, ainsi que nous l'avons dit, est subordonnée, pour la misaine, à la hauteur de la lisse de garde-corps, et pour la grande voile, à celle des embarcations au-dessus du pont.

Dans quelques navires à vapeur, la position de la passerelle et celle de la cheminée peuvent encore nécessiter une plus grande échancrure dans la grande voile. Il suit de là que l'échancrure des basses voiles ne doit pas être déterminée d'avance par rapport à la chute totale, ainsi que nous l'avons fait pour les voiles hautes. Le voilier devra donc s'assurer de l'échancrure qu'il conviendra de donner aux basses voiles en même temps qu'il s'assurera de la position des points d'amure.

Nous remarquerons que, dans les voiles hautes, l'échancrure des perroquets est relativement plus grande que celle des autres voiles. Cela se fait ainsi pour qu'on puisse établir les perroquets, sans trop mollir les écoutes lorsqu'il y a un ris de pris dans les huniers.

DIMENSIONS DES VOILES CARRÉES.

Avant de traiter des autres voiles et terminer notre plan de voilure, nous croyons utile de nous occuper immédiatement de la marche à suivre pour déterminer les dimensions des voiles carrées. Un léger examen sur ce qui précède nous conduira aux solutions suivantes.

BASSES VOILES.

Envergure. Égale à la longueur de l'envergure de la vergue (1) multipliée par 0,95.

Bordure. Égale au double de la distance du point d'amure au prolongement de l'axe du mât de hune.

Chute totale (2). Égale à la distance comprise entre le dessus de la basse vergue et la ligne droite de la bordure.

Chute au milieu. Égale à la chute totale diminuée de la flèche d'échancrure.

---

(1) Par l'envergure de la vergue, il faut entendre sa longueur totale diminuée de la somme de ses bouts.

(2) Afin que l'on soit bien fixé sur les dénominations de chute totale et chute au milieu, nous dirons que la chute totale est la longueur de la perpendiculaire abaissée de l'envergure sur la ligne droite qui unit les deux points d'écoute ou d'amure, et que la chute au milieu est ce qui reste de la longueur de la chute totale après en avoir retranché la hauteur de l'échancrure de la voile.

C'est une grave erreur de confondre la chute totale avec la longueur oblique du côté de la voile. La longueur oblique du côté résulte de l'excès de la longueur de la bordure sur celle de l'envergure; c'est l'hypoténuse d'un triangle rectangle dont les côtés de l'angle droit sont : la chute totale et la demi-différence entre la longueur de la bordure et celle de l'envergure. Cette longueur ne doit pas être considérée comme dimension, puisqu'elle n'est pas nécessaire pour déterminer la forme de la voile.

On donne quelquefois le nom de *chute au point* à ce que nous appelons *chute totale*. On ferait bien de ne plus employer cette expression dans les voiles carrées, parce qu'elle a été et pourrait être encore une cause d'erreur : il est arrivé que, en nous adressant les dimensions des voiles d'un navire qui nous était inconnu, le voilier en parlant de la chute au point nous a donné la longueur oblique du côté au lieu de la chute totale qu'il aurait dû nous donner.

La dénomination de *chute totale* est bien celle qui convient à cette dimension de la voile, puisqu'elle est la somme de la chute au milieu et de l'échancrure.

HUNIERS.

Envergure. Égale à l'envergure de la vergue multipliée par 0,94.

Bordure. Égale à l'envergure de la basse vergue correspondante multipliée par 0,96.

Chute totale. On l'obtient en multipliant la distance comprise entre la face supérieure de la basse vergue et la face supérieure des barres de perroquet par 0,89 et retranchant du produit le demi-diamètre de la basse vergue.

Chute au milieu. Égale à la chute totale diminuée de la hauteur de l'échancrure; ce qui la fera égale aux 96 centièmes de la chute totale, pour le grand et le petit hunier, et aux 94 centièmes de la même chute pour le perroquet de fougue.

PERROQUETS.

Envergure. Égale aux 94 centièmes de l'envergure de la vergue.

Bordure. Égale aux 98 centièmes de l'envergure de la vergue de hune correspondante.

Chute totale. Pour la connaître, il faut multiplier la distance comprise entre la vergue de hune correspondante et le capelage du perroquet par 0,88 et du produit retrancher le demi-diamètre de la vergue de hune; la différence exprime la longueur cherchée.

Chute au milieu. Égale à la chute totale diminuée de la hauteur de l'échancrure; ce qui la fera égale aux 9 dixièmes de la chute totale pour le grand et le petit perroquet, et aux 86 centièmes de cette même chute pour la perruche.

CACATOIS.

Envergure. Égale aux 94 centièmes de l'envergure de la vergue correspondante.

Bordure. Égale aux 98 centièmes de l'envergure de la vergue de perroquet correspondante.

Chute totale. Pour la déterminer on multiplie la distance comprise entre la vergue de perroquet et le capelage du cacatois par 0,82, et du produit on retranche le demi-diamètre de la vergue de perroquet; la différence est la chute cherchée.

Chute au milieu. Égale à la chute totale diminuée de la

hauteur de l'échancrure; ce qui la fera égale aux 94 centièmes de cette chute.

On voit que lorsqu'on connaît les dimensions de la mâture et la position de la basse vergue, on peut toujours déterminer les dimensions des voiles hautes correspondantes.

Dans la pratique, on dispose l'opération de la manière suivante :

Distance de la face supérieure de la basse vergue à la face supérieure des élongis (1)	1,90
Distance de la face inférieure du trou de clef du mât de hune à la face supérieure des barres (2)	12,96
Somme égale à la distance de la base vergue au capelage du mât de hune	14,86
Multipliée par	0,89
	1,3374
	11,888
Produit égal à la distance de la basse vergue à la vergue de hune	13,2254
A retrancher le demi-diamètre de la grande vergue	0,22
Reste égal à la *chute totale* du grand hunier	13,00
Distance de la vergue de hune au capelage du hunier (3)	1,64
Distance de la face inférieure du trou de clef au capelage de perroquet (4)	7,08
Somme égale à la distance de la vergue de hune au capelage de perroquet	8,72
Multipliée par	0,88
	6976
	6,976
Produit égale à la distance de la vergue de hune à la vergue de perroquet	7,6736
A retrancher le demi-diamètre de la vergue de hune	0,15
Reste égal à la *chute totale* du perroquet	7,52

(1) Cette distance s'obtient en ajoutant la longueur des jottereaux à la hauteur verticale des élongis. Dans une mâture bien réglée, elle est égale au dixième de la longueur totale du mât de hune, augmentée de la hauteur verticale des élongis.

(2) Cette distance s'obtient en retranchant de la longueur totale du mât de hune la somme des quantité suivantes : la longueur du ton, le diamètre du mât de hune, plus 10 centimètres.

(3) Cette distance s'obtient en retranchant celle comprise entre la basse vergue et la vergue de hune (13,22), de la distance de la basse vergue au capelage de hune (14,86).

(4) Pour connaître cette quantité, on retranche de la longueur totale du mât de perroquet la somme des quantités suivantes : la longueur de la flèche, plus le bout, et une fois et quart le diamètre du mât de perroquet.

Distance de la vergue de perroquet au capelage (1).	1,05
Distance du capelage de perroquet au capelage de cacatois (2)	4,83
Somme égale à la distance de la vergue de perroquet au capelage de cacatois .	5,88
Multipliée par.	0,82
	1176
	4,704
Produit égal à la distance de la vergue de perroquet à la vergue de cacatois.	4,8216
A retrancher le demi-diamètre de la vergue de perroquet.	0,09
Reste égal à la *chute totale* du cacatois	4,73

La longueur de la chute totale d'une voile haute étant connue, il sera facile de déterminer celle de la chute au milieu, en se servant des rapports dont nous avons parlé plus haut.

Quant à la longueur de la chute totale et celle de la chute au milieu d'une basse voile, on ne pourra la déterminer qu'après qu'on se sera assuré de l'élévation du point d'amure et du fond de la voile au-dessus du pont, par les raisons que nous avons données.

Les rapports que nous avons donnés pour déterminer les dimensions des voiles carrées et particulièrement la longueur des chutes des huniers, perroquets et cacatois, sont déduits de l'expérience. En suivant ces rapports, on obtiendra des voiles dont la grandeur sera telle qu'on ne devra pas tenter de l'augmenter, car on se mettrait dans la nécessité de les recouper après peu de temps de service.

Nous remarquerons cependant que les voiles n'auront pas toute la grandeur qu'elles pourraient avoir la première fois qu'on les établira, parce que nous avons dû avoir égard à l'extension que prend la toile; mais nous remarquerons aussi que, comme la part que nous avons faite à cette extension est un peu petite, il peut arriver que les voiles prennent un trop grand développement et que l'on soit obligé de les retoucher pour qu'elles établissent bien. Cette opération sera facile à bord des bâtiments de l'État où les moyens d'exécution ne manquent pas, mais elle pourrait être embarrassante et même quelquefois impossible à bord d'un navire de commerce. C'est pourquoi nous invitons les voiliers qui auront à confectionner des voiles pour les bâtiments de commerce et qui

(1) On l'obtient en retranchant la distance de la vergue de hune à la vergue de perroquet (7,67) de la distance comprise entre la vergue de hune et le capelage du mât de perroquet (8,72).

(2) Égale à la longueur de la flèche de cacatois.

voudront employer nos rapports, pour en déterminer les dimensions, de réduire aux 97 centièmes la longueur des chutes des huniers, perroquets et cacatois obtenue en suivant ces rapports, s'ils ne veulent pas s'exposer à l'inconvénient des retouches.

Quant aux longueurs des envergures et des bordures, ils n'auront pas de réductions à opérer, attendu qu'il est reconnu que la toile n'allonge pas dans le sens de la trame. Toutefois lorsque les points d'écoute d'un hunier devront être faits d'après l'ancien système, c'est-à-dire avec moques estropées et cosses maillées dans un œil fait avec la ralingue au lieu de l'être dans la toile, comme les nouveaux points, la longueur de la bordure telle que nous l'avons déduite des dimensions de la basse vergue devra être diminuée de 2 centièmes.

Lorsque dans un perroquet ou dans un cacatois les cosses des points devront être placées en dehors de la toile, on obtiendra la longueur de la bordure de la voile en multipliant l'envergure de la vergue de hunier ou de perroquet correspondante par 0,97 au lieu de 0,98.

Dans les petits bâtiments où les écoutes des huniers devront être simples, c'est-à-dire, lorsque les points d'écoute ne devront pas être garnis de moques, la bordure de ces huniers sera traitée comme celle des perroquets.

TRACÉ DES CORNES DES VOILES GOELETTES ET DIMENSIONS QU'ON POURRAIT DONNER A CES VOILES.

Nous avons vu que, lorsqu'on connaît les dimensions de la mâture, on peut déterminer celles des voiles carrées sans le secours du plan de voilure; mais il n'en est pas de même des voiles terminées par des côtés obliques entre eux, telles que brigantines, focs, etc..... Les dimensions de ces sortes de voiles ne pourront être déterminées qu'en les relevant sur le plan de voilure ou en allant les prendre à bord des bâtiments.

Nous allons donc nous occuper d'abord de la position où les différents points de ces voiles doivent figurer sur le plan de voilure, afin d'en déterminer les dimensions, puis nous ferons connaître la marche à suivre pour prendre ces mêmes dimensions à bord des bâtiments.

Brigantine. La brigantine envergue sur la face inférieure de

la corne, et elle borde et amure sur la face supérieure du gui. C'est donc la face inférieure de la corne et la face supérieure du gui qu'il faut figurer sur le plan de voilure.

L'apiquage de la corne, c'est-à-dire l'angle qu'elle doit faire avec une horizontale, que nous appellerons angle d'apiquage, est en raison inverse de l'inclinaison du mât qui doit la porter, c'est-à-dire que plus l'inclinaison du mât est grande, plus l'angle d'apiquage doit être petit. Dans les bâtiments où le mât est beaucoup incliné, l'angle d'apiquage est d'environ 35 degrés.

Cet angle augmente graduellement à mesure que l'inclinaison du mât diminue et peut arriver jusqu'à 45 degrés lorsque l'inclinaison du mât est nulle, c'est-à-dire lorsque le mât est vertical. Mais c'est là l'extrême limite qu'on ne devra pas dépasser, si l'on ne veut pas s'exposer à avoir plus tard une brigantine défectueuse.

Comme on pourrait être quelquefois embarrassé pour donner à la corne un apiquage en rapport avec l'inclinaison du mât, nous sommes d'avis qu'on ne tienne aucun compte de cette inclinaison et qu'on trace la corne de manière qu'elle forme avec le prolongement du mât un angle égal à 45 degrés.

Ceci compris, passons au tracé de la corne et du gui.

Pour connaître à quelle distance au-dessous de la face supérieure des élongis de bas mât, doit figurer la face inférieure de la corne, il faut multiplier le diamètre dudit mât par 4,70 ; le produit exprime cette distance.

Multiplions donc 4,70 par 0,48, diamètre du mât qui nous occupe et portons le produit (2,25) sur l'axe du mât d'artimon, en contre-bas de la face supérieure des élongis, de *a* en *b*, par exemple. Par le point *b* tirons une droite *bc* qui fasse avec l'axe du mât un angle, *cbn* égal à 45 degrés ; portons sur cette droite la longueur totale de la corne (11,39) de *b* en *c* et la longueur de son bout de *c* en *d*. La droite *bc* représentera la corne en longueur et en direction et le point *d* son capelage.

Le gui sera tracé de manière que son extrémité extérieure soit un peu élevée au-dessus de son support, afin qu'il ne rencontre aucun obstacle dans un virement de bord.

Comme il n'y a pas de règle qui fixe à l'avance la hauteur que le gui doit avoir au-dessus du pont, ce ne sera qu'après s'être assuré de cette hauteur, à bord même du bâtiment, que le voilier pourra exécuter son tracé sur le plan de voilure.

Afin de pouvoir déterminer les dimensions de notre brigantine, nous supposerons que le gui soit tracé dans les conditions voulues; que *ef* en soit la longueur et le point *g* le capelage.

Empointure. La position de l'empointure de chute avant est généralement à toucher le mât d'artimon.

Avant de fixer la position de l'empointure de chute arrière, on devra s'assurer si la brigantine doit être enverguée à demeure où si l'envergure doit être à draille. Dans le premier cas, la distance de l'empointure au capelage de la corne sera égale aux 5 centièmes de l'envergure de la corne, et dans le second, cette distance sera égale aux 8 centièmes de la même envergure.

Point d'amure. Le point d'amure sera porté à l'intersection de la face supérieure du gui avec le mât.

Point d'écoute. Le point d'écoute peut avoir deux positions différentes; lorsqu'il doit être aiguilleté sur le gui, on le porte à toucher ce dernier à une distance de son capelage égale aux 6 centièmes de celle comprise entre ce capelage et l'extrémité intérieure du gui; mais on l'élève perpendiculairement au gui jusqu'à la rencontre de la ligne qui joint le capelage à l'empointure de chute avant, lorsque la brigantine doit avoir des cargues (1).

La position des différents points dont nous venons de parler étant déterminée, les dimensions de la brigantine sont faciles à relever. On a la longueur de l'envergure égale aux 95 ou aux 92 centièmes de celle de l'envergure de la corne, suivant que la brigantine doit être enverguée à demeure ou que l'envergure doit être à draille. La bordure est toujours égale à la distance du point d'écoute à celui d'amure; la chute au mât est égale à la distance du point d'amure à l'empointure de chute avant; la chute arrière est égale à la distance du point d'écoute à l'empointure de chute arrière, et enfin la distance du point d'écoute à l'empointure de chute avant, détermine la longueur de la diagonale.

Mais hâtons-nous de dire que ces dimensions ne sont pas précisément celles sur lesquelles la brigantine devra être coupée; nous verrons plus tard les modifications qu'elles doivent subir pour les réduire aux dimensions de la coupe.

Voiles goëlettes. Les cornes des voiles goëlettes seront tracées parallèlement à celle de la brigantine. La distance qu'il faut

---

(1) Voyez la figure dans laquelle les lignes pleines indiquent une brigantine à cargues et enverguée à demeure, et les lignes ponctuées, une autre dont l'envergure est à draille et le point d'écoute aiguilleté sur le gui.

laisser entre la face inférieure de chacune d'elles et la face supérieure des élongis du mât correspondant est généralement égale au diamètre de ce mât multiplié par 4,10.

Les chutes arrière seront parallèles entre elles et, autant que possible, à celle de la brigantine.

Les bordures seront horizontales et chaque point d'amure figurera à la hauteur de la lisse de bastingages.

Dans chaque voile, l'empointure de chute avant sera portée à toucher le mât et celle de chute arrière figurera en dedans du capelage d'une quantité égale aux 5 ou aux 8 centièmes de l'envergure de la corne, suivant que la voile devra être enverguée à demeure où que l'envergure devra être à draille.

Les voiles étant ainsi tracées, il sera facile d'en déterminer les dimensions. Toutefois, avant de les arrêter, le voilier devra se transporter à bord du bâtiment, surtout si c'est un vapeur, pour s'assurer par lui-même si rien ne s'oppose à l'entière exécution de ce que nous venons d'exposer.

TRACÉ DES DRAILLES DES FOCS ET DIMENSIONS A DONNER A CES VOILES.

Dans une mâture bien réglée, la longueur de la bordure d'un foc doit être naturellement proportionnée à la saillie du beaupré ou du bout-dehors sur lequel le foc doit amurer. Il nous sera donc toujours facile de fixer d'avance cette longueur et l'expérience nous fournira les rapports pour cela. Nous ne pouvons pas dire de même des dimensions de la chute arrière et de l'envergure, parce que celles-ci dépendent non-seulement de l'inclinaison du beaupré, mais encore de celle du mât de misaine, de la longueur des différentes parties qui composent ce mât et de sa distance à l'étrave. Or, toutes ces choses n'étant pas toujours analogues dans des bâtiments différents, il s'ensuit qu'il serait très-difficile, sinon impossible, d'établir des rapports constants qui conduisent à la détermination de ces dimensions, et qu'il faut recourir au tracé pour arriver à ce résultat.

Voici de quelle manière nous exécutons généralement ce tracé, après nous être assuré de la position des chaumards d'écoute.

Petit foc. La draille du petit foc est tracée dans la direction des étais du petit mât de hune. La longueur de la bordure est égale aux 75 centièmes de la saillie du beaupré en dehors de l'étrave. La position du point d'écoute est déterminée de la manière suivante : au-dessus de la face supérieure du bout dehors de grand foc et à une distance égale aux 25 centièmes de la longueur de la bordure du petit foc, on mène une parallèle, puis on prend une ouverture de compas égale à la longueur de la bordure, on porte une des pointes sur le point d'amure, et l'endroit où l'autre pointe rencontre la parallèle est le point cherché.

Le point d'écoute étant déterminé, on le joint par une droite au chaumard d'écoute, puis on trace la chute arrière de manière qu'elle fasse avec cette droite un angle un peu plus grand qu'un droit (95 à 105 degrés sont à peu près les limites de cet angle). L'intersection de la chute arrière avec la draille détermine la position du point de drisse. Ce point devra être à peu près à la hauteur du chouquet de misaine, toutes les fois qu'il sera possible.

Il est inutile de dire qu'alors les dimensions sont faciles à déterminer.

Grand foc. La draille du grand foc est tracée du capelage du petit mât de hune à la face extérieure du clan pratiqué dans le bout-dehors (1). La longueur de la bordure est déterminée en multipliant la saillie du bout-dehors par 1,60. Le point d'écoute est déterminé de la même manière que celui du petit foc, seulement son élévation au-dessus de la face supérieure du bout-dehors n'est que les 2 dixièmes de la longueur de la bordure.

Le point de drisse est déterminé par l'intersection de la chute arrière avec la draille, et cette chute arrière est tracée d'une manière analogue à celle du petit foc.

Si, en agissant ainsi, le point de drisse peut arriver à la hauteur du tiers supérieur de la distance comprise entre la face supérieure des élongis du mât de misaine et le capelage du petit mât de hune, il n'en sera que mieux placé.

Faux foc. Le faux foc pouvant être appelé à remplacer le grand foc, sa draille est la même que celle de ce dernier et ses dimensions sont toutes égales aux 75 centièmes de celles du grand foc. Cependant, pour un bâtiment où l'on serait dans l'intention de porter la draille de ce foc à mi-bâton, on devra tenir la chute arrière un peu plus longue, afin que le point d'écoute ne soit pas trop élevé. Pour obtenir ce résultat, il suffira de tracer la bordure du faux foc de manière qu'elle partage en deux parties égales

---

(1) Cette face est généralement en dedans du capelage d'une quantité égale au demi-diamètre du bout-dehors.

l'angle formé par la bordure du grand foc et le dessus du bout-dehors.

Clin-foc. La draille du clin-foc est tracée du capelage du petit mât de perroquet au capelage du clin-foc. La longueur de la bordure sera déterminée en multipliant par 1,80 la saillie de son bout-dehors. Le point d'écoute sera élevé au-dessus de la face supérieure du bout-dehors de beaupré, d'une quantité égale aux 4 dixièmes de la longueur de la bordure (1). La chute arrière sera tracée suivant une parallèle à celle du grand foc, toutes les fois qu'il sera possible de le faire, sans qu'on ait à s'écarter de ce que nous avons dit relativement à l'angle que doit former la chute arrière avec la direction de l'écoute.

Trinquette. La trinquette est en dehors des règles que nous venons d'établir. Les dimensions de cette voile seront déterminées de la manière suivante : La draille est généralement tracée suivant la direction des étais de misaine, c'est-à-dire du capelage du mât au tiers extérieur de la saillie du beaupré en dehors de l'étrave. La longueur de l'envergure de la trinquette est égale aux 75 centièmes de celle de la draille, mesurée depuis le point d'amure à la face avant du mât de hune. La chute arrière est tracée parallèlement au mât de misaine, et le point d'amure figure sur la draille au-dessus de la face supérieure du bout-dehors de beaupré, d'une quantité qui varie de 15 à 25 centimètres suivant la grandeur du bâtiment (2). Le point d'écoute est élevé de la même quantité au-dessus de la lisse de bastingages.

---

(1) L'élévation du point d'écoute du clin-foc est relativement plus grande que celle de celui du grand foc. Cette différence est motivée par la courbure extérieure qu'on donne généralement à la bordure du clin-foc ; elle est nécessaire pour que la direction de l'écoute ne soit pas trop rapprochée de celle de la bordure qui, n'étant pas soutenue par la ralingue, serait énormément tiraillée et promptement déformée sans cette précaution. L'élévation du point d'écoute entraîne aussi une augmentation dans la longueur de la bordure à cause de l'obliquité que prend cette partie de la voile.

Cette considération est applicable aux grands focs des petits bâtiments lorsque la bordure devra recevoir une courbure extérieure.

(2) Il en est de même pour tous les focs.

DU TRACÉ DES VERGUES ET DES BOUTS-DEHORS DES BONNETTES, AINSI QUE DES LIGNES QUI TERMINENT CES VOILES, AFIN D'EN DÉTERMINER LES DIMENSIONS.

Dans un bâtiment gréé carré, la grande vergue, la vergue de misaine, ainsi que les vergues de grand et de petit hunier, sont chacune garnie de deux bouts-dehors d'une longueur égale à la moitié de celle de la vergue correspondante. Lorsqu'on établit les bonnettes, ces bouts-dehors sont poussés en dehors des extrémités des vergues qui les portent, d'une quantité généralement égale aux 6 dixièmes de leur longueur.

Les bouts-dehors, ou plutôt leurs saillies en dehors des extrémité des vergues, sont représentées sur les plans de voilure par les prolongements des faces supérieures des vergues qui les portent.

Les vergues de bonnettes sont suspendues par le milieu de leur longueur; celle de misaine, à l'extrémité de son bout-dehors, et celles de hunier et de perroquet aux extrémités des vergues correspondantes.

Les bonnettes de huniers et de perroquets ayant généralement la forme du quadrilatère irrégulier, il est nécessaire de les comprendre sur les plans de voilure, afin d'en relever exactement les dimensions.

Quant à la bonnette de misaine, dont la forme est toujours rectangulaire, on peut se dispenser de la représenter sur le plan, attendu que ses dimensions peuvent être déterminées directement.

Les bonnettes de hune et de perroquet seront tracées de la manière suivante :

Bonnette de hune. Au-dessous de la ligne qui représente la face supérieure de la vergue de hune, à une distance égale au diamètre de cette vergue, on tire une parallèle; on marque sur cette parallèle la longueur de la vergue de bonnette, de manière que le milieu de cette longueur corresponde à l'extrémité de la vergue de hune. Cela fait, on fixe la position des empointures et celle du point d'écoute, puis on trace les chutes d'en dehors et d'en dedans, ainsi que la ligne de bordure.

Les empointures doivent figurer en dedans des capelages de la vergue d'une quantité égale au diamètre de cette vergue.

Le point d'écoute doit être élevé au-dessus de la face supérieure de la basse vergue d'une quantité égale au demi-diamètre de cette vergue, et il doit recouvrir la toile du hunier d'environ 60 centimètres.

La chute d'en dehors est tracée de l'empointure extérieure à l'extrémité du bout-dehors de misaine; celle d'en dedans est tracée de l'empointure intérieure au point d'écoute, et la bordure est tracée de ce dernier point à l'extrémité du bout-dehors.

Bonnette de perroquet. Le tracé de la bonnette de perroquet s'exécute d'une manière analogue à celle de la bonnette de hune, avec cette différence que le point d'écoute, tout en étant au-dessus de la face supérieure de la vergue de hune d'une quantité égale au demi-diamètre de cette vergue, ne recouvrira la toile du perroquet que d'environ 40 centimètres.

Les bonnettes étant ainsi tracées, il sera facile d'en relever les dimensions. (Voir le plan de voilure.)

Dans la bonnette de misaine, la longueur de l'envergure est égale à celle de la bordure, puisque cette bonnette est rectangulaire. Cette longueur se compose des quantités suivantes : la moitié de la longueur de la vergue, plus la saillie du bout-dehors, plus la longueur de l'un des bouts de la vergue de misaine, et une fois et demie le diamètre de cette vergue.

La longueur de la chute est égale à la distance de la vergue de misaine au pont.

DU TRACÉ DES DRAILLES DES VOILES D'ÉTAI ET DE LA FORME QU'IL CONVIENT DE DONNER A CES VOILES.

Voile d'état de grande voile ou pouillouse. La draille de la voile d'état de grande voile est généralement tracée dans la direction des étais de grand mât. Le point de drisse de cette voile figure sur la draille à la hauteur de la face inférieure de la grande vergue ; la chute arrière est tracée du point de drisse parallèlement au grand mât. Le point d'amure figure sur le mât de misaine ; ce point et celui d'écoute doivent, dans tous les cas, être assez élevés pour que la ralingue de bordure puisse parer les embarcations.

Cette voile peut être quadrangulaire ou triangulaire, suivant que le point où l'étai de grand mât coupe le point de misaine est plus ou moins élevé au-dessus du pont.

Voile d'étai d'artimon de cape. La draille de cette voile est tracée du capelage du mât d'artimon au grand mât, à la hauteur de la lisse de bastingages. La longueur de son envergure est les 8 dixièmes de celle de la draille comprise entre le mât d'artimon et le grand mât.

La chute arrière est parallèle au mât d'artimon, et les points d'amure et d'écoute sont tous deux à la hauteur de la lisse de bastingages. Il suit que cette voile est toujours triangulaire, et c'est pourquoi on lui donne aussi le nom de *foc d'artimon de cape*.

Les deux voiles d'étai dont nous venons de faire mention n'ont d'autre destination que celle d'appuyer le navire pendant le mauvais temps, tandis que celles que l'on place quelquefois au-dessus ont pour but d'en augmenter le sillage. Elles sont donc des voiles de marche, et conséquemment leur forme doit être telle qu'elles puissent atteindre cette qualité au plus haut degré possible. Suivant nous, cette forme peut être quadrangulaire ou triangulaire, peu importe. Cependant la forme triangulaire nous paraît préférable pour la facilité de la manœuvre; mais ce qu'il importe le plus et ce qui est nécessaire, c'est que la position du point d'écoute soit telle que la direction de l'écoute suive à peu près celle de la bordure, afin que l'effet du vent soit le plus grand possible (1).

Ainsi que nous l'avons déjà dit, ces voiles ne sont plus délivrées à l'armement des bâtiments de l'État; et lorsque, par extraordinaire, des commandants en obtiennent quelques-unes pour leur

---

(1) Lorsqu'on parle du plus ou moins d'effet que produit le vent sur une voile, il faut toujours supposer que le navire est sous l'allure la plus désavantageuse à sa marche, c'est-à-dire au plus près. Il est évident que, sous cette allure, une voile dont la surface serait rangée dans le plan vertical passant par la quille du navire, serait plutôt préjudiciable qu'utile à sa marche; et il est prouvé que, pour qu'une voile possède les qualités d'une voile de marche, il faut que sa surface puisse toujours être disposée de manière qu'elle fasse un angle d'au moins 30 à 25 degrés avec le plan précité. Or, l'envergure d'une voile d'étai étant précisément dans ce plan, il n'est pas possible que toute sa surface remplisse les conditions voulues; mais on peut combiner sa forme de manière qu'une grande partie de cette surface atteigne ce résultat. Nous pensons que cela dépend beaucoup de la direction de l'écoute, et c'est cette considération qui nous fait dire que la position du point doit être telle que nous l'indiquons. En voici la raison; la direction de l'écoute étant à peu près dans le prolongement de celle de la bordure de la voile, lorsque le vent enflera celle-ci, la chute arrière ne sera pas roidie par la traction de l'écoute; le point d'écoute s'élèvera; la partie arrière de la voile s'écartera du plan vertical et formera avec celui-ci l'angle en question ou à peu près.

Ces voiles auront ainsi une certaine analogie avec les focs de tartanes dont la bonne qualité est reconnue de tous les marins.

navire, ils fixent eux-mêmes les dimensions qu'il faut leur donner.

Nous ne donnerons donc pas de règles pour déterminer ces dimensions. Il nous serait, du reste, assez difficile d'en donner d'exactes, attendu que les dimensions de ces sortes de voiles sont subordonnées à l'écartement que les mâts ont entre eux, et qu'aujourd'hui, où presque tous les bâtiments sont à vapeur, il existe peu d'analogie dans la comparaison de cet écartement entre des navires de forces différentes.

Notre but, en parlant de ces voiles, est donc uniquement de faire connaître la forme la plus avantageuse qui nous semble devoir leur être donnée.

Les voiliers qui auront des voiles d'étai à confectionner et qui voudront se conformer à nos idées, devront donc préalablement s'assurer de la position des retours d'écoute, et tout en figurant les drailles aux endroits qui lui seront indiqués, faire en sorte que la position des points d'écoute soit telle qu'il est dit plus haut.

Nous pensons que les personnes qui auront suivi avec attention ce que nous venons d'exposer au sujet du plan de voilure, seront capables de construire un pareil plan; et comme celui que nous venons d'exécuter est un des plus compliqués, elles n'auront pas de peine pour en construire de plus simples. Nous croyons donc qu'il serait inutile de nous étendre davantage sur ce chapitre. Du reste, ce que nous allons démontrer relativement à la marche à suivre pour prendre les dimensions des voiles à bord des bâtiments, mettra au courant les personnes qui craindraient d'être embarrassées.

MANIÈRE DE PRENDRE LES DIMENSIONS DES VOILES A BORD DES BATIMENTS.

Pour prendre les dimensions des voiles à bord des bâtiments, on se sert de lignes qui aient déjà travaillé, afin qu'elles ne soient pas susceptibles d'allonger.

On peut employer différents moyens pour prendre les dimensions des voiles; mais nous n'exposerons que ceux qui nous paraissent les moins compliqués.

Nous nous bornerons à ne relever que les données strictement nécessaires, et lorsque le cas l'exigera, nous terminerons notre opération par un tracé auxiliaire.

PRENDRE LES DIMENSIONS D'UN FOC.

Soit (*fig.* 38) le foc dont il s'agit de prendre les dimensions.

Fig. 38.

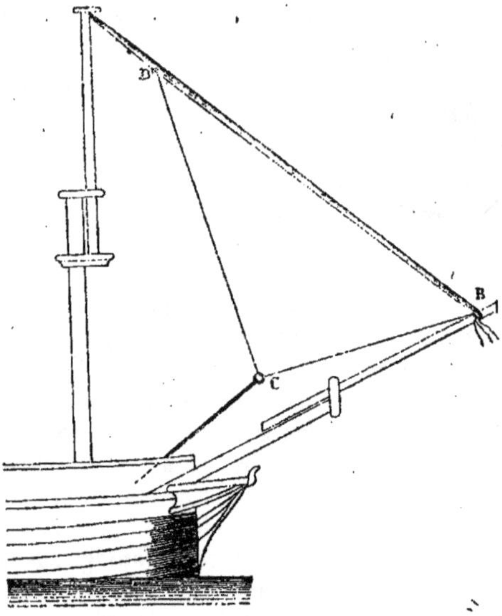

Le croc de la poulie de drisse est amarré sur une bague de draille pour l'empêcher de s'en écarter. On amarre une cosse D sur le croc, et sur la cosse une ligne destinée à mesurer la longueur de l'envergure du foc; sur une autre cosse C sont amarrés deux lignes et un bout de filin. L'une de ces lignes, destinée à mesurer la longueur de la chute arrière, passe dans la cosse D, et son retour vient aboutir au point d'amure B; l'autre ligne, destinée à mesurer la longueur de la bordure, va directement de C en B; le bout de filin est passé dans le chaumard et tient ainsi lieu d'écoute. Ces préparatifs terminés, on pèse sur la drisse jusqu'à ce que la cosse D, qui représente le point de drisse du foc, soit à la hauteur voulue. Alors un homme placé sur le beaupré, près du point d'amure, manœuvre les lignes. Il élève ou abaisse, suivant le besoin, le point d'écoute C, au moyen de la ligne destinée à mesurer la chute arrière; il l'approche de la draille en se servant de la ligne destinée à mesurer la bordure; on peut aussi l'en faire écarter, si c'est nécessaire, en tirant sur l'écoute de l'intérieur du bâtiment. Enfin, lorsque le point d'écoute est reconnu dans une position convenable, l'homme placé près du point d'amure roidit toutes les lignes et les genope ensemble à la position du point B, puis on amène et l'on mesure. La longueur de la bordure est déterminée par la ligne CB, celle de l'envergure par la ligne DB, et l'on obtient la longueur de la chute arrière en retranchant de la longueur de la ligne CDB celle de l'envergure DB.

On pourrait opérer d'une manière analogue pour prendre les dimensions d'une voile d'étai; mais il serait plus simple, surtout si l'on en avait plusieurs à confectionner, de relever les dimensions des mâts, l'écartement qu'ils ont entre eux, ainsi que la position des drailles et des retours d'écoute; avec ces données on tracerait ces voiles et l'on en relèverait parfaitement les dimensions.

PRENDRE LES DIMENSIONS D'UNE BRIGANTINE.

Soit (*fig.* 39) la brigantine dont il s'agit de prendre les dimensions.

Supposons d'abord, que la corne ne soit pas en place et qu'il faille que son apiquage soit proportionné à l'inclinaison du mât. Dans ce cas, ce qu'il importe et ce qu'il suffit de relever à bord, c'est la longueur de la corne, celle du gui et les longueurs des côtés du triangle CBD, dans lequel l'angle D représente la position de la mâchoire de la corne sur le mât; l'angle B, l'intersection de la face arrière de ce dernier avec la face supérieure du gui, et l'angle C, un point pris sur le gui, près du couronnement du bâtiment. Avec ces données on construit, au moyen de l'échelle de proportion, un

Fig. 39.

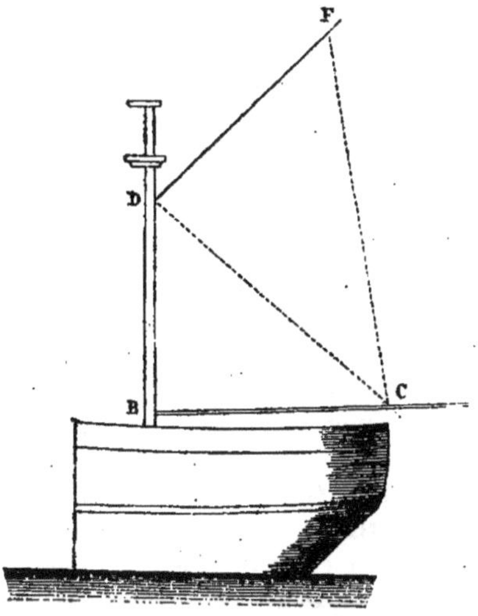

triangle C'B'D' (*fig.* 40) semblable au triangle CBD (*fig.* 39) de la manière suivante :

Sur une droite indéfinie MB', on porte de B' en C' la distance mesurée à bord, du point B au point C. Puis des points C' et B', pris successivement pour centre et avec des rayons égaux aux longueurs CD et BD, prises aussi à bord, on décrit des arcs qui se coupent en un point D' qu'on joint aux points C', B', et le triangle en question est terminé. Cela fait, par le point D' on mène une droite D'F' qui fasse avec le prolongement D'E de B'D' un angle F'D'E égal à 45 degrés. On porte sur cette droite la longueur de la corne, comprise entre l'angle de la mâchoire et le capelage, de D' en F'; on porte pareillement sur B'M de B' en M, la longueur du gui comprise entre son capelage et son bout intérieur. La position de la corne et du gui ainsi que leur longueur sont alors figurées sur le plan, et l'on n'a plus qu'à tracer la brigantine comme nous l'avons déjà indiqué, suivant qu'elle devra recevoir des cargues ou que le point d'écoute devra être aiguilleté sur le gui. Dans le premier cas, les dimensions seront fournies par la figure OPB'D' et dans le second, par la figure ONB'D'.

Fig. 40.

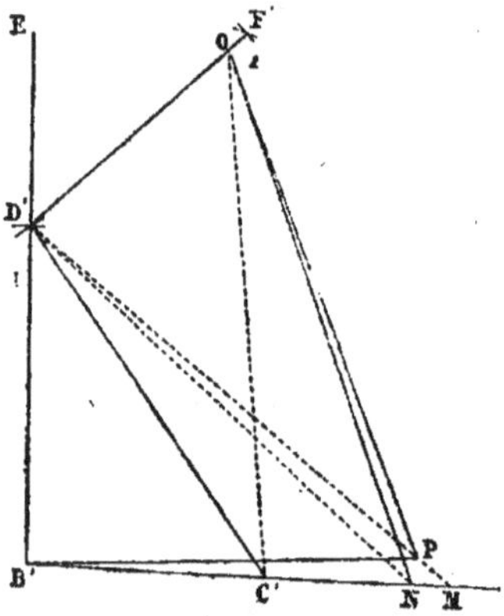

Il faudrait encore considérer le cas où l'envergure de la voile devrait être à demeure ou à draille, pour être fixé sur la position de l'empointure de chute arrière, ainsi que nous l'avons déjà dit.

Si la corne était en place et son apiquage arrêté, indépendamment des longueurs des côtés du triangle CBD (*fig.* 39), il faudrait encore prendre à bord la distance du capelage F de la corne au point C pris sur le gui. Alors le point F', qui représente le capelage de la corne sur le plan auxiliaire (*fig.* 40), serait déterminé par l'intersection de deux arcs décrits, le premier, du point C' avec un rayon égal à la distance du capelage de la corne au point C, pris sur le gui, et le second du point D' avec la longueur de la corne pour rayon. On unirait le point F' au point D' et l'on aurait encore F'D' qui représenterait la corne en longueur et en direction. Nous avons déjà dit ce qu'il resterait à faire.

Si au-dessus de la brigantine devait être placée un flèche en-cul qui aurait été confectionnée antérieurement, il conviendrait de le faire établir avant de prendre les dimensions de la brigantine, afin de bien arrêter l'apiquage de la corne.

Quelle que soit la marche qu'on suive à bord pour prendre les dimensions d'une brigantine, on ne devra pas oublier de faire un peu élever l'extrémité extérieure du gui avant d'opérer.

PRENDRE LES DIMENSIONS D'UN FLÈCHE-EN-CUL.

Les dimensions d'un flèche-en-cul ne peuvent être prises à bord qu'à la condition que la brigantine soit établie ou que l'apiquage de la corne soit parfaitement arrêté.

Fig. 41.

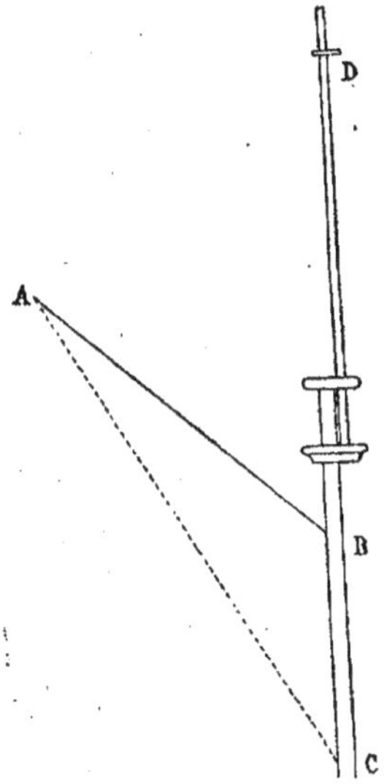

Soit donc AB (*fig.* 41) la direction de la corne, A son capelage et B le point où la mâchoire rencontre le mât. Soit D le capelage du mât supérieur.

Prenons la distance du point A à un point quelconque C de la face arrière du mât (1) ; la distance du point B au point C ainsi que la longueur AB de la corne. Prenons aussi la distance du point B au capelage D du mât supérieur.

Cela fait, construisons, au moyen de l'échelle de proportion, un triangle A'B'C' (*fig.* 42) dans lequel le côté A'C' représente la distance du capelage de la corne au point C, pris sur la face arrière du mât ; le côté B'C', la distance de la mâchoire de la corne au même point C, et enfin le côté A'B' la longueur de la corne. Prolongeons le côté C'B' d'une quantité B'D' égale à la distance BD de la mâchoire de la corne au capelage du mât supérieur, prenons les 14 centièmes de cette distance et portons-les en contre-bas du capelage D' de D' en E. Cela fait, par le point E menons GH, paral-

(1) Ce point est généralement celui où la face supérieure du gui rencontre la face arrière du mât.

lèle à la corne de brigantine, portons sur cette parallèle la longueur de la vergue du flèche de manière que EH en soit le tiers et EG les deux tiers, marquons la position des empointures en dedans des capelages de la vergue d'une quantité égale à son diamètre et joignons A'H. Prenons le dixième de A'H et portons-le de A' en S; ce dernier point représentera le point d'écoute du flèche. Traçons la ligne de bordure SR de manière que le point d'amure R soit un peu en arrière du mât et au-dessous de la corne de brigantine d'une quantité égale à D'E, distance du capelage du mât à la vergue de flèche-en-cul, joignons l'empointure arrière au point S et l'empointure avant au point R; la figure GSRH sera celle du flèche-en-cul et les dimensions seront ainsi faciles à déterminer.

Fig. 42.

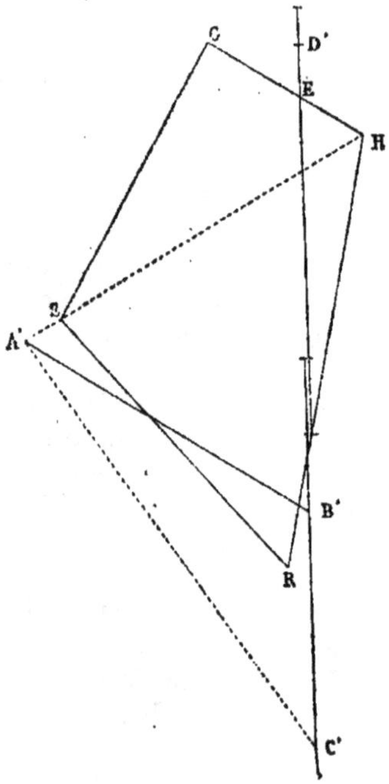

La marche que nous venons de suivre suffit pour déterminer les dimensions d'un flèche-en-cul; mais on peut rendre l'opération plus précise en ayant égard, sur le plan, à la distance de la face arrière du bas mât à celle du mât de hune, cette distance portant le point de suspension de la vergue un peu plus vers l'avant.

Nous observerons que dans aucun cas, la chute arrière du flèche-en-cul ne doit être moins inclinée à l'horizon que celle de la brigantine.

PRENDRE LES DIMENSIONS DES VOILES CARRÉES.

Nous avons vu que, lorsqu'on connaît les dimensions de la mâture, on peut toujours déterminer celles des voiles hautes des bâtiments gréés carré, sans le secours du plan de voilure. Il est donc presque inutile de revenir en quelque sorte sur ce que nous avons déjà dit à ce sujet. Cependant, comme il peut arriver qu'on soit dépourvu du devis de mâture d'un bâtiment pour lequel on aurait à confectionner des voiles carrées, nous croyons devoir faire connaître le procédé qui nous paraît le plus simple en pareil cas.

On tend une ligne le long du mât, à partir du capelage de cacatois jusqu'au pont, ou tout au moins jusqu'à la face supérieure de la basse vergue.

On marque sur cette ligne : 1° la position de la face supérieure de la basse vergue; 2° la position du capelage du mât de hune. 3° celle du capelage du perroquet et 4° celle du capelage de cacatois. On mesure les distances entre les marques faites sur la ligne, on applique sur elles les rapports que nous avons donnés plus haut, et l'on détermine ainsi la longueur des chutes.

Les longueurs des envergures et celles des bordures seront toujours déterminées en appliquant aux longueurs des vergues les rapports qui les concernent et que nous avons aussi donnés plus haut.

Quant aux basses voiles, dans les cas ordinaires, c'est-à-dire lorsqu'à bord il n'y a rien qui oblige à donner au point d'amure de la grande voile une élévation plus grande que celle que nous avons mentionnée, on tend une ligne de bâbord à tribord à la hauteur de la lisse de bastingages de manière qu'elle touche la face avant du mât. On mesure suivant la direction de ce dernier la distance de cette ligne à la face supérieure de la basse vergue, et l'on a la chute totale de la grande voile. On mesure pareillement la distance de la face supérieure de la basse vergue à la ligne du pont (1), ainsi que celle comprise entre le retour d'amure et une verticale passant par la suspente de grande vergue. Cela fait, on construit, au moyen de l'échelle de proportion, un tracé auxiliaire de la manière suivante :

Fig. 43.

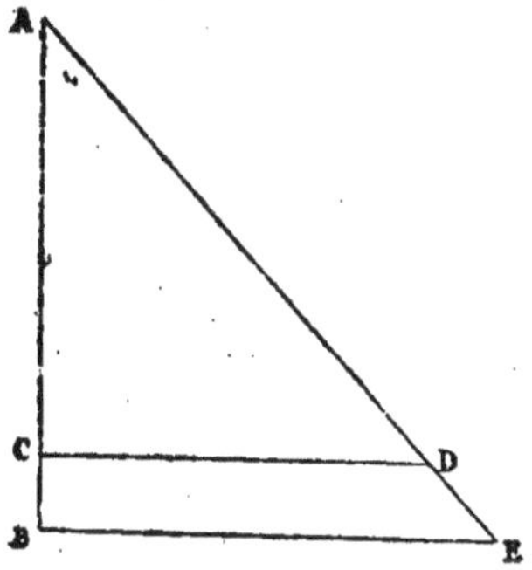

(1) On obtiendra cette distance en ajoutant à celle comprise entre la face supérieure de la basse vergue et le pont, à l'étambrai du mât, le bouge du gaillard à la même position.

Le bouge du gaillard sera estimé à vue lorsqu'on ne pourra pas l'avoir exactement.

Sur une droite AB (*fig.* 43), on porte de A en B la distance mesurée, sur le mât, de la face supérieure de la basse vergue à la ligne droite du pont et de A en C la chute totale de la grande voile. Par les points B et C on mène BE et CD perpendiculaires à AB; on porte sur la première, de B en E, la distance, trouvée à bord, du retour d'amure à la verticale dont nous avons fait mention, et l'on joint le point E au point A. L'intersection D de la droite AE avec la perpendiculaire CD marque la position du point d'amure, et le double de CD donne la longueur de la bordure de la voile.

Fig. 44.

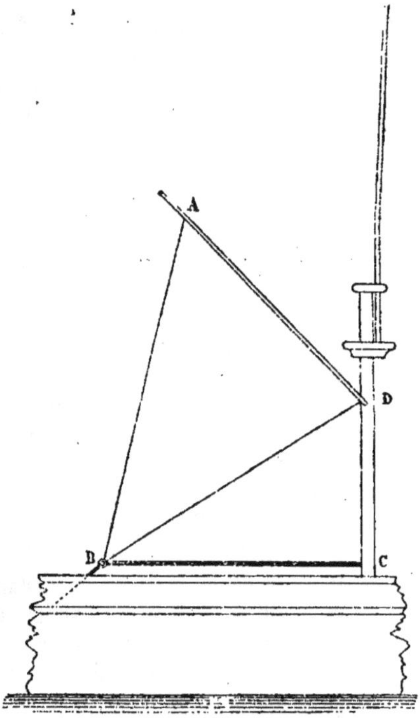

Si le point d'amure devait être plus élevé, la distance BC serait plus grande.

Dans tous les cas, la distance entre les deux perpendiculaires BE et CD doit toujours être égale à l'élévation du point d'amure au-dessus de la ligne droite du pont.

Pour une misaine, on opérera à peu près de la même manière, en se rappelant que le point d'amure peut être un peu plus approché de son retour que celui de grande voile.

La hauteur de l'échancrure de chacune de ces voiles sera toujours déterminée en se conformant à ce que nous avons dit plus haut.

PRENDRE LES DIMENSIONS D'UNE VOILE GOELETTE.

Les dimensions de cette voile pouvant être prises directement avec facilité, sans le concours d'un tracé auxiliaire, attendu qu'on peut toujours se placer en arrière du point d'écoute qui, du reste, n'est jamais beaucoup élevé.

On amarre la ligne destinée à mesurer la chute arrière à la position même que doit occuper l'empointure sur la corne (1), au point A (*fig.* 44) par exemple, et la ligne destinée à mesurer la diagonale est amarrée au point D, où doit aboutir l'empointure de chute avant. Ces deux lignes sont passées dans une cosse B, destinée à figurer le point d'écoute, et leur retour est dirigé vers le point d'amure C. Sur la même cosse B, on amarre une ligne et un bout de filin. Celui-ci est destiné à tenir lieu d'écoute et passe dans son retour ; la ligne va de B en C et sert à mesurer la bordure.

Ces dispositions prises, on arrête l'apiquage de la corne et la position du point d'écoute. On roidit toutes les lignes et on les genope ensemble au point C.

La longueur de la bordure est déterminée directement par celle de BC, et l'on obtient la longueur de la chute arrière et celle de la diagonale en retranchant de la longueur de chacune des lignes ABD et DBC la longueur de la bordure.

L'envergure est donnée par AD et la chute avant par DC ; ces deux dernières longueurs sont mesurées avant ou après l'opération : on évite ainsi l'embarras d'un plus grand nombre de lignes.

PRENDRE LES DIMENSIONS DES VOILES DES EMBARCATIONS.

Il existe plusieurs manières de mâter et de voiler les embarcations. Les principales que nous connaissons sont les suivantes.

Fig. 45.

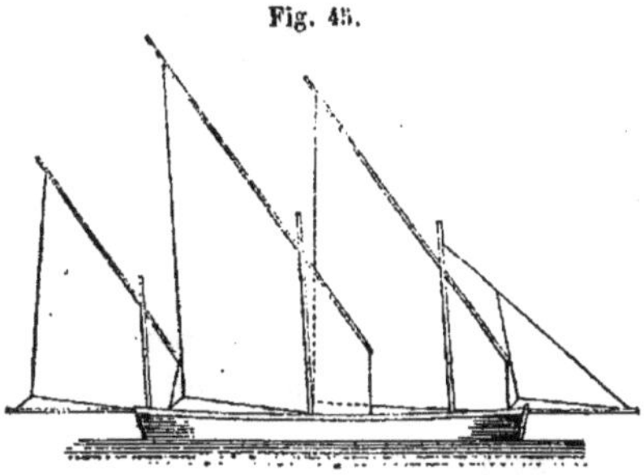

Chebec (*fig.* 45 et 46). Dans ce genre de voilure, les mâts sont courts, les vergues longues et très-apiquées, et les chutes avant des voiles très-courtes.

C'était, dans le temps, la voilure ordinaire des chaloupes et canots de l'État.

(1) Nous avons donné plus haut les rapports qui servent à déterminer la distance qu'il faut laisser entre le capelage de la corne et l'empointure de chute arrière.

Aujourd'hui, la majeure partie des embarcations de plaisance de Toulon portent une seule voile de ce genre suspendue à un mât placé près de l'avant et un peu incliné vers l'arrière (*fig.* 47). Cette voilure doit être préférée pour une petite embarcation parce que, une fois la voile hissée et amurée, il n'y a plus qu'à manœuvrer l'écoute.

Fig. 46.

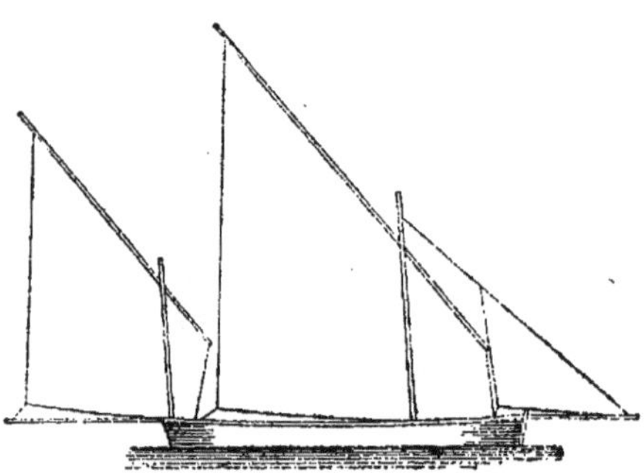

Fig. 47.

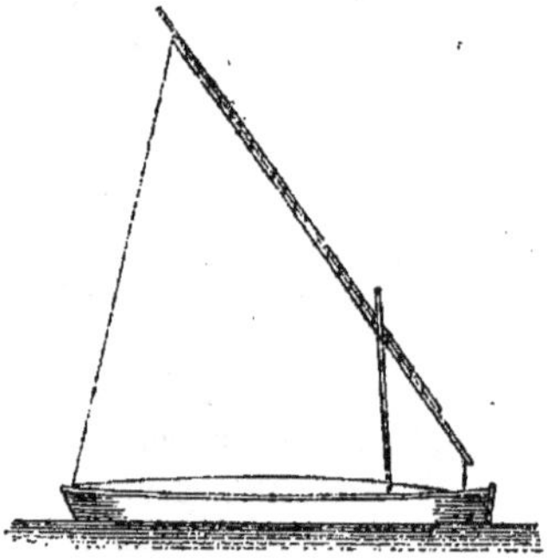

Cutter (*fig.* 48). Cette voilure se compose généralement d'une grande voile, d'un flèche-en-cul et deux focs. La grande voile n'est autre chose que la brigantine des bâtiments gréés carré ; elle est enverguée sur corne et bordée sur gui. Les focs sont le grand foc et le foc d'étrave ou trinquette.

Fig. 48.

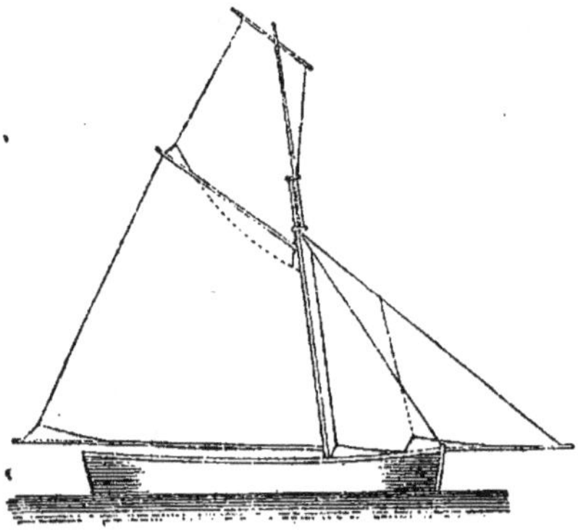

Ce système a souvent figuré sur les grandes chaloupes des bâtiments de l'État, mais on y a renoncé parce qu'il nécessite un mât très-long et conséquemment difficile à mâter et à démâter. Cette voilure donne beaucoup de marche, surtout au plus près ; mais pour qu'elle ne soit pas dangereuse, il faut que l'embarcation qui la porte ait une bonne stabilité.

Aujourd'hui presque tous les amateurs qui suivent les régates ont leurs embarcations ainsi voilées. Dans ces embarcations les voiles sont très-grandes et d'un tissu très-fin pour les rendre plus légères.

Quelquefois on fait la grande voile plus petite et l'on place une voile de tape-cul sur l'arrière (*fig.* 49). Le gui est alors supprimé.

Fig. 49.

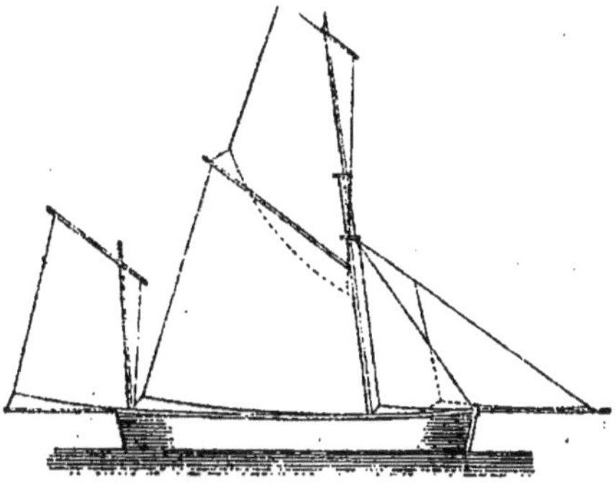

Goëlette (*fig.* 50). Cette voilure se compose de deux voiles quadrangulaires enverguées sur corne et de deux focs. La voile de l'avant est appelée misaine goëlette et celle de l'arrière grande voile à goëlette. Cette dernière borde sur gui. Les focs sont : le grand foc qui amure sur un bout dehors et le foc d'étrave ou trinquette qui amure sur l'étrave.

Fig. 50.

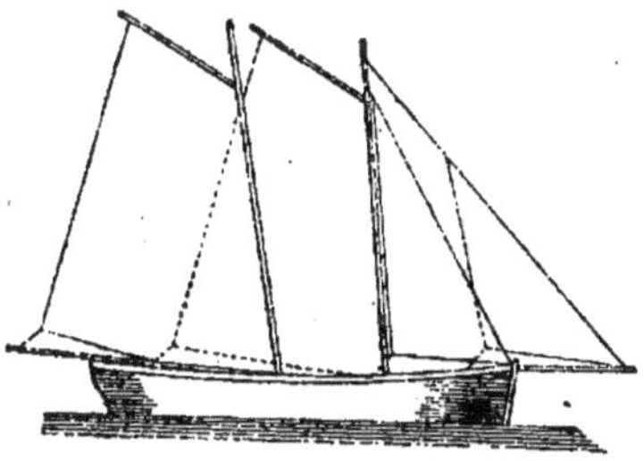

Cette voilure a les mêmes qualités que la précédente pour la marche; mais elle en a aussi les inconvénients à cause de la grande longueur des mâts.

Elle figure rarement sur les embarcations de l'État, plus souvent sur celles de plaisance.

Chasse-marée. C'est aujourd'hui la voilure réglementaire des embarcations de l'État. Dans les chaloupes et canots de grandes dimensions, elle est composée de trois voiles à bourcet et d'un foc (*fig.* 51). Dans les chaloupes de 7 mètres et au-dessous et les canots de 8^m,50 et au-dessous, la grande voile est supprimée et le mât de misaine est porté un peu plus vers l'arrière (*fig.* 52).

Dans ce genre de voilure les mâts sont inclinés sur l'arrière ; le grand mât un peu plus que celui de misaine, et le mât de tape-cul un peu plus que le grand mât. Les vergues sont parallèles entre elles ; elles sont apiquées de manière qu'elles forment avec le prolongement de leur mât respectif un angle de 35 à 40 degrés, leur point de suspension étant au-dessous du capelage d'une quantité égale aux 16 centièmes de la distance de ce capelage au banc qui porte le collier.

Fig. 51.

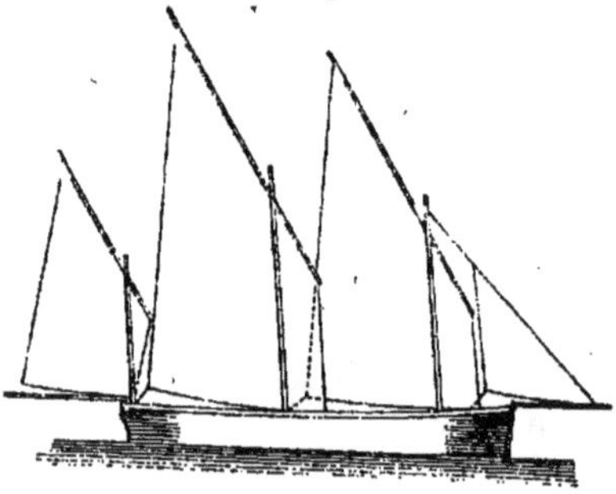

Fig. 52.

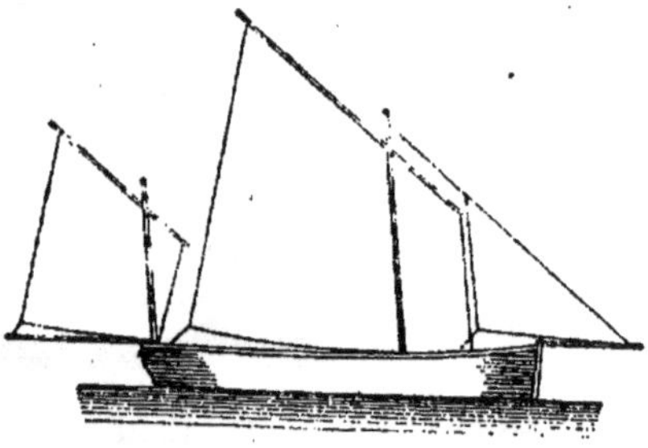

Les voiles ont les chutes arrière parallèles entre elles et les chutes avant parallèles à leur mât respectif, excepté la chute avant du tape-cul dont le point d'amure aboutit au pied du mât.

Le point d'écoute de chaque voile est élevé jusqu'à la rencontre de la ligne qui joint l'empointure de chute avant au clan de l'écoute. Celui de misaine est à peu près par le travers de la chute avant de la grande voile.

Fig. 53.

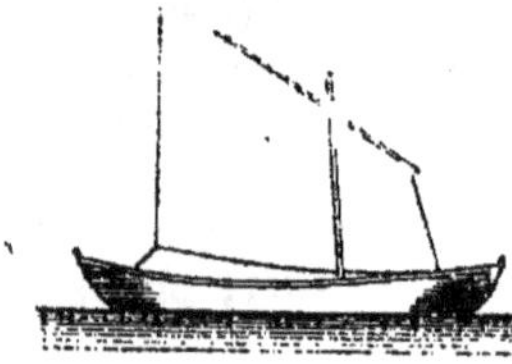

Fig. 54.

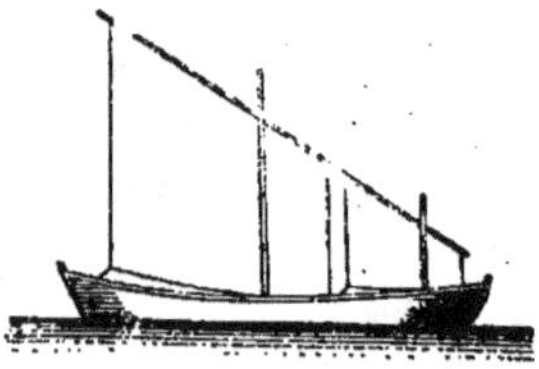

La voilure réglementaire des baleinières consiste en une seule voile à bourcet (*fig.* 53). Quelquefois on fait cette voile un peu plus petite et l'on en place une autre sur l'avant encore plus petite (*fig.* 54). On donne à ce genre le nom de *plougastel*.

Houari. Ce système se compose généralement de deux voiles triangulaires (*fig.* 55). Ainsi que nous l'avons déjà dit, chaque voile est enverguée en partie sur un mât et en partie sur une vergue qui semble en être le prolongement. Les mâts sont très-inclinés vers l'arrière. Cette voilure figure quelquefois sur des embarcations légères, telles que baleinières et yoles; mais il n'est pas à notre connaissance qu'elle ait été appliquée à des embarcations de grandes dimensions.

Fig. 55.

Livarde (*fig.* 56). On donne le non de *voile à livarde* à une voile presque rectangulaire qui, au lieu d'être enverguée, est lacée sur un mât et tendue diagonalement au moyen d'une longue perche. Les bateaux pêcheurs du golfe de Gênes portent généralement une voile à livarde. L'addition d'un foc constitue la voilure réglementaire des youyous de l'État.

Fig. 56.

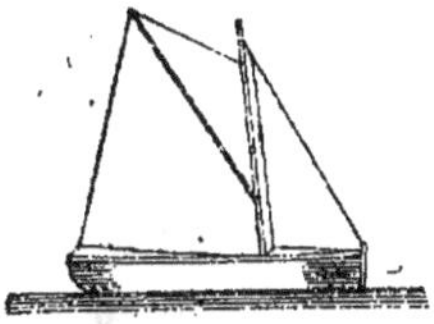

Le voilier qui se sera bien pénétré de ce que nous avons dit relativement à la prise des dimensions d'un foc, d'une brigantine, etc., sera capable de prendre les dimensions d'une voile d'un système quelconque. Il n'aura, pour bien réussir, qu'à ne pas perdre de vue l'extension que prend la toile et faire en sorte que, dans les voiles où les ris devront être pris par en bas, la chute avant soit, autant que possible, parallèle au mât, afin de ne pas être obligé d'avoir plusieurs crocs d'amure pour la même voile.

Nous ne nous arrêterons donc pas à donner des explications sur la marche à suivre pour prendre les dimensions dans les divers systèmes que nous venons d'exposer; mais il en est un, encore incompris de la majeure partie des voiliers, que nous aurons à développer : nous voulons parler du système latin. Dans les ouvrages qui traitent de la coupe des voiles et qui, à notre connaissance, ont paru en France, il est bien question de ce genre de voilure, mais la méthode toute particulière qu'il faut suivre dans la coupe et la confection des voiles qui en font partie n'est pas démontrée. Cela vient sans doute de ce que ces ouvrages émanent des ports du Nord et que dans ces ports cette voilure n'est pas en usage. C'est donc à nous qu'il appartient d'expliquer cette méthode.

Voiles latines. On donne le nom générique de *voiles latines* à toutes les voiles triangulaires, mais plus particulièrement à celles qui enverguent sur antennes.

Les antennes sont des vergues toujours longues composées de deux pièces généralement assemblées de manière que l'une d'elles forme le bout inférieur et l'autre le bout supérieur de l'antenne. On donne au bout inférieur le nom de *car* ou *carnal* et au bout supérieur celui de *penne*.

Un bâtiment qui grée des voiles latines s'appelle bâtiment latin.

Tous les bâtiments latins ne portent pas le même nombre de voiles : ce nombre varie suivant le genre.

Il serait superflu de nous occuper de chaque genre en particulier attendu que la différence qui existe entre eux ne consiste que dans le nombre des voiles et que toutes les voiles latines sont à peu près semblables. Nous nous bornerons donc à étudier sérieusement la voilure de tartane qui est la plus répandue.

Voilure d'une tartane. Cette voilure consiste en une grande voile appelée *mestre* et un foc (*fig.* 57).

La mestre en vergue sur antenne, l'empointure inférieure ou le point d'amure de la voile, est au-dessus de l'extrémité du car d'une quantité qui varie de 15 à 25 centimètres. L'empointure supérieure est en dedans de l'extrémité de la penne d'une quantité égale aux 4 centièmes de la longueur de l'antenne. Le point de suspension de celle-ci est aux 2 cinquièmes de sa longueur à partir du car.

Fig. 57.

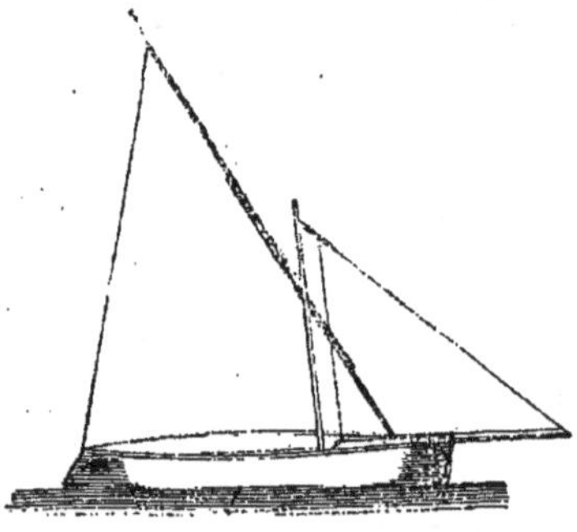

Pour prendre les dimensions de cette voile, on amarre une ligne à la position de l'empointure supérieure et une autre à la position du point d'amure. On hisse l'antenne jusqu'à ce que sa distance au pont, mesurée sur le mât, soit un peu plus grande que celle comprise entre le point de suspension et l'extrémité du car, afin qu'on puisse gambier facilement. Cela fait, on apique l'antenne de manière que la penne réponde à peu près verticalement au-dessus du retour d'écoute. (Dans cette position le car doit être en avant du mât d'environ les 2 cinquièmes de sa distance à l'étrave.) Alors on roidit les deux lignes et on les marque à la position de ce retour. On amène l'antenne, on mesure la distance comprise entre la position du point d'amure et celle de l'empointure supérieure. On mesure aussi la longueur de chaque ligne, comprise entre la marque, faite précédemment, et le point où elle est amarrée; on obtient ainsi les dimensions de la voile.

Nous verrons plus tard les modifications que ces dimensions doivent subir pour donner celles de la coupe.

Les dimensions du foc sont relevées d'après la position des points qui le déterminent. Ces dimensions doivent être aussi grandes que possible afin que le foc fasse équilibre à la mestre, dont le centre de gravité (1) est beaucoup vers l'arrière. En conséquence le point d'amure figure à l'extrémité du *berthelot* (2); le point d'écoute touche presque le pont; la chute arrière est parallèle au mât, et l'on ne laisse entre la face avant de ce dernier et le point de drisse que la distance nécessaire au battant des poulies du palan qui sert à hisser le foc. La position du mât d'une tartane est ordinairement aux 2 cinquièmes de la longueur de la tartane à partir de l'étrave.

Si l'on porte le mât un peu plus vers l'avant et qu'on incline un

---

(1) Le centre de gravité ou centre d'efforts d'une voile est le point par lequel on suppose que passe la résultante des efforts que le vent exerce sur sa surface, c'est-à-dire que si l'on appliquait à ce point une force égale à l'intensité du vent sur la voile et de même direction que lui, l'effet produit par cette force serait le même que celui du vent.

On donne le nom de *centre vélique* au point où passe la résultante des efforts que le vent exerce sur l'ensemble des voiles d'un système quelconque. C'est en comparant la position du centre vélique d'un bâtiment, dont les qualités sont connues, avec celle d'un autre bâtiment de même espèce, dont les qualités sont encore inconnues, qu'on juge si la voilure projetée sera bien balancée, c'est-à-dire s'il n'y aura pas trop ou trop peu de surface devant ou derrière, et c'est le résultat de cette comparaison qui conduit à fixer les dimensions des mâts et des vergues. Or, les dimensions des voiles étant subordonnées à celles de la mâture, la recherche du centre vélique incombe naturellement au constructeur. Cependant comme il arrive souvent qu'en même temps qu'on demande le plan de voilure à un voilier, on lui demande aussi le centre vélique, nous ferons connaître à la fin de la deuxième partie la marche à suivre pour déterminer ce point.

(2) C'est le nom qu'on donne au beaupré d'une tartane.

peu moins l'antenne ; si on supprime le berthelot et qu'on amure le foc sur l'étrave, on aura (*fig.* 58) le bâteau pêcheur des côtes de la Provence.

Fig. 58.

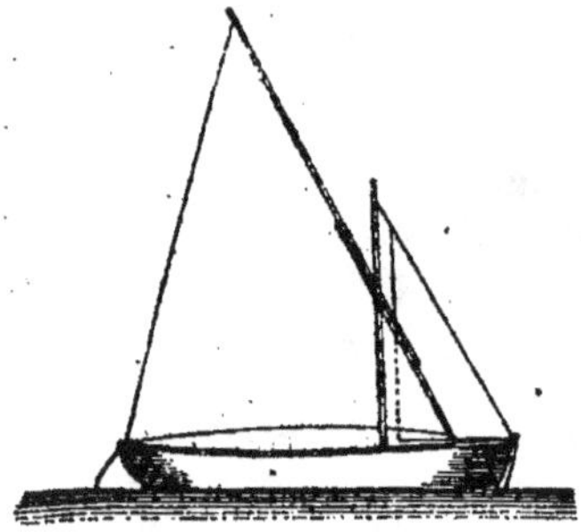

Fig. 59.

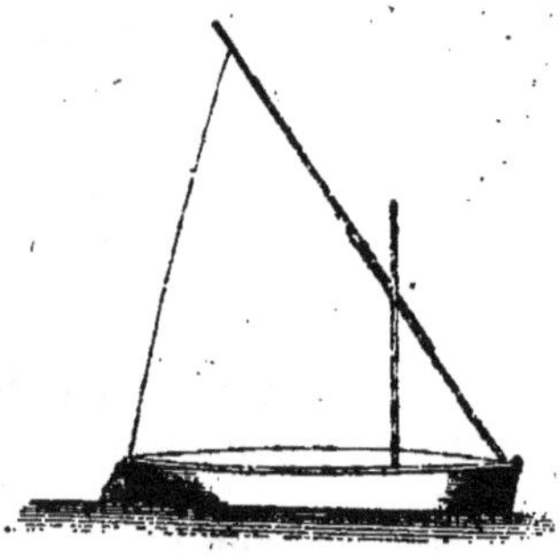

Enfin si l'on approche encore un peu le mât vers l'avant et si l'on supprime le foc, on aura (*fig.* 59) le bateau de passage, dit batelier, qui affronte les plus grands coups de vent du nord-ouest, si fréquents sur la rade de Toulon.

TAUDS, TENTES, CAPOTS, ÉTUIS, ETC.

Le voilier est appelé à confectionner une grande quantité de petits objets tels que, capots, étuis, etc..., destinés à recouvrir des panneaux, des dômes, etc..., qu'il serait trop long de détailler et pour lesquels il n'existe pas de règles fixes, pour en déterminer les dimensions. Nous dirons seulement que lorsqu'il s'agira d'un objet de forme solide, on prendra les dimensions sur cet objet même au moyen de lignes ou avec tout autre moyen : le praticien ne sera jamais embarrassé.

Les tauds, comme on sait, sont des tentes destinées à garantir de la pluie. Ils sont généralement au nombre de trois à bord des grands bâtiments. Ce sont, le taud arrière qui est tendu du mât d'artimon au grand mât, le grand taud qui est tendu du grand mât au mât de misaine et enfin le taud avant qui part du mât de misaine et va couvrir le gaillard avant.

La prise des dimensions du taud arrière et du grand taud ne présente aucune difficulté. On tend une ligne entre les mâts où le taud doit être établi, pour figurer la ralingue de faix; puis on mesure la distance de cette ligne aux différentes parties saillantes du bâtiment où les parties latérales du taud doivent être amarrées et l'on en obtient ainsi les dimensions.

L'opération est un peu plus laborieuse lorsqu'il s'agit d'un taud de gaillard avant, surtout lorsque la ralingue de faix doit être inclinée à l'horizon, ce qui a souvent lieu dans les bâtiments qui n'ont pas de teugue.

Afin de ne pas être dans l'embarras où se trouvent beaucoup de voiliers en pareille circonstance, voici la marche qu'on peut suivre.

Soit A (*fig.* 60) l'étrave du navire ABCDEFGH, la courbure d'un des côtés de l'avant où le taud doit être amarré. On tend une ligne de bâbord à tribord à la hauteur de la courbure en ayant soin que sa direction soit perpendiculaire au plan vertical passant par l'axe de la quille et de manière qu'elle effleure la face avant du mât de misaine; l'intersection de cette ligne avec la courbure détermine le point H. On mesure la distance de ce point au réa qui doit recevoir la ralingue de faix, ainsi que celle de ce dernier point à l'étrave A. Cela fait, on tend une seconde ligne du point A au point H', où la précédente rencontre la face avant du mât de misaine. On mesure et on marque sur cette seconde ligne des distances plus ou moins rapprochées, suivant que la courbe est plus ou moins prononcée et par les points G', F', E', D', C', etc., ainsi obtenus, on mène et on mesure les ordonnées G'G, F'F, E'E, D'D, etc... On mesure pareillement la distance H'H, qui est aussi une ordonnée, et l'on a ainsi les données nécessaires pour tracer, sur le plancher de l'atelier, d'abord une figure égale à celle qu'on a relevée à bord et ensuite la figure sur laquelle doit être coupé le taud.

Fig. 60.

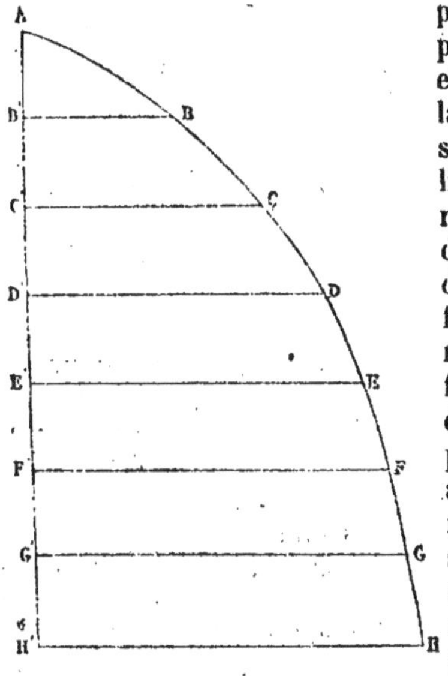

Pour éclaircir cela, supposons que les mesures relevées à bord soient les suivantes :

Ordonnées.	DISTANCES à la face avant du mât.	LONGUEURS des ordonnées.
1er	0,00	6,60
2e	1,53	6,45
3e	3.06	6,20
4e	4,59	5,85
5e	6,12	5,20
6e	7,65	4,20
7e	9,18	2,60
8e	10,70	0,00

Distance comprise entre le réa et l'intersection de la ligne transversale avec la courbe. 7.65 (1)
Distance du réa à l'étrave. 11,40 (2)

Traçons, sur le plancher de l'atelier une ligne droite AB (*fig.* 61), portons sur cette droite à partir de l'une des extrémités B, par exemple, les distances des ordonnées, prises dans la colonne de gauche du tableau ci-dessus : 1,53 de B en C, 3,06 de B en D, 4,59 de B en E..., et enfin 10,70 de B en A. Par les points B, C, D, E, etc., menons BM, CC′, DD′, EE′, etc., perpendiculaires à AB. Portons sur ces perpendiculaires les longueurs correspondantes prises dans la colonne de droite du tableau : 6,60 de B en M, 6.45 de C en C′, 6,20 de D en D′, 5,85 de E en E′, etc. Par les points A..., E′, D′, C′, M, faisons passer une courbe, et nous aurons la figure ABMC′D′E′... A, égale à celle que nous avons relevée à bord. Cela fait, du point M, comme centre, avec MO égal à 7,65 (1), pour rayon décrivons un arc ; du point A, comme centre, avec AO égal à 11,40 (2), pour rayon décrivons un autre arc qui coupera

Fig. 61.

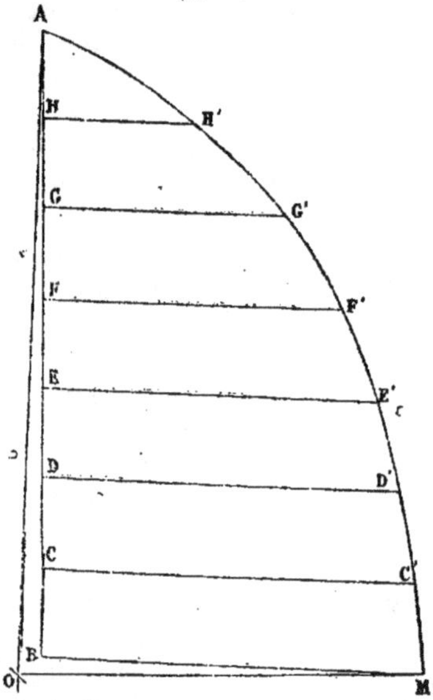

le premier en un point O; joignant ce point aux points A et M, nous obtenons la figure AOMC'D'E'... A, qui est celle sur laquelle nous aurons à couper le taud.

Nous verrons dans la deuxième partie de cet ouvrage de quelle manière on doit disposer la toile.

La méthode que nous venons d'exposer n'est pas difficile à suivre et donne un résultat assez satisfaisant. Nous observerons seulement que la courbe latérale du taud est la même que celle du navire, tandis que, à cause de l'élévation de la ralingue de faix, elle devrait être un peu moins prononcée. On pourrait y remédier en la faisant un peu moins saillante dans le tracé.

Afin que l'on puisse tenir compte de la différence qui existe entre la courbure obtenue par le procédé que nous venons d'exposer et la vraie courbure que le taud doit avoir, nous allons démontrer un autre procédé qui, à la vérité est un peu plus long, mais qui donne un résultat aussi juste qu'on peut le désirer.

On trace deux triangles ABC et ABD (*fig.* 62) qui ont le côté AB commun. Ce côté représente la distance de l'étrave au réa où doit passer la ralingue de faix. Dans le triangle ABC, le côté BC est égal à la distance du réa au point où la ligne qui va de tribord à bâbord touche la face avant du mât de misaine, et le côté AC est égal à la distance de ce dernier point à l'étrave. Dans le triangle ABD le côté AD est égal à la distance de l'étrave au point d'intersection de la transversale avec la courbe, et le côté DB marque la distance de cette intersection au réa. Ceci entendu, on porte sur le côté CA à partir du point C, les distances des ordonnées prises dans la colonne de gauche du tableau ainsi que nous l'avons déjà fait par rapport à la ligne AB et au point B (*fig.* 61). Par les

Fig. 62.

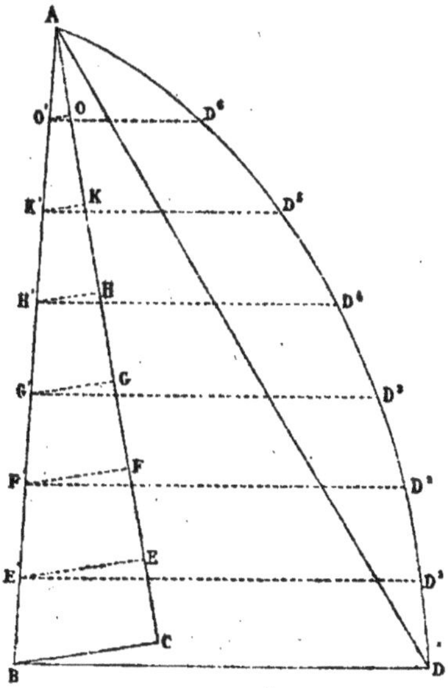

points E, F, G, H, etc., ainsi obtenus, on mène des parallèles à BC et par les points E′, F′, G′, H′, etc , où ces parallèles rencontrent le côté AB on mène des parallèles à BD. Cela fait, on trace (*fig.* 63)

Fig. 63.

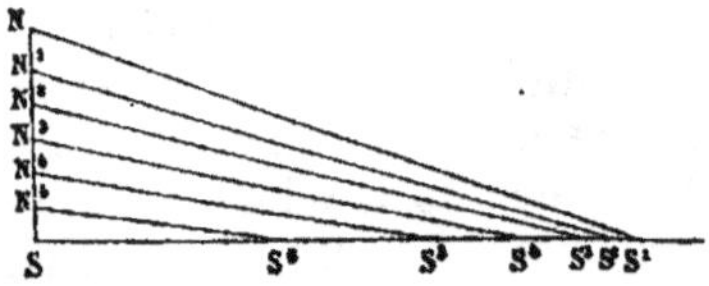

deux lignes qui se coupent à angle droit; on porte sur l'un des côtés de l'angle, à partir du sommet S, la longueur des ordonnées prises dans la colonne de droite du tableau, excepté la première qui n'est plus nécessaire, on obtient ainsi sur ce côté les points S^1, S^2, S^3, S^4, etc. Puis on porte sur l'autre côté, toujours à partir du sommet et par ordre, les longueurs EE′, FF′, GG′, etc..., des parallèles à BC (*fig.* 62), on obtient ainsi sur cet autre côté les points N, N^1, N^2, N^3, N^4, N^5, ensuite on joint les points marqués sur l'un des côtés aux points correspondants marqués sur l'autre

Fig. 64.

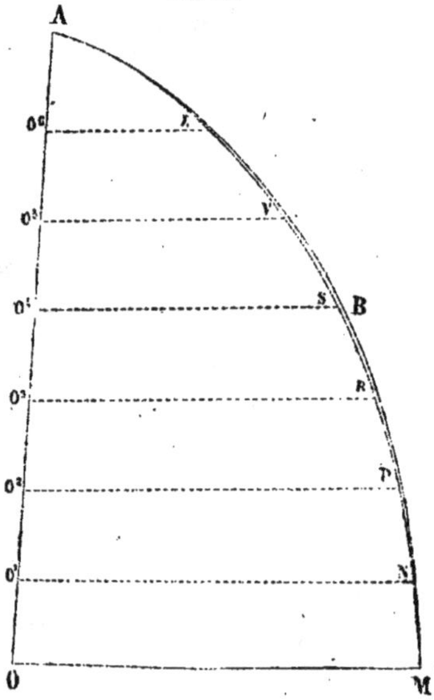

et l'on a les distances NS^1, $N'S^2$, N^2S^3, N^3S^4, etc., qu'on porte sur les parallèles à BD (*fig.* 62), la première de E′ en D′, la seconde de F' en D^2, la troisième de G^1 en D^3 et ainsi de suite. Par les points ainsi obtenus et les extrêmes A et D, on fait passer une courbe et l'on a la figure ABD... D^6A, qui est exactement celle que doit avoir le taud.

Nous disons le taud, quoique cette figure n'en représente que la moitié, mais nous verrons plus tard qu'elle suffit pour le couper.

Maintenant, pour comparer la courbe que nous venons d'obtenir à celle de la figure 61 obtenue par le premier procédé, et pour éviter la multiplicité des lignes sur cette figure, traçons-en une autre qui lui soit égale.

Soit AOMB (*fig.* 64) cette autre. Portons sur le côté AO, de O en

O^1, de O en O^2, de O en O^3, etc., les distances BE', E'F', F'G', etc., prises sur la figure 60. Par les points O^1, O^2, O^3, O^4, etc., menons des parallèles à OM, et portons sur ces parallèles les distances E'D', F^1D^2, $G'D^3$, etc., prises aussi sur la figure 60, nous obtenons des points qui déterminent la courbe AZVSRPNM, égale à celle que nous avons obtenue par le second procédé, et par conséquent la vraie courbe que doit avoir le taud. Donc la courbe obtenue par le premier procédé est trop saillante.

Cependant, dans les cas ordinaires, c'est-à-dire lorsque la distance comprise entre le réa et le point où la face avant du mât est rencontrée par la ligne tendue de tribord à bâbord n'est pas audessus de 2 mètres, la différence entre les deux courbes est peu sensible, et l'on peut, sans trop d'inconvénient, suivre le premier procédé pour ne pas avoir un dessin trop compliqué à exécuter; mais si la position du réa était plus élevée, il faudrait en tenir compte et corriger la courbe.

Nous remarquerons que plus la position du réa sera élevée, plus la différence entre les deux courbes sera grande. Cette remarque donne le moyen de connaître approximativement, et par expérience, la correction qu'il faudra faire à la courbe.

Lorsque les tauds sont établis, les têtières sont transfilées, et il semble qu'un seul et même taud couvre le navire du mât d'artimon à l'extrémité avant. Il est évident qu'il faut que les diamètres des mâts soient compris dans la longueur des tauds. Il faut donc que les tauds embrassent les mâts.

Lorsque dans chaque taud la ralingue de faix qui sert à le tendre est horizontale, le mât de misaine peut être embrassé par le taud de gaillard avant ou par le grand taud, peu importe; mais lorsque la ralingue de faix du taud de gaillard avant doit être inclinée à l'horizon, il vaut mieux ne pas pratiquer d'ouverture dans ce taud et faire embrasser le mât de misaine par le grand taud. Alors pour qu'il n'y ait pas deux ouvertures pour mâts dans un même taud, on fait l'ouverture pour le grand mât dans le taud de gaillard arrière.

Nous remarquerons que l'ouverture pratiquée dans un taud quelconque, pour le passage d'un mât, doit avoir la forme d'une ellipse dont le grand axe est dans le sens de la largeur du bâtiment, et le petit axe dans celui de sa longueur.

Le petit axe est égal au diamètre du mât, augmenté de la quantité nécessaire aux manœuvres qui l'entourent. Le grand axe est déterminé par l'inclinaison des côtés du taud.

On pensera peut-être que nous nous sommes étendu un peu trop longuement pour expliquer la marche à suivre pour prendre les dimensions d'un taud de gaillard avant. A cette objection nous répondrons que, connaissant par expérience les nombreuses erreurs commises à ce sujet, nous avons préféré nous répéter quelquefois, plutôt que de démontrer le procédé incomplétement et exposer ainsi le voilier à commettre ces mêmes erreurs.

Nous craindrions de faire injure à ceux qui nous liront, si, après ce que nous avons dit relativement à la prise des dimensions des tauds, nous entreprenions de démontrer la marche à suivre pour prendre les dimensions des tentes; aussi nous n'en parlerons pas. A l'aspect de l'installation d'un bâtiment, le voilier qui nous aura compris trouvera tout de suite le procédé qu'il devra suivre.

DEUXIÈME PARTIE.

DU TRACÉ ET DE LA COUPE DES VOILES.

Maintenant que nous savons relever les dimensions d'une voile quelconque, soit sur le plan de voilure, soit à bord des bâtiments, nous allons nous occuper de la marche qu'il faut suivre pour connaître le nombre des laizes qui doivent la composer, ainsi que la longueur et la coupe à donner à chacune d'elles.

Lorsque la voile à couper est petite et que l'on dispose d'un emplacement assez vaste, on peut la tracer en grandeur réelle sur le plancher, et la couper en remplissant de toile la surface limitée par des lignes qui en déterminent la forme. Dans ce cas, on n'a pas à se préoccuper du nombre des laizes qui doivent la composer ou de la coupe à donner à chacune d'elles; mais cette opération devient impraticable à bord d'un bâtiment et même dans un atelier lorsque la voile à couper est un peu grande; il faut alors exécuter son tracé sur le papier au moyen d'une échelle de proportion, puis déterminer par le calcul les parties qui doivent la composer.

Nous allons donc étudier les différents cas qui peuvent se présenter dans une voile quelconque, et afin que les élèves s'habituent aux opérations qu'ils auront à effectuer dans la suite, nous considérerons d'abord les coutures d'assemblage comme devant être faites d'une largeur uniforme et la voile terminée par des côtés en lignes droites; puis nous exposerons l'inconvénient de ce système et le moyen de l'éviter.

DES VOILES CONSIDÉRÉES TERMINÉES PAR DES COTÉS EN LIGNES DROITES.

Bonnette basse. Cette voile ne nécessite aucun tracé préalable. Il suffit de couper carrément, d'une longueur égale à celle de la chute de la bonnette, autant de laizes qu'il y a d'unité dans le quotient que l'on obtient en divisant la longueur de l'envergure par la largeur réduite de la laize (1).

Focs. 1er *cas.* Soit proposé de calculer un foc dont les dimensions sont les suivantes :

Bordure.	5,35
Envergure.	10,20
Chute arrière.	9;10

Traçons une ligne droite AB (*fig.* 65). Prenons sur l'échelle de proportion une grandeur égale à 5,35, et portons-la sur cette droite de A en B, par exemple; considérons l'un de ces points comme le point d'écoute, le point A, par exemple, et le point B comme celui d'amure, des points A et B pris successivement pour centre, et avec les rayons égaux à 9,10 (longueur de la chute arrière) et 10,20 (longueur de l'envergure); décrivons deux arcs qui se couperont en un point C. Joignant ce point aux points d'amure et d'écoute, A et B, nous avons la figure ABC semblable à celle que doit avoir le foc.

Fig. 65.

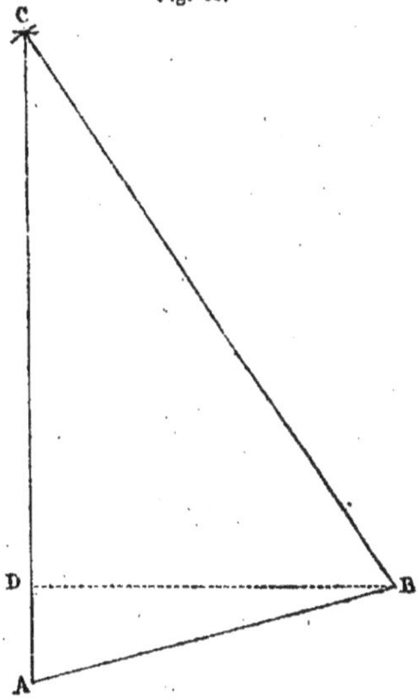

Nombre de laizes. Par le point d'amure B, abaissons sur la chute arrière CA prolongée, si c'est nécessaire, une perpendiculaire BD. Mesurons la longueur de cette perpendiculaire : ajoutons la largeur de l'une des

(1) L'expression largeur réduite de la laize signifie ce qui reste de la largeur exacte de la toile après en avoir retranché la largeur de la couture, parce que c'est la largeur effective de chacune des laizes qui composent la voile une fois ces laizes assemblées. La largeur ordinaire des coutures varie depuis 15 millimètres jusqu'à 3 centimètres. Cette largeur dépend de la grandeur de la voile et du service qu'elle est appelée à remplir. On donne généralement aux coutures des voiles d'embarcations 15 millimètres; à celles des cacatois et clin-focs des petits bâtiments 2 centimètres; à celles des voiles de moyenne grandeur et de beau temps 25 millimètres, et enfin à celles des voiles de cape et de grandes dimensions 3 centimètres.

gaînes (1), et divisons la somme par la largeur réduite de la laize. Le quotient exprimera la quantité de laizes nécessaires au foc.

Pour fixer les idées, supposons que la longueur BD de la perpendiculaire soit de 5,30, et divisons la somme 5,40 par 0,54, largeur réduite de la laize (2). Nous obtenons pour quotient 10, qui exprime le nombre des laizes du foc.

Coupe des laizes. La grandeur DC, comprise entre le pied D de la perpendiculaire et le point de drisse C, est la *coupe totale de l'envergure*, et la grandeur AD est la *coupe totale de la bordure*. Il est évident que la longueur de la chute arrière se compose de la somme des coupes de l'envergure et de la bordure. Il suit qu'en retranchant de la longueur de la chute arrière la coupe de l'envergure, on aura celle de la bordure.

Supposons donc que la coupe totale DC de l'envergure soit égale à 8,40. En retranchant ce nombre de la longueur de la chute arrière, nous avons pour reste 0,70 qui exprime la coupe totale de la bordure. Divisant successivement 8,40 et 0,70 par 10, nombre des laizes du foc, nous obtenons par la première division 84 centimètres qui expriment la coupe partielle de chaque laize pour l'envergure, et, par la seconde, 7 centimètres qui expriment celle de chaque laize de la bordure.

Tableau de coupe. On appelle tableau de coupe la réunion de tous les documents nécessaires à la coupe d'une voile.

Nous connaissons, dans le foc qui nous occupe, la longueur de la chute arrière et la coupe à donner à chaque laize tant du côté de l'envergure que de celui de la bordure, nous pouvons donc réunir ces documents et dresser le tableau suivant :

---

(1) La largeur des gaînes varie depuis 5 centimètres, pour les petites voiles, jusqu'à 16 centimètres pour les plus grandes.

(2) Nous supposons que le foc qui nous occupe soit un petit-foc, et en conséquence de ce que nous avons dit dans la note précédente, chaque couture doit avoir 3 centimètres de largeur. La largeur utile de la toile est alors réduite à 54 centimètres.

NUMÉROS DES LAIZES.	1	2	3	4	5	6	7	8	9	10	DIMENSIONS.	
Lis arrière (1).	9,30	8,39	7,48	6,57	5,66	4,75	3,84	2,93	2,02	1,11	Bordure. . . .	5,35
Coupes. Envergure.	0,84	0,84	0,84	0,84	0,84	0,84	0,84	0,84	0,84	0,84	Envergures. .	10,20
Coupes. Bordure.	0,07	0,07	0,07	0,07	0,07	0,07	0,07	0,07	0,07	0,07	Chute arrière.	9,10
Sommes des coupes à retrancher des lis arrières correspondants.	0,91	0,91	0,91	0,91	0,91	0,91	0,91	0,91	0,91	0,91	Gaines.	0,10
Différences ou lis avant. .	8,39	7,48	6,57	5,66	4,75	3,84	2,93	2,02	1,11	0,20		

(1) Chaque laize, comme on sait, a deux lis, lorsque la voile est établie, un de ces lis fait face à l'arrière du navire et l'autre fait face à l'avant. Jusqu'à présent on a donné au lis de l'arrière le nom de *grand côté*. Cette dénomination est vraie pour les focs et la majeure partie des voiles auriques; mais elle ne l'est pas pour toutes les voiles en général. Dans les flèche-en-culs à vergue, par exemple, le lis arrière de chaque laize qui fait partie de l'envergure est généralement plus court que le lis avant de la même laize; le lis arrière est donc improprement nommé.

Afin d'être vrai dans tous les cas, nous donnerons à chaque lis le nom qui fera connaître la position qu'il devra occuper dans la voile, une fois celle-ci établie. Ainsi, dans chaque laize, nous appellerons *lis arrière* le lis qui devra faire face à l'arrière du navire, et *lis avant* celui qui devra faire face à l'avant.

La première colonne horizontale de ce tableau reçoit les numéros d'ordre des laizes. La laize de la chute arrière porte le numéro 1 ; la suivante le numéro 2 ; celle qui vient après le numéro 3, et ainsi de suite. Chaque colonne verticale renferme tout ce qui est relatif à la laize correspondante.

Pour former ce tableau, on écrit dans la première colonne verticale, sur la ligne intitulée *lis arrière*, la longueur de la chute arrière augmentée du double de la largeur de l'une des gaînes (1). On porte en dessous, sur les lignes tracées à cet effet, la coupe de l'envergure et celle de la bordure ; on fait la somme de ces coupes, on la retranche du lis arrière, et l'on a ainsi le lis avant. Ce lis avant, écrit dans la seconde colonne, devient le lis arrière de la seconde laize. On opère sur ce qui est relatif à cette seconde laize, comme nous venons de le faire pour la première, et l'on obtient le lis avant qui, à son tour, devient le lis arrière de la troisième laize, on continue de la même manière jusqu'à la laize de l'amure,

(1) Cette augmentation est faite à la longueur de la chute arrière, afin que la voile ait les dimensions voulues après que les gaînes seront faites. Pour déterminer le nombre des laizes, au lieu d'ajouter à la longueur de la perpendiculaire qui représente le droit fil de la voile, deux fois la largeur de l'une des gaînes, nous ne l'avons ajouté qu'une seule fois, parce que la longueur de ce droit fil n'est diminuée que par la gaîne faite sur la chute arrière.

dont la longueur du lis avant doit être égale au double de la largeur d'une gaîne si l'on a bien opéré.

Il suit de ce que nous venons de dire que le lis arrière d'une laize quelconque est égal au lis arrière de la laize précédente diminuée de la somme des coupes de bordure et d'envergure de cette dernière.

2° Cas. Soit encore proposé de calculer le foc dont les dimensions suivent :

Bordure.	5,10
Envergure.	9,65
Chute arrière.	7,20

Soit CAB (*fig.* 66) ce foc tracé au moyen de ces dimensions, en suivant la marche que nous avons indiquée dans le premier cas.

Fig. 66.

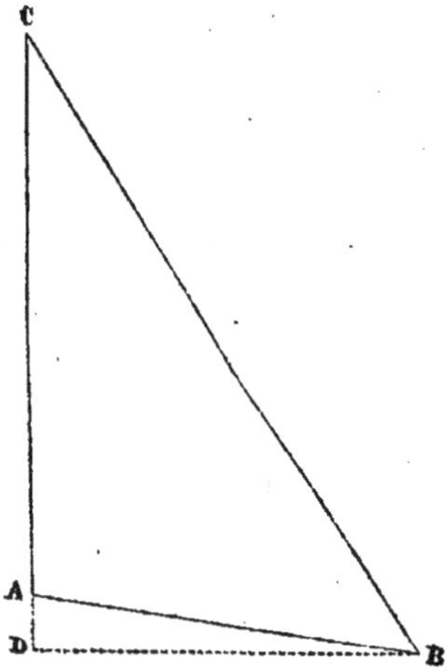

Par le point d'amure B, menons encore BD, perpendiculaire à la chute arrière; ajoutons à la longueur de cette perpendiculaire, que nous supposerons égale à 4,87, la largeur d'une gaîne (8 centimètres) et divisons la somme 4,95 par 0,55 (1). Le quotient 9 exprime le nombre des laizes. La coupe totale de la bordure sera toujours égale à la distance du point d'écoute A, au pied D de la perpendiculaire et la coupe totale de l'envergure est toujours déterminée par la distance comprise entre ce dernier point et celui de drisse C, c'est-à-dire par la grandeur DC. Elle est donc égale à la longueur de la chute arrière CA augmentée de la coupe totale AD de la bordure.

Maintenant remarquons que dans le 1er cas nous avons obtenu la coupe totale de la bordure en retranchant celle de l'en-

(1) Nous supposons que ce foc soit le clin foc d'un petit bâtiment; dans ce cas il suffit de faire les gaînes de 8 centimètres, et les coutures de 2 centimètres de largeur.

vergure de la longueur de la chute arrière, tandis que dans celui-ci nous aurons à faire une opération inverse pour arriver au même résultat, c'est-à-dire qu'il nous faudra retrancher la longueur de la chute arrière de la coupe totale de l'envergure. Remarquons aussi que dans le 1er cas la perpendiculaire abaissée du point d'amure passe au-dessus de la bordure et rencontre la chute arrière du foc, tandis que dans le 2e cas, cette perpendiculaire passe au-dessous, et conséquemment sa rencontre avec la chute arrière n'a lieu que dans le prolongement de cette dernière. Ces particularités prouvent évidemment que la coupe de la bordure dans le cas qui nous occupe, doit avoir une direction inverse à celle du premier cas. En effet, dans le premier cas, l'angle CAB de la bordure étant aigu, il faut que les laizes de cette partie soient coupées de manière que l'angle formé dans chaque laize par la direction de la coupe et la lisière du côté de la chute arrière soit aussi aigu, tandis que dans le deuxième cas cet angle doit être obtus, attendu que l'angle de l'écoute est obtus. Pour distinguer ces deux sortes de coupes nous appellerons *coupe positive* ou simplement *coupe* celle du premier cas, et *coupe négative* (1) celle du second.

---

(1) Afin d'éviter une foule de considérations dans les opérations que nous aurons à effectuer pour déterminer la coupe partielle de chaque laize dans les différents cas qui peuvent se présenter, nous aurons quelquefois à opérer sur des quantités négatives; tous les cas particuliers seront ainsi réduits à un seul cas général.

Or, comme généralement l'instruction de la majeure partie des ouvriers pour lesquels nous écrivons n'est pas poussée jusqu'à la partie des mathématiques qui traite des quantités négatives, nous croyons utile d'exposer succinctement comment on opère sur ces quantités.

Une quantité négative est toujours le résultat d'une soustraction, dans laquelle le nombre à retrancher est plus grand que celui duquel il doit être retranché. Ainsi, si du nombre 5, par exemple, on avait à retrancher le nombre 8, la soustraction serait évidemment impossible; mais on pourrait retrancher 5 de 8, en affectant la différence du signe —. On aurait ainsi pour résultat la quantité négative —3, qui indiquerait qu'il manquait 3 unités au plus petit nombre pour que la soustraction pût s'effectuer.

Les focs nous fournissent un exemple de cette règle. Dans le premier cas, nous avons établi que, pour connaître la coupe totale de la bordure, il faut, de la longueur de la chute arrière, retrancher la coupe totale de l'envergure. Dans le second cas, la coupe totale de l'envergure étant plus grande que la longueur de la chute arrière, nous n'avons pas pu effectuer la soustraction précitée; nous avons alors retranché la longueur de la chute arrière de la coupe totale de l'envergure, et nous avons eu pour résultat la coupe négative de la bordure.

Concluons que lorsque dans une voile l'angle de l'écoute sera obtus, la coupe des laizes de la bordure sera négative.

Pour ne pas confondre la coupe positive avec la négative, on affecte cette dernière du signe —, qu'on nomme moins. Ce signe indique que la quantité qui en est affectée doit être prise dans un sens opposé à une règle établie. C'est-à-dire que si la règle dit, en termes absolus, qu'une quantité doit être retranchée d'une autre, si la quantité à retrancher est affectée du signe —, il faut l'ajouter ; réciproquement une quantité qui, en termes absolus, devrait être ajoutée à une autre, sera retranchée si elle est affectée du signe —.

Et maintenant soit — 1,35 la coupe totale négative de la bordure, et 8,55 la coupe totale de l'envergure. En divisant chacune de ces quantités par 9, nombre des laizes du foc, nous obtenons — 0,15, pour la coupe négative de chaque laize de la bordure et 0,95, pour la coupe de chaque laize de l'envergure.

Les éléments nécessaires à la coupe du foc étant connus, nous pouvons dresser le tableau de coupe.

Pour obtenir la somme de deux quantités dont l'une est négative, il faut de la quantité qui numériquement est la plus grande retrancher la plus petite et affecter la différence du signe de la plus grande. Si l'on avait à ajouter la quantité négative — 5 à la quantité positive + 8, il faudrait retrancher 5 de 8 et la somme serait exprimée par + 3.

La somme des deux quantités — 9 et + 4 serait exprimée par — 5.

Pour faire la somme de plusieurs quantités dont les unes sont positives et les autres négatives, on fait séparément la somme des quantités positives et celles des négatives : on retranche ces sommes l'une de l'autre et l'on affecte la différence du signe de celle qui numériquement est la plus grande. Si l'on avait à faire la somme des quantités + 5 + 9 + 10 + 15 — 7 — 4 — 9 — 12, cette somme serait exprimée par + 39 — 32 ou par + 7.

Pour retrancher une quantité négative d'une positive, il faut ajouter la quantité négative à la positive et donner à la somme le signe +. Si l'on avait à retrancher — 4 de + 7, la différence serait exprimée par + 11.

Le produit d'une quantité positive par une négative ou réciproquement est négatif. Le produit de + 8 par — 4 est exprimé par — 32. Le quotient d'une quantité positive par une négative où réciproquement est négatif le quotient de + 15 divisé par — 3 est exprimé par — 5, et le quotient de — 15 divisé par + 3 est aussi exprimé par — 5.

Nous remarquerons que toute quantité qui n'est affectée d'aucun signe est toujours censée avoir le signe +, c'est-à-dire qu'elle est considérée comme une quantité positive. Il est donc inutile d'affecter les quantités positives du signe +.

Tableau de coupe d'un foc dont la coupe de la bordure est négative.

NUMÉROS DES LAIZES.	1	2	3	4	5	6	7	8	9	DIMENSIONS.
Lis arrière..	7,36	6,56	5,76	4,96	4,16	3,36	2,56	1,76	0,96	Bordure. . . . 5,10
Coupes. { Envergure. . . .	0,95	0,95	0,95	0,95	0,95	0,95	0,95	0,95	0,95	Envergure.. . 9,65
Coupes. { Bordure..	—0,15	—0,15	—0,15	—0,15	—0,15	—0,15	—0,15	—0,15	—0,15	Chute arrière. 7,20
Somme des coupes à retrancher des lis arrières correspondants.	0,80	0,80	0,80	0,80	0,80	0,80	0,80	0,80	0,80	Gaine. 0,08
Différences ou lis avant.. .	6,56	5,76	4,96	4,16	3,36	2,56	1,76	0,96	0,16	

La différence qui existe entre ce tableau et le précédent consiste en ce que la coupe de chaque laize de la bordure étant négative, nous l'avons retranchée de la coupe de l'envergure au lieu de l'ajouter, comme nous l'avons fait dans le premier cas.

3e Cas. Si la division de la longueur de la perpendiculaire, augmentée de la largeur d'une gaîne, par la largeur réduite de la laize, donnait un reste, on l'évaluerait en dixièmes de la largeur de la laize; le foc serait ainsi composé d'un nombre de laizes de largeur entière, exprimé par les unités entières du quotient, augmenté d'une fraction de laize, dont la largeur serait égale à un ou plusieurs dixièmes.

Si le reste de la division était moindre qu'un dixième, on le négligerait.

Exemple. Soit 8,30 la longueur de la perpendiculaire augmentée de la largeur d'une gaîne, et 0,54 la largeur réduite de la laize.

Divisons 7,30 par 0,54, nous obtenons 15 pour quotient et 20 centimètres pour reste. Ce reste, étant à peu près les 4 dixièmes de la largeur de la laize, le foc aura 15 laizes et 4 dixièmes de laize.

Soit encore 13,86 la coupe totale de l'envergure, nous divisons ce nombre par 15,4, et nous obtenons pour quotient 90 centimètres, qui expriment la coupe d'une laize entière; la fraction 4 dixièmes devra donc avoir une coupe proportionnée à sa largeur, c'est-à-dire les 4 dixièmes des 90 centimètres, ou 36 centimètres. On opérerait d'une manière analogue pour la coupe de la bordure.

Nous croyons qu'il serait inutile de rechercher les éléments qui nous manquent pour dresser le tableau de coupe de ce foc, car ce tableau ne différerait, avec un de ceux qui précèdent, qu'en ce qui concerne la fraction de laize qui figurerait dans la dernière colonne verticale de droite, avec tout ce qui lui serait relatif.

VOILES AURIQUES.

1er Cas. Soit proposé de calculer une voile aurique dont les dimensions sont les suivantes :

Bordure	5,95
Envergure	4,85
Chute arrière	7,90
Chute avant	4,40
Diagonale	6,78

Traçons une droite AB (*fig.* 67), prenons sur cette droite une grandeur AB égale à la bordure (5-95). Considérons le point A comme le point d'écoute et le point B comme celui d'amure. Du point B comme centre, et avec un rayon égal à la longueur de la chute avant (4,40), décrivons un arc. Du point A, et avec un rayon égal à la longueur de la diagonale (6,78), décrivons un autre arc, qui coupera le premier en un point C. Unissons ce point au point B, nous aurons CB, qui représente la chute avant de la voile, en grandeur et en direction. Cela fait, du point A comme centre, et avec un rayon égal à la longueur de la chute arrière (7,90), décrivons un arc, du point C, et avec un rayon égal à la longueur de l'envergure (4,85), décrivons-en un autre, qui coupera le premier en un point E, joignant ce point aux points A et C, nous obtenons la figure ABCE, semblable à la voile dont les dimensions sont données.

Fig. 67.

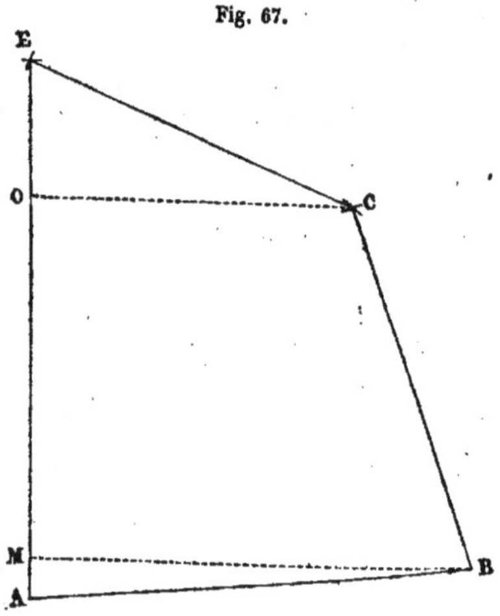

Maintenant, des points B et C menons BM, CO, perpendiculaires à la chute arrière, et supposons que la première soit égale à 5,84, et la seconde à 4,12. Ajoutons à la première 10 centimètres, largeur d'une gaîne, et à la seconde 20 centimètres, double de la même largeur; divisons les sommes 5,94 et 4,32 par la largeur réduite de la laize (0,54), nous obtenons 11 laizes pour la bordure et 8 pour l'envergure. Retranchant le nombre des laizes de l'envergure, de celui de la bordure, il nous reste 3, qui exprime le nombre de laizes des pointes.

Coupe des laizes. La grandeur OE, comprise entre le pied O de la perpendiculaire CO et l'empointure E de la chute arrière, est la coupe totale de l'envergure. La grandeur MA, comprise entre le pied M de la perpendiculaire BM et le point d'écoute A, est la coupe totale de la bordure. Enfin, la distance OM, comprise entre les pieds O et M des deux perpendiculaires, est la coupe totale des laizes des pointes. Il est évident que la somme de toutes ces coupes doit être égale à la longueur de la chute arrière. On pourra donc s'assurer de l'exactitude de la grandeur de chacune de ces coupes, en les additionnant ensemble.

Supposons maintenant que la coupe totale de l'envergure soit égale à 2,55; celle de la bordure à 1,30, et celle des pointes à 4,05. Divisons la première de ces quantités par 8, nombre des laizes de l'envergure; la seconde par 11, nombre des laizes de la bordure, et la troisième par 3, nombre des laizes des pointes.

Nous obtenons, par la première division, 318 millimètres, qui expriment la coupe partielle de chaque laize de l'envergure; par la seconde, 118 millimètres, qui expriment la coupe partielle de chaque laize de la bordure; et par la troisième, 1,350, pour la coupe de chaque laize des pointes.

Tous les éléments de la coupe étant connus, nous pouvons dresser le tableau de coupe suivant.

Tableau de coupe d'une voile aurique dont l'envergure et la bordure renferment un nombre entier de laizes.

NUMÉROS DES LAIZES.		1	2	3	4	5	6	7	8	9	10	11	DIMENSIONS.	
Lis arrière		8,100	7,664	7,228	6,792	6,356	5,920	5,484	5,048	4,612	3,144	1,676	Bordure	5,95
Coupe.	Envergure	0,318	0,31s	0,318	0,318	0,318	0,318	0,318	0,318	»	»	»	Envergure	4,85
	Bordure	0,118	0,118	0,118	0,118	0,118	0,118	0,118	0,118	0,118	0,118	0,118	Chute arrière	7,90
	Mât	»	»	»	»	»	»	»	»	1,350	1,350	1,350	Chute avant	4,40
Sommes des coupes à retrancher des lis arrière correspondants		0,436	0,436	0,436	0,436	0,436	0,436	0,436	0,436	1,468	1,468	1,468	Diagonale	6,78
Différences ou lis avant		7,664	7,228	6,792	6,356	5,920	5,384	5,448	4,612	3,144	1,676	0,208	Gaînes	0,10

Comme dans les tableaux précédents, nous avons écrit dans la première colonne verticale, la longueur de la chute arrière, augmentée du double de la largeur de l'une des gaînes ; nous avons retranché de cette longueur la somme des coupes de la première laize, ce qui nous a donné le lis avant, qui est devenu le lis arrière de la seconde laize, en l'écrivant dans la seconde colonne, etc...

Ce tableau renferme un élément de plus que les précédents; c'est la coupe relative à chaque laize des pointes que nous avons écrite dans leur colonne respective.

Nous ne parlons pas de la différence tout à fait insignifiante des 8 millimètres que nous avons en plus sur le lis avant de la laize de l'amure et qui provient de ce que nous avons négligé 2 onzièmes de millimètre, dans la coupe de chaque laize de la bordure, et 3 quarts de millimètre, dans celle de chaque laize de l'envergure.

2e Cas. Soit encore proposé de calculer une voile aurique dont les dimensions suivent :

Bordure.	5,95
Envergure.	4,95
Chute arrière.	8,00
Chute avant.	4,40
Diagonale.	6,78

Nous n'irons pas répéter ce que nous avons dit dans le premier cas au sujet de la marche à suivre pour tracer cette voile. Nous supposerons tout de suite que les données suivantes ont été relevées sur le plan :

Longueur de la perpendiculaire	d'envergure.	4,18
	de bordure.	5,84
Coupe totale. . . .	de l'envergure.	2,65
	de la bordure.	1,25
	des pointes.	4,10

Ajoutons à la longueur de la perpendiculaire de l'envergure, le double d'une gaîne (0,20), et à celle de la bordure 10 centimètres, nous aurons pour sommes 4,38 et 5,94 qui étant chacune divisée par la largeur réduite de la laize, nous donnent 8 laizes et 1 dixième de laize pour l'envergure, et 11 pour la bordure. Retranchant le nombre des laizes de l'envergure de celui de la bordure, nous obtenons 2 laizes et 9 dixièmes de laize de pointes.

Divisant la coupe totale de bordure (1,25) par 11, nous obtenons 0,113 pour la coupe partielle de chaque laize de cette partie. De même, en divisant 2,65 coupe totale de l'envergure par 8,1, nombre des laizes de cette partie, nous obtenons 0,327, pour la coupe partielle de chacune de ces laizes. Enfin, le quotient de 4,10 divisé par 2,9, nombre des laizes à tailler en pointes, étant égal à 1,413, ce sera la coupe qu'il faudra donner à chacune de ces laizes.

Nous pouvons donc dresser le tableau de coupe suivant.

Tableau de coupe d'une voile aurique dont le nombre de laizes de l'envergure est fractionnaire.

Numéros des laizes.		1	2	3	4	5	6	7	8	Enverg. 1/10 Mât... 9/10 9	10	11	Dimensions.
Lis arrière		8,200	7,760	7,320	6,880	6,440	6,000	5,560	5,120	4,680	3,262	1,736	Bordure.... 5,95
Coupe.	Envergure..	0,327	0,327	0,327	0,327	0,327	0,327	0,327	0,327	0,033	»	»	Envergure... 4,95
	Bordure...	0,113	0,113	0,113	0,113	0,113	0,113	0,113	0,113	0,113	0,113	0,113	Chute arrière 8,00
	Mât.....	»	»	»	»	»	»	»	»	1,272	1,413	1,413	Chute avant.. 4,40
Sommes des coupes à retrancher des lis arrières correspondants.		0,440	0,440	0,440	0,440	0,440	0,440	0,440	0,440	1,418	1,525	1,526	Diagonale... 6,78
Différences ou lis avant.		7,760	7,320	6,880	6,440	6,000	5,560	5,120	4,680	3,262	1,736	0,210	

La neuvième laize fournit le 0,1 de sa largeur à l'envergure et les 0,9 à la chute au mât. En conséquence, nous avons écrit 33 millimètres pour la coupe de la fraction qui fait partie de l'envergure, et 1,272 pour celle qui fait partie de la chute au mât; c'est à-dire le 0,1 de la coupe qui revient à chaque laize de l'envergure et les 0,9 de celle qui revient à chaque laize de la chute au mât.

3e Cas. Pour plus de simplicité, ne tenons aucun compte des dimensions de la voile et supposons que les données suivantes sont le résultat de son tracé :

Laizes.	de l'envergure	8
	de la bordure	10,8
	de pointes	2,8
Coupe de chaque laize	de l'envergure	0,312
	de la bordure	0,111
	de pointe	1,500
Longueur de la chute arrière		7,90

Dressons le tableau suivant :

Tableau de coupe d'une voile aurique dont le nombre des laizes de la bordure est fractionnaire.

Numéros des laizes. . .		1	2	3	4	5	6	7	8	9	10	11 0,8
Lis arrière.		8,100	7,677	7,254	6,831	6,408	5,975	5,552	5,129	4,706	3,095	1,484
Coupe.	Envergure. . . .	0,321	0,312	0,312	0,312	0,312	0,312	0,312	0,312	»	»	»
	Bordure.	0,111	0,111	0,111	0,111	0,111	0,111	0,111	0,111	0,111	0,111	0,089
	Mât.	»	»	»	»	»	»	»	»	1,500	1,500	1,200
Sommes des coupes à retrancher des lis arrières correspondants.		0,423	0,423	0,423	0,423	0,423	0,423	0,423	0,423	1,611	1,611	1,289
Différences ou lis avant.		7,677	7,254	6,831	6,408	5,975	5,552	5,129	4,706	3,095	1,484	0,195

Ici, la fraction étant tout à fait à l'amure, nous avons écrit ce qui lui est relatif dans la onzième colonne verticale, et comme sa largeur n'est que les 0,8 d'une laize entière, nous avons écrit 89 millimètres, pour la coupe du côté qui fait partie de la bordure, et 1,20 pour celle du côté qui fait partie de la chute au mât; c'est-à-dire, les 0,8 de la coupe qui revient à une laize entière de la bordure et de la chute au mât.

4e Cas. Soit encore les données suivantes résultant du tracé d'une voile aurique.

Laizes.	de l'envergure	8,4
	de la bordure.	11,2
	de pointes	2,8
Coupe partielle	de l'envergure.	0,315
	de la bordure.	0,125
	des pointes.	1,446
Longueur de la chute arrière.		8,10

Nous aurons à dresser le tableau de coupe suivant :

Tableau de coupe d'une voile aurique dont le nombre de laizes de la bordure et de l'envergure sont fractionnaires.

Nos des laizes.. .		1	2	3	4	5	6	7	8	Enver. 0,4 Mât.. 0,6 9	10	11	12 0,2
Lis arrière.		8,300	7,860	7,420	6,980	6,540	6,100	5,660	5,220	4,780	3,661	2,090	0,519
Coupes.	Envergure. .	0,315	0,315	0,315	0,315	0,315	0,315	0,315	0,316	0,126	»	»	»
	Bordure. . . .	0,125	0,125	0,125	0,125	0,125	0,125	0,125	0,125	0,125	0,125	0,125	0,025
	Mât.	»	»	»	»	»	»	»	»	0,868	1,446	1,446	0,289
Sommes des coupes à retrancher des lis arrières correspondants. . .		0,440	0,440	0,440	0,440	0,440	0,440	0,440	0,440	1,119	1,571	1,571	0,314
Différences ou lis avant.		7,860	7,420	6,980	6,540	6,100	5,660	5,220	4,780	3,661	2,090	0,519	0,205

Les laizes qui composent la chute au mât sont réparties de la manière suivante, ainsi qu'on peut le voir dans le tableau : 6 dixièmes à la neuvième laize, 2 dixièmes à l'amure et 2 laizes, la 10e et la 11e, placées entre les deux fractions. Ce qui fait bien en totalité 2 laizes 8 dixièmes.

5e Cas. Soit proposé, pour dernier exemple, de calculer une voile aurique dont les dimensions sont les suivantes.

Bordure	5,50
Envergure	3,05
Chute arrière	5,50
Chute avant	4,00
Diagonale	6,80

Traçons la voile comme à l'ordinaire au moyen de ces dimensions, et soit ABCD (*fig.* 68) le plan qui en résulte. En abaissant des points B et C, comme à l'ordinaire, des perpendiculaires sur la chute arrière nous remarquons que celle qui est abaissée du point C passe au-dessus de la ligne d'envergure, et rencontre la direction de la chute arrière en un point situé en dehors de la figure de la voile, tandis que dans les suppositions précédentes cette rencontre a lieu en un point intérieur. Cette particularité prouve que l'angle MDC d'empointure arrière est obtus et que la coupe de l'envergure est négative. C'est la seule différence qui existe entre cet exemple et les précédents ; tout le reste est absolument semblable et, conséquemment, les opérations à faire sont les mêmes.

Fig. 68.

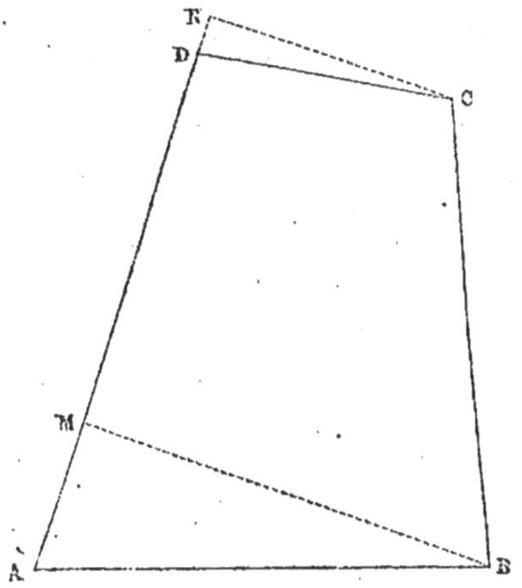

Supposons donc que le nombre des laizes de la bordure soit de 9,3 et celui de l'envergure de 5,9 ; en retranchant 5,9 de 9,3 nous aurons pour reste 3,4 qui exprime le nombre des laizes de la chute avant.

Nous supposerons pareillement que la coupe partielle de chaque laize de l'envergure soit de 0,101 ; celle de la bordure de 0,274 et celle de la chute avant de 1,044.

En réunissant ces documents nous dresserons le tableau suivant :

N^os DES LAIZES . .	1	2	3	4	5	enver. 0,9 mât. 0,1 6	7	8	9	10 0,3
Lis arrière	5,700	5,527	5,344	5,171	4,998	4,825	4,538	3,220	1,902	0,584
Coupes. Envergure. .	—0,101	—0,101	—0,101	—0,101	—0,101	—0,091	»	»	»	»
Coupes. Bordure . . .	0,274	0,274	0,274	0,274	0,274	0,274	0,274	0,274	0,274	0,082
Coupes. Mât.	»	»	»	»	»	»	1,044	1,044	1,044	0,313
Sommes des coupes à retrancher des lis arrières correspondants.	0,173	0,173	0,173	0,173	0,173	0,287	1,318	1,318	1,318	0,395
Différences ou lis avant.	5,527	5,344	5,171	4,998	4,825	4,538	3,220	1,902	0,584	0,189

Ce dernier cas se présente rarement ; il a lieu quelquefois dans une voile d'embarcation lorsque la vergue est peu inclinée et le point d'écoute fortement halé vers l'arrière.

DES FLÈCHES-EN-CUL.

Soit proposé de tracer et calculer un flèche-en-cul dont les dimensions sont les suivantes :

Envergure.	2,70
Bordure.	6,90
Chute arrière	5,80
Chute avant.	9,70
Diagonale	5,40

Traçons une droite AB (*fig.* 69). Prenons sur cette droite une grandeur AB égale à la longueur de la bordure (6,90) ; considérons le point A comme le point d'écoute et le point B comme celui d'amure.

Par les points A et B pris successivement pour centre et avec les rayons égaux à la diagonale (5,40) et à la chute avant (9,70) décrivons deux arcs qui se couperont en un point C. Par les points A et C, pris pour centre et avec les rayons égaux le premier à la chute arrière (5,80), le second à l'envergure (2,70), décrivons deux arcs qui se coupent en un point D, joignons le point D aux points C et A et le point C au point B; nous obtenons la figure ABCD qui est celle du flèche-en-cul.

Fig. 69.

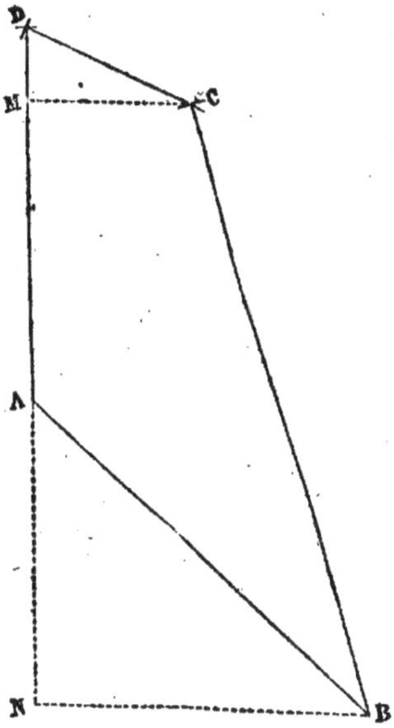

Nombre de laizes. Par les points C et B menons CM et BN perpendiculaires sur la chute arrière, ajoutons à la longueur de la première que nous supposerons égale à 2,50, le double de la largeur d'une gaîne (0,16) et à la seconde que nous supposerons égale à 5,25, 8 centimètres seulement. Divisons chacune des sommes qui en résulte, 2,66 et 5,33, par 0,55 largeur réduite de la laize, nous obtenons par la première division 4,8 qui exprime le nombre des laizes de l'envergure et par la seconde 9,7 qui exprime celui de la bordure, et en retranchant 4,8 de 9,7, il nous reste 4,9 pour le nombre des laizes de la chute au mât.

Coupe des laizes. La distance MD est la coupe totale de l'envergure; la distance AN est la coupe totale négative de la bordure (nous disons négative parce que l'angle DAB de l'écoute est obtus) et la distance MN, comprise entre les pieds M et N des perpendiculaires est la coupe totale des laizes de la chute avant.

Supposons maintenant que MD soit égal à 0,90; AN à 4,30 et MN à 9,20. Divisons ces quantités, respectivement par 4,8; 9,7; et 4,9; nombres qui expriment les laizes de l'envergure, de la bordure et de la chute avant. Nous obtenons 0,187 pour la coupe partielle de chaque laize de l'envergure; — 0,443, pour celle de chaque laize de la bordure et 1,877, pour celle de chaque laize de la chute avant

Avec ces éléments nous pouvons dresser le tableau de coupe suivant:

Tableau de coupe d'un flèche-en-cul.

Nos DES LAIZES. . .	1	2	3	4	Env. 0,8 Mât. 0,2 5	6	7	8	9	10 0,7	DIMENSIONS.
Lis arrière.	5,960	6,216	6.472	6,728	6,984	6,902	5,468	4,034	2,600	1,166	Envergure. . . 2,70
Coupes. Envergure. . .	0,187	0,187	0,187	0,187	0,150	»	»	»	»	»	Bordure. . . . 6,90
Coupes. Bordure. . . .	-0,443	-0,443	-0,443	-0,443	-0,443	-0,443	-0,443	-0,443	-0.443	-0,310	Chute arrière. 5,80
Coupes. Mât.	»	»	»	»	0,375	1,877	1,877	1,877	1,877	1,314	Chute avant. . 9,70
Sommes des coupes à retrancher des lis arrière correspondants. . .	-0,256	-0,256	-0,256	-0,256	0,082	1,434	1,434	1,434	1,434	1,004	Diagonale. . . 5,30 Gaines. . . . 0,08
Différences ou lis avant.	6,216	6,472	6,728	6,984	6,902	5,468	4,034	2,600	1,166	0,162	

On voit, que la marche à suivre pour tracer, et calculer un flèche-en-cul à vergue est la même que celle, suivie pour tracer et calculer une voile aurique : la seule différence qui existe, c'est que dans les flèches-en-cul, la coupe de la bordure est généralement négative.

Les élèves devront constamment avoir présentes à la mémoire, les règles que nous avons exposées, sur les opérations relatives aux quantités négatives. C'est en nous rappelant ces règles, que nous avons obtenu des quantités négatives, pour la somme des coupes des laizes qui font partie de l'envergure, et que nous avons ajouté ces quantités, aux lis arrière correspondants, au lieu de les retrancher comme nous l'aurions fait dans le cas contraire, pour déterminer la longueur des lis avant.

A l'inspection du tableau, on peut voir que les lis avant de toutes les laizes qui font partie de l'envergure, sont plus longs, que les lis arrière, ainsi que nous l'avons déjà dit.

Si l'on avait à tracer et calculer un flèche-en-cul triangulaire, on opérerait absolument de la même manière que pour tracer, et calculer un foc à coupe négative.

BONNETTES DE HUNIERS ET DE PERROQUETS.

Les bonnettes de huniers et de perroquets ont, comme les flèches-en-cul, leur coupe de bordure négative.

La marche à suivre pour tracer et calculer ces bonnettes est absolument la même que nous venons de suivre pour tracer et calculer un flèche-en-cul à vergue.

Quelquefois on ne connaît des dimensions d'une bonnette de hune ou de perroquet, que la longueur de l'envergure.

Dans ce cas, voici encore ce qu'il faut connaître pour tracer la bonnette :

Pour une bonnette de hune. Les dimensions du hunier ; celle de la basse vergue ; la longueur de son bout-dehors et le diamètre de la vergue de hune.

Pour une bonnette de perroquet. Les dimensions du perroquet ; celles de la vergue de hune ; la longueur de son bout-dehors et le diamètre de la vergue de perroquet.

Connaissant ces dimensions voici la marche qu'il faut suivre :

On trace une droite indéfinie A B (*fig.* 70). En un point A de cette droite on élève une perpendiculaire AD, que l'on prend égale à la chute totale du hunier. Par le point D on mène DE parallèle à AB. On porte la moitié de la différence qu'il y a entre la bordure et l'envergure du hunier de A en C et on joint D C. Cela fait, on porte sur la parallèle DE de D en E, la longueur de l'envergure de la bonnette, puis on fait la somme des quantités suivantes : les 6 dixièmes de la longueur du bout-dehors, plus la longueur de l'un des bouts de la basse vergue, plus son diamètre et plus 60 centimètres.

Fig. 70.

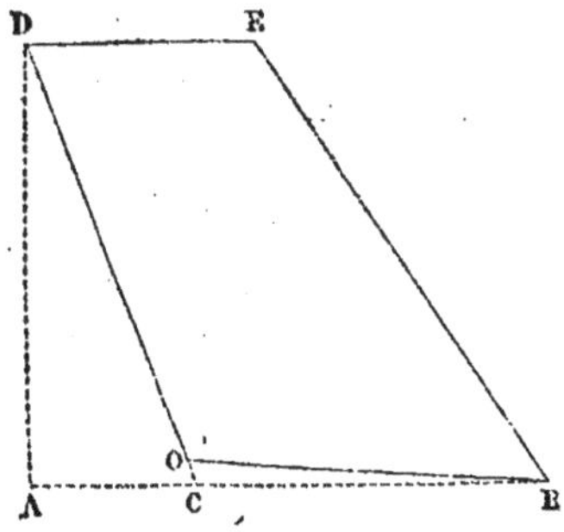

On porte la longueur exprimée par cette somme, de O en B, après avoir porté de C en O le diamètre de la vergue de hune. On joint OB et BE, et l'on a figure DOBE qui est celle de la bonnette et que l'on calculera comme nous l'avons fait pour un flèche-en-cul.

S'il s'agit d'une bonnette de perroquet on opérera d'une manière analogue, mais la distance OB sera composée des quantités suivantes : les 6 dixièmes du bout-dehors de la vergue de hune, plus la longueur de l'un des bouts de la vergue, plus une fois et demie son diamètre et plus 40 centimètres.

DES VOILES DITES CARRÉES.

Dans la recherche des éléments de coupe d'un hunier, il peut se présenter quatre cas, qui dépendent des dimensions de ce hunier. Le nombre des laizes de l'envergure et celui de la bordure peuvent être tous deux entiers ; le nombre des laizes de l'envergure peut être entier et celui de la bordure fractionnaire ; le nombre des laizes de l'envergure peut être fractionnaire et celui de la bordure entier et enfin, le nombre des laizes de l'envergure et celui de la bordure peuvent être tous fractionnaires.

Nous étudierons chacun de ces cas en particulier.

1er Cas. Soit proposé de tracer un hunier d'après les dimentions suivantes :

Envergure	11,64
Bordure	18,56
Chute totale	12,96

La forme des voiles carrées étant celle du trapèze régulier, il suit que la perpendiculaire élevée sur le milieu de la bordure, par exemple, est aussi perpendiculaire sur le milieu de l'envergure et divise la voile en deux parties égales et symétriques. Donc, pour tracer le hunier dont les dimensions sont données, menons une droite AB (*fig.* 71) égale à la longueur de la bordure (18,36). Sur le milieu C de cette ligne élevons une perpendiculaire CD et prenons-la égale à la longueur de la chute totale (12,96). Par le point D menons EF parallèle à AB; portons sur cette parallèle la moitié de l'envergure (5,82) de D en F et de D en E; unissons le point F au point B et le point E au point A. Nous aurons la figure ABFE qui est celle du hunier demandé.

Fig. 71.

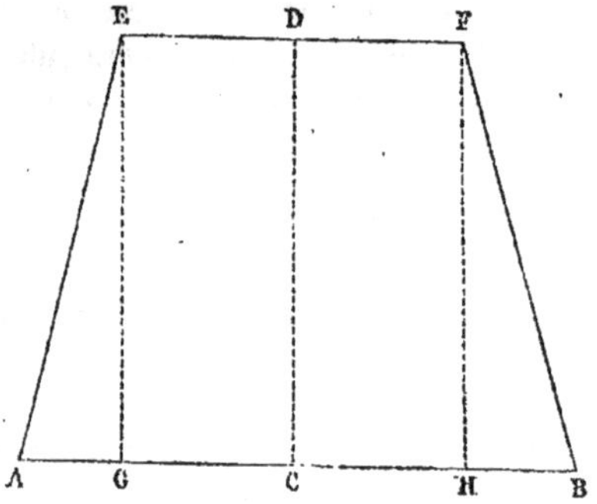

Nombre des laizes. Pour déterminer la quantité de laizes qui convient à chaque partie, il faut d'abord être fixé sur la largeur à donner aux gaînes et augmenter la longueur de l'envergure du double de cette largeur.

Cette augmentation n'a pas lieu dans le sens de la chute parce qu'on la fait sur la longueur de chaque laize en dressant le tableau de coupe. Elle n'a pas lieu non plus sur la longueur de la bordure, parce que la formation des gaînes ne diminue pas cette longueur, lorsque le lis extérieur (1) de la dernière laize de pointe est égal au double de la largeur de l'une des gaînes : ce qui aura toujours lieu puisque la longueur de chaque laize sera augmentée de la même quantité.

Nous ajouterons que, lorsque le nombre des laizes de l'envergure ou de la bordure devra être fractionnaire, il faudra faire en sorte que la fraction renferme un nombre pair de dixièmes, en forçant ce nombre d'un dixième, si c'est nécessaire, afin de ne pas avoir un nombre de pointes exprimé en vingtièmes. Ce qui ne serait pas commode pour le calcul.

On pourrait remédier, s'il y avait lieu, à l'excédant produit par cette augmentation, en réglant la voile après l'assemblage des laizes.

Soit donc 12 centimètres la largeur à donner aux gaînes du hunier qui nous occupe, ajoutons 24 centimètres à la longueur de l'envergure (11,64) et divisons la somme (12,88) par 0,54. Nous obtenons pour quotient 22 qui exprime le nombre des laizes de l'envergure. La division de (18,36), longueur exacte de la bordure par 0,54, donnant pour quotient 34, ce nombre sera celui des laizes de la bordure. Le nombre des laizes de la bordure se compose évidemment de celui de l'envergure et de la somme des laizes renfermées dans les deux triangles de pointes EAG et FBH. Donc, en retranchant le nombre de laizes de l'envergure (22) de celui de la bordure (34), la différence (12) exprimera la somme des laizes comprises dans ces deux triangles.

Coupes. Les lignes de bordure et d'envergure étant supposées droites et la direction des laizes devant être perpendiculaire à ces

(1) Pour être toujours vrai, nous changerons encore la dénomination des lis dans les voiles carrées ; nous les appellerons *lis intérieurs* et *lis extérieurs*.

Le lis intérieur d'une laize est celui qui fait face au centre de la voile, et le lis extérieur est celui qui fait face au point d'écoute ou d'amure le plus voisin.

lignes, les laizes qui en font partie n'auront pas de coupes; elles seront coupées carrément, c'est-à-dire à droit fil.

Il n'y aura que les laizes comprises dans les triangles de pointes qui recevront une coupe, sur leur lis extérieur, pour former la chute oblique du hunier. Nous appellerons cette coupe : coupe au côté.

Nous avons dit que la perpendiculaire élevée sur le milieu de la bordure divise le hunier en deux parties égales et symétriques. Nous dirons maintenant, que si de la figure totale on retranche le rectangle EGHF, les triangles restants EAG, FBH, seront aussi égaux et symétriques. Donc pour connaître le nombre des laizes de l'un d'eux, il suffit de prendre la moitié de leur somme, c'est-à-dire la moitié de la différence qui existe entre le nombre des laizes de la bordure et celui de l'envergure. 6, est donc le nombre des laizes d'un de ces triangles. Pour connaître la coupe à donner à chacune de ces laizes, il faut diviser la coupe totale, c'est-à-dire la chute totale du hunier par leur nombre; divisons donc 12,96 par 6; nous obtenons 2,36 qui exprime la coupe partielle de chaque laize contenue dans chacun des deux triangles, puisque ces deux triangles sont égaux.

Nous connaissons maintenant tous les éléments nécessaires à la coupe du hunier et nous pouvons en dresser le tableau.

Tableau de coupe d'un hunier à côtés droits et bordure droite, dont les nombres de laizes de l'envergure et de la bordure sont entiers.

NUMÉROS DES LAIZES.	1	2	3	4	5	6	DIMENSIONS.
							Envergure. 11,64
Lis intérieurs.	13,20	11,04	8,88	6,72	4,56	2,40	Bordure. 18,36
Coupe de côté à retrancher. .	2,16	2,16	2,16	2,16	2,16	2,16	Chute totale. . . . 12,96 22 laizes de 13,20 coupées à droit fil.
Lis extérieurs.	11,04	8,88	6,72	4,56	2,40	0,24	Gaînes. 0,12

D'après la marche que nous venons de suivre on peut conclure qu'un hunier peut toujours être calculé sans qu'il soit nécessaire d'en faire le plan, au moyen de l'échelle de proportion. En effet, les laizes de l'envergure et celles de la bordure devant être coupées à droit fil, et la largeur d'une laize étant mesurée sur ce droit fil, la longueur de chacune de ces parties de la voile, contient la argeur de toutes les laizes qui la composent. Donc en divisant chacune de ces longueurs par la largeur d'une laize on connaîtra la quantité nécessaire à chacune d'elles.

La coupe de chaque laize comprise dans les triangles de pointes sera toujours déterminée en divisant la longueur de la chute totale par le nombre des laizes de pointes d'un côté. En effet, un triangle de pointe FBH, peut être considéré comme un foc dont le côté oblique FB, du hunier, en est l'envergure et le côté FG, la coupe totale. Donc, etc.

Dans la pratique, lorsqu'on veut calculer un hunier, on en fait grossièrement le croquis sur lequel on porte les dimensions ; on calcule sur ces dimensions et à mesure que l'on obtient les résultats des opérations on les porte aux endroits convenables du croquis.

2e cas. Soit proposé de calculer un hunier dont les dimensions sont les suivantes :

Envergure.	12,20
Bordure	18,75
Chute totale.	13,00

En conséquence de ce qu'il vient d'être dit, nous ne tracerons pas ce hunier d'après l'échelle de proportion. Nous ajoutons 24 centimètres, double de la largeur de gaîne, à 12,20 longueur de l'envergure, nous divisons la somme 12,44 par 0,54 et nous obtenons 23 pour le nombre des laizes de l'envergure. Nous divisons aussi la longueur exacte de la bordure (18,75) par 0,54 et nous avons 34 laizes et 7 dixièmes de laize pour la bordure. Le nombre de dixièmes étant exprimé par un chiffre impair nous ajoutons 1 et nous comptons 34 laizes 8 dixièmes ; retranchant de ce nombre celui des laizes de l'envergure (23) il nous reste 11,8 dont la moitié 5,9 exprime le nombre des pointes d'un côté. Divisant la chute totale (13,00) par 5,9 nous avons pour quotient et, par conséquent, pour la coupe de chaque laize 2,203.

Nous pouvons donc dresser le tableau de coupe.

Tableau d'un hunier à côtés droits et bordure droite dont le nombre de laizes de l'envergure est entier, et celui de la bordure fractionnaire.

Numéros des laizes.	1	2	3	4	5	6 0,9	Dimensions.
Lis intérieurs.	13,240	11,037	8,834	6,631	4,428	2,225	Envergure. . 12,20 Bordure. . . . 18,75
Coupe de côté à retrancher. .	2,203	2,203	2,203	2,203	2,203	1,983	Chute totale. 13,00 23 laizes coupées à droit fil de 13,24.
Lis extérieurs.	11,037	8,834	6,631	4,428	2,225	0,243	Gaîne. 0,12

La laize de l'écoute ne devant avoir que les 9 dixièmes de la largeur entière, nous n'avons porté dans sa colonne, que les 9 dixièmes de la coupe qui revient à chaque laize.

3e Cas. Soit encore un hunier composé de la manière suivante :

Nombre des laizes { de l'envergure. 23,6
de la bordure 35,00
Chute totale 12,80

Retranchons 23,6 de 35, nous avons pour reste 11,4 dont la moitié 5,7 exprime le nombre des pointes d'un côté. Divisons la chute totale par 5,7, nous obtenons 2,245 pour la coupe partielle de chaque laize de pointes, et nous dressons le tableau suivant :

Numéros des laizes.	1 0,7	2	3	4	5	6	23 laizes de 13,04 coupées à droit fil.
Lis intérienr.	13,040	11,469	9,224	6,979	4,734	2,489	
Coupe de côté à retrancher. .	1,591	2,245	2,245	2,245	2,245	2,245	Gaines. 0,12
Lis extérieurs.	11,469	9,224	6,979	4,734	2,489	0,244	

Ici la laize qui doit recevoir la cosse d'empointure fournit les 3 dixièmes de sa largeur à l'envergure et les 7 dixièmes au côté; nous avons écrit ces 7 dixièmes dans la première colonne en leur donnant pour coupe 1,571, c'est-à-dire les 7 dixièmes de celle qui revient à une laize entière.

4e Cas. Soit enfin, pour dernier exemple, les quantités suivantes devant servir d'éléments à la coupe d'un hunier :

Envergure. . . . . 25 laizes 8 dixièmes.
Bordure . . . . 36 *Id.* 6 *Id.*
Chute totale. 13,00

Retranchons encore 25,8 de 36,6 et prenons la moitié de la différence 10,8; nous trouvons que chaque côté se composera de 5,4 de pointes; divisons toujours la chute totale (13,00) par 5,4, nous trouvons 2,407 pour la coupe partielle de chaque laize de pointe.

Ces éléments fournissent le tableau suivant :

Numéros des laizes.	1 0,6	2	3	4	5	6 0,8	25 laizes de 13,24 coupées à droit fil.
Lis intérieurs.	13,240	11,796	9,389	6,982	4,675	2,168	
Coupe de côté à retrancher. .	1,444	2,407	2,407	2,407	2,407	1,925	Gaiue. 0,12
Lis extérieurs.	11,796	9,389	6,982	4,575	2,168	0,243	

Nous avons trouvé que le nombre des pointes d'un côté est de 5 laizes 4 dixièmes.

Quoique la fraction 4 dixièmes ne figure pas sur le tableau, la somme des laizes qui y figure est bien égale au nombre voulu de pointes. En effet, la première pointe, c'est-à-dire la laize qui doit recevoir la cosse d'empointure, fournit 6 dixièmes de sa largeur. Viennent ensuite 4 laizes entières, puis la pointe de l'écoute dont la largeur est les 8 dixièmes de la laize, ce qui fait bien en tout 5 laizes 4 dixièmes.

Voyons maintenant comment les fractions 6 dixièmes et 8 dixièmes ont été produites. En retranchant de 25,8, nombre total des laizes de l'envergure, les 25 laizes que nous devons couper carrément il reste 8 dixièmes dont la moitié figurera sur chaque côté des 25 laizes carrées; l'envergure emprunte donc à chaque laize des pointes, 4 dixièmes de leur largeur et il reste 6 dixièmes qui doivent recevoir la coupe de côté.

De même en retranchant de 36,6, nombre total des laizes de la bordure, les 25 laizes carrées, il reste 11,6, dont la moitié figurera encore sur chacun des côtés des 25 laizes carrées assemblées et la fraction 8 dixièmes sera à chacune des extrémités, c'est-à-dire au point d'écoute.

La forme des perroquets et des cacatois étant semblable à celle des huniers, les opérations à exécuter pour calculer un perroquet ou un cacatois sont absolument les mêmes que celles que nous venons d'effectuer pour les huniers.

On opérera de la même manière pour les basses voiles avec cette différence, qu'il faudra préalablement ajouter à chacune de leurs dimensions le double de largeur de gaîne, parce que si on négligeait de faire cette addition à la longueur de la bordure, par exemple, les remplis des gaînes ne se rencontreraient pas, quoiqu'on eût calculé pour avoir un lis extérieur d'écoute égal au double de ces gaînes. Cela vient de ce que les côtés des basses voiles étant généralement peu inclinés, le nombre des pointes est toujours petit et même les misaines souvent n'en ont pas. Ainsi une basse voile qui aurait les dimensions suivantes :

Bordure	20,40
Envergure	18,20
Chute totale	12,60

et que la largeur des gaînes dût être de 0,15, sera calculée comme si elle avait pour dimensions :

Bordure	20,70
Envergure	18,50
Chute totale	12,90

Dans le calcul relatif à la coupe de chaque laize de pointes, le double de la largeur de gaîne serait donc ajouté à la chute totale et le lis extérieur d'écoute serait réduit à zéro.

Nous remarquerons que la disposition que nous avons donnée aux laizes des huniers que nous avons pris pour exemples n'est pas la seule que nous pouvions leur donner.

Ainsi, si dans le quatrième cas, au lieu de couper 25 laizes carrées, nous n'en eussions coupé que 24, la totalité des laizes n'aurait pas changé, mais alors le milieu de l'envergure aurait répondu sur une couture, tandis qu'il répond au centre d'une laize. Les 9 dixièmes de chaque première laize de pointes auraient fait partie de l'envergure et le dixième seulement aurait reçu une coupe de côté.

Le milieu de la bordure aurait aussi répondu sur une couture, et la pointe d'écoute, au lieu d'avoir 8 dixièmes de largeur de laize, n'aurait eu que 3 dixièmes ; mais d'un autre côté le nombre de pointes ayant laizes entières aurait été de cinq au lieu de quatre.

Ce que nous venons de dire pour un hunier s'applique à une voile carrée quelconque. Il y a cependant une exception : c'est lorsque la voile n'a pas de pointes, ainsi que cela arrive quelquefois dans une misaine. Dans ce cas on est obligé de donner aux laizes la disposition provenant du calcul. C'est-à-dire que si le nombre des laizes est pair, il faut nécessairement que le milieu de l'envergure soit sur une couture, et si ce nombre est impair, le milieu sera au centre d'une laize.

DES VOILES COURBES.

Dans les exemples que nous venons d'exposer, nous avons considéré les voiles terminées par des côtés en lignes droites, et composées de laizes assemblées par des coutures d'une largeur uniforme. Si la toile était inflexible, en procédant comme nous l'avons fait, on obtiendrait des voiles parfaitement plates, et par conséquent de la forme la plus avantageuse au sillage du navire, quelle que soit d'ailleurs son allure ; mais la toile, comme on sait, fléchit extrêmement, et quel que soit le soin qu'on apporte à la confec-

7

tion d'une voile coupée plate, les bords de cette voile seront toujours plus tendus que son centre. Il résulte de cet état de choses que lorsque la direction du vent est perpendiculaire à la voile, toutes les parties de celle-ci qui ne sont pas invariablement tenues fléchissent sous son effort, et la plus grande flexion a lieu au centre. Dans ce cas seulement, elle ne gêne en aucune manière le sillage du navire; mais si le vent change de direction, c'est-à-dire si la voile reçoit son impulsion dans un sens oblique à sa surface, la flexion est poussée vers le côté opposé à celui d'où lui vient le vent et s'en approche d'autant plus que l'obliquité devient plus grande; de telle sorte que, lorsque le navire est sous l'allure du plus près, presque toute la flexion de la voile est poussée jusqu'à toucher la ralingue du côté de dessous le vent, et il se produit à cette position une espèce de poche nuisible à la marche du bâtiment. En voici la raison.

Fig. 72.

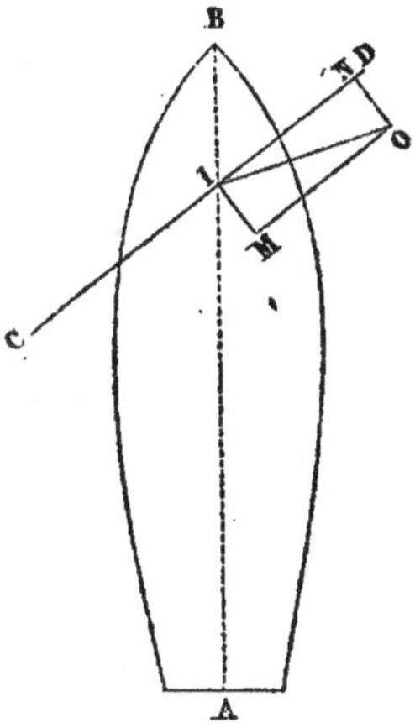

Fig. 73.

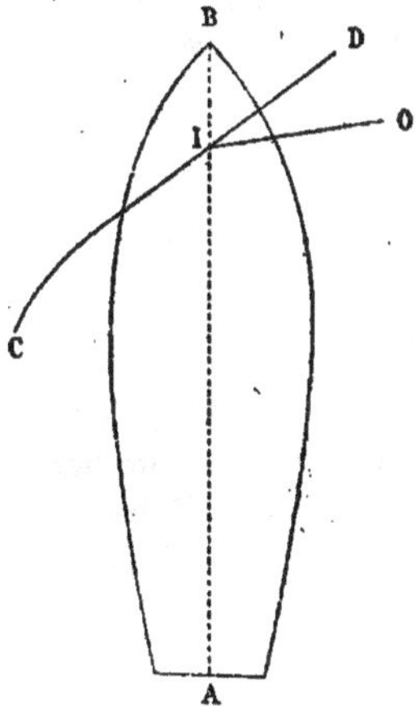

Soit (*fig.* 72) un navire sous l'allure du plus près. Soit CD la direction du plan de la voile par rapport à la quille AB et OI la direction du vent. Le vent frappant la voile dans un sens oblique, son intensité, que nous supposerons représentée par OI, se décompose en deux parties représentées en grandeur et en direction par MI et OM. La première, MI, est perpendiculaire à la surface de la voile et représente la force du vent sur elle; c'est la seule dont l'effet soit utile au sillage du navire. La seconde, OM ou NI, est parallèle à la surface de la voile, et son effet est nul.

On voit que sous l'allure du plus près, lorsque la voile est parfaitement plane, la plus grande partie de la force du vent n'est d'aucun effet pour le sillage du navire, puisqu'elle ne fait qu'effleurer la surface de la voile; mais si celle-ci fait le sac dans son côté opposé à celui d'où lui vient le vent, comme dans la figure 73, où la ligne CD, qui représente la voile, se courbe à son extrémité C, non-seulement la plus grande partie de la force du vent ne sera d'aucun effet utile au sillage du navire, mais encore elle lui sera contraire, puisqu'elle rencontrera la partie C de la voile dans une direction presque perpendiculaire.

De ce que nous venons de dire, le voilier doit comprendre de quelle importance il est qu'une voile destinée à servir au plus près, soit coupée de manière que l'inconvénient signalé ne se produise pas, ou, s'il n'y a pas moyen de l'éviter tout à fait, qu'il se produise le moins possible.

Nous allons étudier la marche qu'il faut suivre pour arriver à ce résultat. Prenons d'abord une brigantine ; ce que nous dirons au sujet de cette voile pourra s'appliquer, avec quelques légères modifications, à toute autre de la forme de quadrilatère irrégulier.

Nous venons de voir que lorsqu'un navire est sous l'allure du plus près, le vent pousse la flexion inévitable d'une voile quelconque vers le côté opposé à son origine. Dans une brigantine la flexion est donc poussée vers la chute arrière.

Il est évident que si cette partie est trop tendue, la voile fera le sac et sera contrainte à la marche du navire. Donc, pour qu'une brigantine soit dans de bonnes conditions, il faut que la chute arrière soit plutôt lâche que roide ; mais on comprend qu'elle ne doit pas être portée à cet état tout d'un coup, et qu'il faut qu'elle y arrive insensiblement,

Partant de ce principe, nous dirons que la toile doit être fortement tendue dans la partie avant de la voile, et que la tension doit diminuer progressivement en allant de l'avant à l'arrière, de telle sorte que la chute arrière soit, comme nous venons de le dire, plutôt lâche que roide,

Pour que cela soit, voici comment il faut agir :

1° Les coutures comprises dans le triangle des pointes doivent être faites d'une largeur uniforme, et égale à celle des coutures de la bordure.

2° Les coutures comprises entre le triangle des pointes et la chute arrière doivent être forcées à leurs extrémités, c'est-à-dire, qu'elles doivent être plus larges à leurs extrémités, qu'à leur centre, afin de faciliter la décharge du vent par la chute arrière.

Il n'y a pas de règle qui fixe la grandeur que cet élargissement doit avoir. Nous dirons seulement que cette grandeur doit être en rapport avec celle de la voile, mais qu'elle ne doit pas être trop prononcée, parce qui si cela était, la voile aurait presque la forme d'une calotte sphérique et, sous cette forme, la décharge du vent par la chute arrière ne serait pas facile. Le but serait donc manqué.

L'élargissement des coutures doit donc être modéré. Voici la règle que nous nous sommes créée et que nous suivons généralement.

Pour les brigantines dont la longueur de la chute arrière est au-dessous de 10 mètres, l'élargissement des coutures de l'envergure est de 1 centimètre et celui des coutures de la bordure de 15 millimètres.

Lorsque la chute arrière est de 10 à 15 mètres, l'élargissement est de 15 millimètres pour l'envergure et de 2 centimètres pour la bordure.

Au-dessus de 15 mètres de chute, l'élargissement est de 2 centimètres pour l'envergure et de 25 millimètres pour la bordure.

Il est bien entendu que l'élargissement des coutures ainsi déterminé, est relatif aux toiles de 57 centimètres de largeur. Si la toile à employer était plus ou moins large, l'élargissement, tout en étant proportionné à la longueur de la chute arrière, devrait être plus ou moins grand.

3° La largeur au centre des coutures de la partie avant de l'envergure, c'est-à-dire de celles qui sont comprises entre le triangle des pointes et le milieu de l'envergure, doit diminuer progressivement de manière que la largeur au centre de celle qui occupe le milieu de l'envergure ou qui est le plus près, dans le cas où ce milieu n'est pas sur une couture, soit égale à la largeur de la couture moyenne.

4° Les coutures de la partie arrière, c'est-à-dire, les coutures comprises entre le milieu de l'envergure et la chute arrière, doivent diminuer graduellement de largeur et prendre celle de la couture ordinaire à une certaine distance de l'envergure et de la bordure. Cette distance ne doit pas être la même pour toutes les coutures ; elle doit diminuer progressivement d'une couture à l'autre dans le sens de l'avant à l'arrière, et de manière qu'elle soit égale au dixième environ de la chute arrière, sur la couture de cette partie, c'est-à-dire la première.

5° Toutes les laizes de la partie arrière doivent avoir du *mou* (1). La quantité afférente à chaque laize doit augmenter progressivement dans le sens de l'avant à l'arrière, de manière que la plus grande soit à la laize de l'écoute.

Le somme de ces mous doit être proportionnée non-seulement à la longueur de la chute arrière, mais encore au nombre des laizes qui doivent en recevoir.

Il n'y a pas de règle qui fixe la grandeur de cette somme ; mais voici celle que l'expérience nous a conduit à suivre : nous prenons pour base le mou de la laize de la chute arrière que nous faisons égal au centième de la longueur de cette laize.

Ce mou nous sert ensuite à déterminer celui de toutes les autres laizes et, par suite, leur somme, ainsi que nous allons le voir.

Supposons que les dimensions d'une brigantine prises à bord ou relevées sur le plan de voilure, soient les suivantes :

Bordure	8,20
Envergure	6,20
Chute arrière	10,90
Chute avant	6,40
Diagonale	10,15

Nous avons déjà dit que ces dimensions doivent subir certaines modifications pour donner celle de la coupe.

Ces modifications sont les suivantes :

La diagonale doit être réduite aux 96 centièmes de sa longueur; la chute avant doit aussi être réduite aux 96 centièmes de sa longueur; et la longueur de la chute arrière doit être diminuée de la somme des mous à donner. Voici pourquoi ces réductions sont nécessaires :

La bordure d'une brigantine devant être coupée courbe, la direction de l'écoute doit être écartée de cette ligne sans quoi elle serait bien vite déformée, c'est pourquoi, sur le plan de voilure, nous avons élevé le point d'écoute jusqu'à la rencontre de la diagonale. la traction de l'écoute aura donc lieu dans le sens de cette

(1) On appelle mou, la différence de longueur entre deux lés qui doivent être cousus ensemble. En d'autre terme, c'est l'accroissement progressif qu'on donne à la longueur des laizes de la partie arrière d'une voile, afin que la chute arrière ne soit pas roide sans que, pour cela, il soit nécessaire d'en augmenter la longueur.

Les mous, plus encore que l'élargissement des coutures, ont pour but de faciliter la décharge du vent par la chute arrière.

ligne. Or, la diagonale étant oblique à la direction des laizes, allongera beaucoup plus que toute autre partie de la voile, et c'est en prévision de cet allongement que nous réduisons sa longueur.

La longueur de la chute avant est aussi réduite en prévision de ce que cette dimension allongera soit en pesant sur la drisse de corne soit en amurant la voile.

Nous avons dit que toutes les laizes de la partie arrière de la voile doivent avoir du mou, c'est-à-dire augmenter progressivement de longueur sans que pour cela celle de la chute arrière change. Il est évident que pour que cela soit il faut d'abord diminuer la longueur de cette dernière de la quantité dont la somme des mous est capable de la faire augmenter, afin qu'une fois que cette quantité lui sera rendue elle ait sa longueur réelle.

Fig. 74.

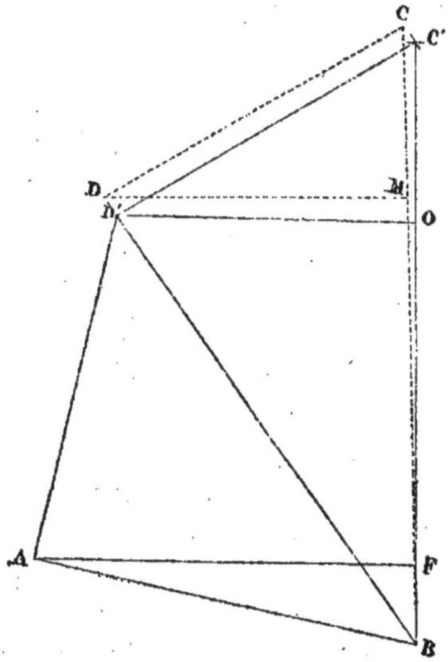

Du moment que l'on connaît la longueur de la diagonale et celle de la chute avant, on connaît aussi la réduction qu'il faut faire à ces dimensions; mais il n'en est pas de même de la quantité dont il faut diminuer la longueur de la chute arrière. En effet la somme des mous devant être proportionnée à cette longueur et au nombre des laizes qui doivent en recevoir, la longueur seule de la chute arrière est insuffisante pour déterminer cette somme; de là vient la nécessité de connaître à l'avance le nombre des laizes qui doivent recevoir du mou.

Pour cela on trace un triangle DBC (*fig.* 74), dans lequel, le côté DB représente la diagonale de la brigantine ; le côté DC l'envergure, et le côté BC la chute arrière (1).

Puis du point D on abaisse une perpendiculaire, DM, sur la chute arrière; on ajoute la double gaîne à la longueur de cette

(1) Pour plus de simplicité nous donnerons à ce triangle le nom de *triangle supérieur*.

perpendiculaire, et l'on divise la somme par la largeur réduite de la laize. La moitié du quotient (1) exprime le nombre des laizes qui doivent avoir du mou.

Supposons donc que la longueur de la perpendiculaire DN soit égale à 5.65. Ajoutons à ce nombre 20 centimètres et divisons la somme 5,85 par 0,53 (2) nous obtenons 11 pour quotient dont la moitié, 5 et demi, exprime le nombre des laizes qui doivent avoir du mou ; mais comme on ne peut pas en donner à une demi-laize, nous n'en donnerons qu'à 5.

Pour connaître la somme de ces mous, nous remarquons que la longueur de la chute arrière étant égale à 10,90, le mou qui revient à cette laize, d'après notre règle, sera égal à 11 centimètres. Divisant ce nombre par 5, nous obtenons 22 millimètres pour quotient, qui exprime le mou à donner à la laize qui doit en avoir le moins, c'est-à-dire à la cinquième laize, à partir de la chute arrière, ainsi que la raison de la progression (3).

---

(1) Ce quotient, quoique sensiblement égal au nombre des laizes que doit avoir l'envergure de la brigantine, n'est qu'approximatif. Aussi nous ne nous en servons que pour connaître le nombre des laizes qui doivent recevoir du mou. Quant au nombre réel des laizes de l'envergure, il sera déterminé par le plan de coupe.

(2) La voile en question étant de grandeur moyenne, la largeur de la couture ordinaire sera de 25 millimètres, et l'élargissement à l'envergure de 15 millimètres, puisque la longueur de la chute arrière est comprise entre 10 et 15 mètres. La largeur effective de chaque couture sera donc égale à 4 centimètres, et la largeur réduite de la laize à 53 centimètres.

(3) Ainsi qu'on a dû s'en apercevoir, presque toutes les opérations relatives à la coupe d'une voile courbe reposent sur les progressions arithmétiques. En conséquence, nous croyons qu'il n'est pas inutile d'en dire un mot, sans aller au delà de ce qui est applicable à la coupe des voiles.

Une progression arithmétique est une suite de nombres écrits sur une même ligne, et tels que chaque nombre surpasse celui qui le précède ou en est surpassé d'une quantité constante qu'on appelle raison de la progression. La progression est dite croissante lorsque chaque nombre surpasse celui qui le précède de la raison, et elle est décroissante lorsque le contraire à lieu.

Les nombres 2, 5, 8, 11, 14, 17 forment une progression arithmétique croissante qui a pour raison 3. Les nombres 25, 23, 21, 19, 17, 15, 13 forment une progression arithmétique décroissante dont la raison est 2. Les nombres qui font partie d'une progression s'appellent termes.

Connaissant le premier terme et la raison d'une progression arithmétique, il est facile de former la progression : si la progression doit être croissante, on ajoute la raison au premier terme, et l'on a le second ; on ajoute pareillement la raison au second terme, et l'on a le troisième, et l'on continue ainsi jusqu'à ce que l'on soit arrivé au dernier terme. Si la progression

Les mous des différentes laizes de la partie arrière seront donc les suivants :

		Mous.
Laise	5ᵉ	0,022
	4ᵉ	0,044
	3ᵉ	0,066
	2ᵉ	0,088
	1ʳᵉ	0,110
	Somme	0,330

dont la somme 33 centimètres exprime la quantité qu'il faut rechercher de la longueur de la chute arrière pour avoir la longueur reduite de cette dimention.

Nous pouvons maintenant terminer le plan de la voile.

Pour cela, prenons les 96 centièmes de la diagonale (9,74) et portons-les de B en D'. Du point D', et avec un rayon égal à l'envergure (6,20), décrivons un arc. Du point B, et avec un rayon égal à la chute arrière déterminée de 33 centimètres (10,57), décrivons un autre arc qui coupera le premier en un point C'. Unissons le point C' aux points D' et B. Cela fait, du point B, et avec un rayon égal à la bordure (8,20) ; et du point D' avec un rayon égal aux 96 centièmes de la chute avant (6,14) décrivons deux arcs qui se couperont en un point A. Unissons encore ce point aux points D' et B. Nous obtenons la figure ABC'D'; que nous appellerons *plan de coupe* ou *plan réduit*, sur lequel nous aurons à calculer la voile, d'après les principes mentionnés.

Déterminons d'abord le nombre des laizes des différentes parties. Par les points D' et A, menons D'O et AF perpendiculaires sur la

---

doit être décroissante, on retranche la raison du premier terme, et l'on a le second, on retranche la raison du second terme, et l'on a le troisième, et ainsi de suite.

Connaissant le premier et le dernier terme d'une progression, ainsi que le nombre des termes, on peut toujours déterminer les autres termes et former la progression. Pour cela, il faut d'abord chercher la raison. Pour connaître la raison, il faut du plus grand des deux termes connus retrancher le plus petit, et diviser le reste par le nombre des termes moins un de la progression : le quotient exprimera la raison. Connaissant la raison, et l'ajoutant au plus petit terme, on aura le terme suivant; ajoutant encore à celui-ci la raison, on aura un troisième terme, et en continuant ainsi, on déterminera tous les termes.

Exemple. Soit 3 le premier terme; 31 le dernier, et 15 le nombre des termes. Retranchons 3 de 31, il reste 28 qui étant divisé par 14, nombre des termes moins un, donne 2 pour quotient qui est la raison. Ajoutant 2 au premier terme, nous avons 5 pour le second; ajoutant pareillement 2 à 5, nous aurons 7 pour le troisième terme, et en continuant, on formera la progression suivante : 3, 5, 7, 9, 11, 13, 15, 17, 19, 21, 23, 25, 27, 29, 31.

chute arrière C'B, et supposons que la première D'O, soit égale à 5,63; ce nombre augmenté de la double gaîne (20 centimètres) donne 5,83, qui divisé par 0,53 donne encore pour quotient 11, qui exprime le nombre des laizes de l'envergure.

Supposons encore que la longueur de la perpendiculaire AF soit égale à 7,80.

Ce nombre augmenté de 10 centimètres donne 7,90 lequel divisé par 0,525, largeur réduite de chaque laize de la bordure, donne pour quotient 15, qui exprime le nombre des laizes de la bordure. Retranchant 11 de 15, le reste 4 exprime le nombre des laizes du triangle des pointes.

Largeur des coutures. Nous aurons quatre coutures dans le triangle des pointes.

D'après ce que nous avons dit, la largeur de chacune d'elles sera uniforme et égale à 45 millimètres.

Le nombre des laizes de l'envergure étant de 11, il y aura 10 coutures. La diminution progressive de leur largeur au centre devra donc être opérée sur les 5 de la partie avant de la voile.

Pour connaître la grandeur de cette diminution, ou plutôt la largeur au centre de chacune de ces coutures, nous retrancherons 25 millimètres, largeur de la couture ordinaire, dans la voile qui nous occupe, de 45 millimètres, largeur des coutures à la bordure et nous divisons le reste, 20 millimètres, par 5, nombre des coutures qui doivent subir la diminution. Le quotient, 4 millimètres, exprime la raison de la progression, c'est-à-dire la différence qui doit exister entre les largeurs au centre de deux coutures consécutives. En retranchant 4 millimètres de 45 millimètres le reste 41 millimètres exprime la largeur au centre de la couture qui est le plus près de l'empointure de chute avant. Retranchant encore 4 millimètres de 41, le reste, 37 millimètres, exprime la largeur au centre de la couture suivante, en allant vers l'arrière, et en continuant ainsi, nous déterminerons la largeur à donner au centre de toutes les coutures de la partie avant, c'est-à-dire des cinq coutures comprises dans cette partie de la voile.

En donnant à chacune de ces coutures le numéro d'ordre qui lui revient par rapport à celle de la chute arrière qui doit porter le n° 1. Les largeurs correspondantes seront :

Couture......	6e..................	0,025
	7e..................	0,029
	8e..................	0,033
	9e..................	0,037
	10e..................	0,041

Les 11e, 12e, 13e et 14e coutures, c'est-à-dire les coutures comprises dans les triangles des pointes auront toutes, comme nous l'avons déjà dit, une largeur uniforme égale à 45 millimètres.

Quant aux cinq coutures de la partie de l'arrière, elles auront chacune, comme les autres, une largeur de 4 centimètres à l'envergure, et de 45 millimètres à la bordure.

Ces coutures comme nous l'avons dit, diminueront graduellement de largeur jusqu'à une certaine distance de l'envergure et de la bordure où elles prendront la largeur ordinaire.

Il faudrait maintenant chercher à quelle distance de la bordure et de l'envergure chacune de ces coutures doit cesser de diminuer de largeur et prendre celle de la couture ordinaire ; mais, comme pour arriver à cette connaissance la longueur de la couture de la partie avant, voisine du centre de l'envergure, est nécessaire, nous ne nous occuperons de cette recherche qu'alors que nous serons à même d'avoir cette longueur sans tâtonnement.

Passons maintenant à la détermination de la coupe de chaque laize de la bordure.

Nous avons vu que la coupe régulière, c'est-à-dire égale dans chaque laize, donne une ligne droite ; mais la bordure d'une brigantine devant être courbe nous ne pouvons lui donner cette forme qu'en variant les coupes des laizes de cette partie.

Les anciens voiliers n'élargissaient pas les coutures des brigantines ; ils ne donnaient pas non plus des mous aux laizes de la partie de l'arrière ; mais ils donnaient toujours une courbure extérieure à la ligne de la bordure.

Nous allons exposer la méthode dont ils se servaient pour déterminer la coupe des laizes qui devaient produire cette courbe, et des bases de cette méthode nous en déduirons une autre qui nous conduira plus directement au résultat.

Soit donc 0,16 la coupe moyenne, c'est-à-dire la coupe que nous aurions à donner à chaque laize de la bordure si cette ligne devait être droite.

Prenons une petite règle en bois représentée par AB (*fig.* 75) Portons sur cette règle, à partir, de l'une de ses extrémités, la grandeur de la coupe moyenne de A en C, par exemple. Prenons aussi une ouverture de compas d'une grandeur quelconque ; portons cette ouverture sept fois de part et d'autre du point C. Nous déterminons, les points 1, 2, 3, 4, etc., qui marquent la coupe à donner aux laizes correspondantes. Ainsi la distance A1 sera la coupe de la première laize de l'écoute ; la distance A2 sera la coupe de la laize suivante ou de la seconde ; A3, sera celle de la troisième laize, et ainsi de suite.

Fig. 75.

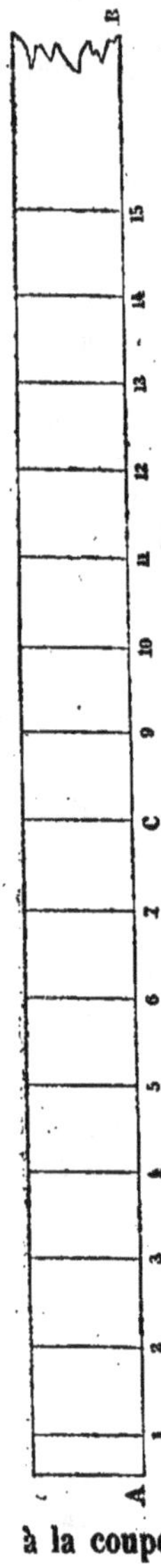

Telle est la méthode pratique dont se servaient les anciens voiliers.

Cette méthode repose sur de bonnes bases et, comme on peut le voir est très-facile ; mais elle présente un inconvénient que l'on connaîtra bientôt.

En donnant, aux différentes laizes de la bordure les coupes indiquées sur la règle, on obtiendra évidemment une ligne courbe attendu que ces coupes varient de l'une à l'autre. De plus, la somme de toutes ces coupes sera égale à la coupe totale, car elle renfermera autant de fois la coupe moyenne que ce qu'il y a de laizes, puisque ce que nous avons retranché d'un côté, nous l'avons ajouté à l'autre ; mais dans une brigantine il ne suffit pas que la somme des coupes soit égale à la coupe totale ; il faut encore que la variation des coupes, c'est-à-dire la différence qu'il y a d'une coupe à l'autre soit combinée de manière que la courbe passe bien au point voulu. Or on comprend qu'avec des coupes arbitraires, telles que celles portées sur la règle, un pareil résultat est tout à fait incertain. En effet, admettons que la courbe produite par ces coupes soit celle que nous devions obtenir. Il est évident que si nous avions pris une ouverture de compas plus ou moins grande, comme nous pouvions le faire, puisque cette ouverture a été prise quelconque, la courbe eût été plus ou moins prononcée, et nous n'aurions pas atteint le but que nous nous serions proposé. Il nous aurait donc fallu refaire l'opération, peut-être plusieurs fois avant d'obtenir un resultat satisfaisant ; et c'est en cela que consiste l'inconvénient de cette méthode.

Nous remarquerons que la coupe moyenne AC est donnée à la huitième laize, c'est-à-dire à celle qui occupe le milieu de la bordure, et que les coupes des laizes qui sont de part et d'autre à égale distance du milieu se compensent, c'est-à-dire que l'une a en moins ce que l'autre a en plus sur la coupe moyenne. En effet, la coupe A1 de la laize de l'écoute est égale à la coupe moyenne moins 7 divisions ; la coupe A15, de la laize de l'amure est égale à la coupe moyenne plus 7 divisions; donc ces deux coupes se compensent. Il en est de même de la coupe 2 avec la coupe 14 et des autres.

Cette compensation de la coupe de deux laizes à égale distance de la laize du milieu, existera toujours quelle que soit la grandeur des divisions; c'est-à-dire la différence entre les coupes.

Nous venons de voir qu'en suivant exactement la méthode des anciens, on ne peut obtenir un résultat satisfaisant qu'à force de tâtonnement et nous avons pu comprendre que la cause de cet inconvénient vient de ce que la différence qui doit exister dans la coupe d'une laize à l'autre, n'est prise qu'arbitrairement, et qu'ainsi il est rare que la grandeur de cette différence soit précisément celle qui convient. Donc, si l'on pouvait connaître exactement cette grandeur, on arriverait directement à la solution de ce problème.

Mais remarquons que si au lieu de la différence qui doit exister dans la coupe d'une laize à l'autre on pouvait connaître la quantité qu'il faut ajouter et retrancher de la coupe moyenne pour avoir la coupe réelle de la laize de l'amure et celle de la laize de l'écoute on arriverait au même résultat, parce qu'alors on connaîtrait les termes extrêmes entre lesquels insérant un nombre de moyens égal au nombre des laizes moins deux, on formerait une progression dont chaque terme serait la coupe d'une laize.

Pour connaître exactement la quantité qu'il faut ajouter à la coupe moyenne pour avoir la coupe de la laize de l'amure, ainsi que celle qu'il faut en retrancher pour avoir la coupe de la laize de l'écoute, il faut multiplier la flèche de l'arc ou plutôt *la flèche sur couture* (1), par 4 et diviser le produit par le nombre des laizes augmenté d'une unité (2.) Le quotient que nous appelons *coupe ronde* exprimera cette quantité.

En retranchant la coupe ronde de la coupe moyenne on aura la

---

(1) La flèche d'un arc, ainsi que nous l'avons déjà dit, est la plus grande distance qu'il y a entre cet arc et la corde qui le sous-tend. Cette distance est mesurée sur la perpendiculaire élevée sur le milieu de la corde; mais dans une brigantine nous entendrons que la flèche de l'arc, ou plutôt de la courbe, est mesurée suivant l'inclinaison des coutures, et nous l'appellerons *flèche sur couture.*

La grandeur relative de cette flèche varie de 7 à 8 centimètres par mètre de longueur de la ligne droite de bordure : c'est le rapport que l'expérience nous a fait adopter pour que la bordure soit à peu près en ligne droite lorsque la voile est établie au vent.

(2) Soit XSHZ la partie basse d'une brigantine; SAH la ligne droite de la bordure; SYBLGH, la ligne courbe, et AB la flèche sur couture.

coupe de la laize de l'écoute. En divisant la différence entre la coupe de l'écoute et celle de l'amure, ou, ce qui revient au même, le double de la coupe ronde par le nombre des laizes moins un,

Soit XSYX', la laize de la chute arrière, UBLU' celle du milieu et ZGH celle de l'amure.

Par les points H, C, Y, menons HD, CR, YM, perpendiculaire à la chute arrière.

Si la ligne de la bordure était droite, la coupe de chaque laize serait égale à la coupe moyenne DE; mais la bordure devant suivre la courbe SBH, la coupe de la laizé de l'armure sera DG, et celle de la laize de l'écoute sera MS. La coupe de la laize de l'amure sera donc égale à la coupe moyenne DE, augmentée de EG, et celle de la laize de l'écoute sera égale à la coupe moyenne diminuée de RM; mais nous savons que les coupes des laizes de l'amure et de l'écoute se compensent; donc RM est égal à EG.

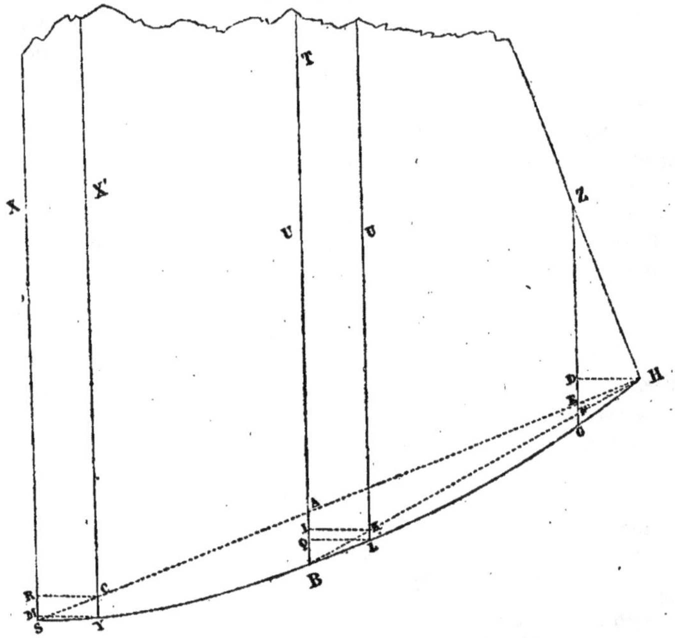

Nous avons vu que les coupes augmentent progressivement à partir de la laize de l'écoute. Or la coupe de la laize de l'écoute étant égale à la coupe moyenne moins RM = EG, et celle de la laize de l'amure étant égale à la coupe moyenne plus EG, il suit que la coupe de l'amure est égale à celle de l'écoute augmentée du double de EG. Donc, puisque arrivé

qui est égal au nombre de moyens à insérer plus un, on aura la raison de la progression, c'est-à-dire, la différence qui devra exister dans la coupe d'une laize à l'autre.

à la laize de l'amure la coupe aura augmenté du double de EG, au milieu de la bordure elle sera augmentée de la moitié, c'est-à-dire de EG ou RM qui lui est égal. Donc la coupe de la laize qui occupe ce milieu sera égale à la coupe moyenne, ce que nous avons déjà vu.

Maintenant il s'agit de déterminer la grandeur de EG, car connaissant cette grandeur, et l'ajoutant à la coupe moyenne DE, nous aurons la coupe DG de l'amure. De même en retranchant EG de la coupe moyenne nous aurons la coupe MS de l'écoute. Nous connaîtrons alors les coupes des laizes extrêmes, c'est-à-dire les termes extrêmes d'une progression; les autres seront donc faciles à déterminer.

Cela posé, considérons la partie TBHZ comme une brigantine. Unissons par une droite le point B au point H. Par les points K et L, menons LQ et KI perpendiculaires à la chute arrière, nous formons ainsi le triangle BLQ dans lequel le côté QB représente la coupe de la laize de l'écoute de la nouvelle brigantine; mais cette laize étant celle du milieu de la grande brigantine, sa coupe est égale à la coupe moyenne de cette dernière; donc QB = DE.IB = DE, comme mesurant la coupe moyenne de la brigantine TBHZ. Si des quantités égales IB et DF on retranche les quantités égales QB et DE, les restes QI et EF seront égaux. FG est aussi égal à QI puisque les coupes des laizes de l'amure et de l'écoute se compensent. Les deux quantités EF et FG égales à une troisième QI sont égales entre elles.

Donc $\qquad EF = FG.$

Les deux triangles ABH et EFH étant semblables fournissent les relations:

$$\frac{AB}{AH} = \frac{EF}{EH}, \quad \text{d'où} \quad EF = \frac{AB.EH}{AH}.$$

Représentons par N le nombre des laizes de la grande brigantine et remplaçons AH et EH par leur valeur, il vient

$$EF = \frac{AB.1}{\frac{N}{2} + \frac{1}{2}} \quad \text{ou} \quad FE = \frac{2.AB}{N+1};$$

multiplions par 2, il vient

$$2.FE \text{ ou } EG = \frac{4.AB}{N+1}.$$

Donc la quantité à ajouter à la coupe moyenne pour connaître la coupe de l'amure, comme celle qu'il faut en retrancher pour avoir celle de l'écoute, sera déterminée en multipliant la flèche sur couture par 4, et divisant le produit par le nombre des laizes plus un. Cette quantité, comme nous l'avons dit, est appelée coupe ronde. Il est évident que la différence entre la coupe de la laize de l'amure et celle de la laize de l'écoute est égale au double de la coupe ronde. Donc en divisant le double de la coupe

En ajoutant la raison à la coupe de la laize de l'écoute. on aura la coupe de la seconde laize; ajoutant pareillement la raison à la coupe de la seconde laize on aura celle de la troisième et en continuant ainsi on déterminera la coupe de toutes les laizes.

Appliquons ce qui vient d'être dit à la brigantine qui nous occupe.

Supposons donc que la coupe totale de la bordure soit égale à 2,40, et la flèche sur couture à 0,55

---

ronde par le nombre des laizes moins 1 de la bordure, qui est égal au nombre de moyens plus 1 à insérer, on aura la raison de la progression, c'est-à-dire la différence qui doit exister d'une coupe à l'autre.

Des voiliers pensent que la coupe en progression arithmétique ne convient pas à la bordure d'une brigantine et que la coupe en arc de cercle est préférable, parce que, disent-ils, si la courbe qui résulte de la coupe en progression arithmétique était prolongée on aurait une parabole. Cela pourrait avoir lieu dans la bordure d'une voile carrée où les laizes sont perpendiculaires à la ligne droite, et si toutes surtout faisaient partie de la progression. Quant à la brigantine, nous dirons que la flèche de la courbe est toujours relativement très-petite et que cette courbe s'approche sensiblement d'un arc de cercle.

Mais, sans chercher si la courbe produite par la coupe en progression arithmétique est parabolique ou non, admettons qu'elle le soit.

Il en résultera toujours que le point d'amure et le point d'écoute s'éloigneront constamment l'un de l'autre, et n'empêcheront pas la voile d'établir; mais qu'à son tour la courbe en arc de cercle soit prolongée, ce prolongement produira évidemment une circonférence. Nous demanderons alors quel sens on peut attacher à l'idée qu'une brigantine ou toute autre voile ait pour bordure une circonférence.

Nous dirons donc que la coupe en progression arithmétique ne convient pas toujours à toutes les courbes qu'on peut donner aux côtés des voiles, mais qu'elle convient parfaitement à la bordure d'une brigantine, parce que dans cette voile l'obliquité des laizes fait que la courbe est très-peu prononcée vers l'amure et beaucoup plus vers l'écoute, c'est-à-dire vers le point qui correspond à la partie de la voile qui présente le plus de surface.

Opérations.

Coupe totale 2,40 | 15 nombre des laizes
90 0,16 coupe moyenne
0

Flèche sur couture 0,55
Multiplié par 4

2,20 | 16 nombre des laizes plus 1
60 0,137 coupe ronde
120
8

Coupe moyenne 0,160
Coupe ronde 0,137

Reste 0,023 coupe de la 1re laize
Coupe ronde 0,137
Multiplié par 2

0,274 | 14 nombre des laizes moins 1
134 0,019 raison
8

DÉTERMINATION DES COUPES.

Raison		0,019
Coupe de la	1re laize	0,023
	2e	0,042
	3e	0,061
	4e	0,080
	5e	0,099
	6e	0,118
	7e	0,137
	8e	0,156
	9e	0,175
	10e	0,194
	11e	0,213
	12e	0,252
	13e	0,251
	14e	0,270
	15e	0,289
	Total	2,340
Sommes des coupes comprises entre le point d'amure et le milieu de la bordure		1,702

La somme des coupes (2,34) comparée avec la coupe totale (2,40) présente une différence en moins de 0,06; cette différence provient de ce que nous avons négligé à peu près un demi-millimètre à la raison. Comparée avec la grandeur de la voile, cette différence est insignifiante et, à cause qu'elle est en moins sur la coupe totale, elle sera en plus sur la longueur du lis avant de la laize de l'amure, si l'on commence le tableau de coupe par la laize de la chute arrière, en donnant au lis arrière de cette laize la longueur voulue. Du reste, si l'on voulait un résultat à peu près exact, il n'y aurait qu'à diviser la différence par le nombre des laizes et ajouter le quotient à la coupe de chaque laize.

Pour que la courbe passe bien au point voulu, il faut que la somme des coupes de toutes les laizes comprises entre le point d'amure et le milieu de la bordure soit égale à la moitié de la coupe totale augmentée de la flèche sur couture.

La somme des coupes en question, dans le cas qui nous occupe est égale à 1,702. La coupe totale est 2,40 dont la moitié est 1,20 qui étant augmentée de 0,55 donne 1,75. Il y a donc une différence en moins de 48 millimètres; mais nous venons de voir que le lis avant de la laize de l'amure aurait une longueur trop grande de 6 centimètres. Donc en réglant la voile, après l'assemblage des laizes, on pourra faire en sorte que la courbe passe bien au point voulu.

Coupe de l'envergure. L'envergure d'une brigantine doit aussi être coupée courbe (1). La marche à suivre pour déterminer la coupe de chaque laize est absolument la même que celle que nous venons de suivre pour la bordure.

Supposons donc que la coupe totale soit égale à 2,50 et la flèche sur couture à 0,25.

Opérations.

Coupe totale 2,50 | 11 nombre des laizes
30 | 0,227 coupe moyenne
80
3

Flèche sur couture 0,25
Multiplié par 4
100 | 12 nombre des laizes plus 1
40 | 0,083 coupe ronde
4

Coupe moyenne 0,227
Coupe ronde. 0,083
Reste 0,144 coupe de la 1re laize

Coupe ronde 0,083
Multiplié par 2
0,166 | 10 nombre des laizes moins 1
66 | 0,016 raison
6

DÉTERMINATION DES COUPES.

Raison		0,016
Coupe de la	1re laize	0,144
	2e	0,160
	3e	0,176
	4e	0,192
	5e	0,208
	6e	0,224
	7e	0,240
	8e	0,256
	9e	0,272
	10e	0,288
	11e	0,304
Somme		2,464

La somme des coupes (2,464) comparée avec la coupe totale présente encore une différence en moins de 36 millimètres, qui proviennent encore de ce que nous avons négligé 6 dixièmes de millimètre à la raison.

Ces 36 millimètres ajoutés aux 6 centimètres que nous avons trouvés en moins sur la somme des coupes de la bordure, donnent 96 millimètres que nous aurons en plus sur la longueur du lis avant de la laize de l'amure.

Si cependant on voulait obtenir un résultat plus approché, on n'aurait qu'à opérer comme nous avons dit de le faire au sujet de la différence trouvée à la bordure, c'est-à-dire qu'il faudrait diviser

(1) On donne une courbure extérieure à l'envergure, afin de remplir l'échancrure qui ne manquerait pas de se produire, à cause de l'élargissement des coutures, si ce côté était coupé en ligne droite. La grandeur relative de la flèche sur couture, varie de 2 à 3 centimètres par mètre de longueur de l'envergure; l'expérience nous a fait reconnaître que cette quantité est plus que suffisante pour atteindre le but en question.

la différence (0,036) par le nombre des laizes (11) et ajouter le quotient (0,003) à la coupe de chaque laize.

Coupe des pointes. Quant à la coupe des pointes, c'est-à-dire des laizes qui composent la chute avant de la voile, elle est toujours égale, en totalité, à la distance comprise entre les deux perpendiculaires de bordure et d'envergure, et partiellement, à cette distance divisée par le nombre des laizes comprises dans le triangle des pointes.

Le nombre des laizes comprises dans le triangle des pointes étant 4, si nous supposons que la distance comprise entre les perpendiculaires soit égale à 5,67, la coupe de chaque laize sera égale au quotient de 5,67 divisé par 4 ou à 1,417.

Nous pouvons maintenant, en réunissant les éléments que nous avons obtenus, dresser la première partie du tableau de coupe.

1re Partie du Tableau de coupe.

Nos DES LAIZES. . .	1	2	3	4	5	6	7	8	9	10	11	12	13	14	15
Lis arrière.	10,770	10,603	10,401	10,164	9,892	9,585	9,243	8,866	8,454	8,007	7,525	7,008	5,359	3,691	2,004
Coupes. Bordure. . . .	0,023	0,042	0,061	0,080	0,099	0,118	0,137	0,156	0,175	0,194	0,213	0,232	0,251	0,270	0,289
Coupes. Envergure. .	0,144	0,160	0,176	0,192	0,208	0,224	0,240	0,256	0,272	0,288	0,304	»	»	»	»
Coupes. Mât.	»	»	»	»	»	»	»	»	»	»	»	1,417	1,417	1,417	1,417
Sommes à retrancher des lis arrière correspondants.	0,167	0,202	0,237	0,272	0,307	0,342	0,377	0,412	0,447	0,482	0,517	1,649	1,668	1,687	1,706
Différences ou lis avant sans mou.	10,603	10,401	10,164	9,892	9,585	9,243	8,866	8,454	8,007	7,525	7,008	5,359	3,691	2,004	0,298

Afin de dresser ce tableau avec facilité, voici la marche à suivre.

On écrit d'abord, dans la colonne relative à tout ce qui concerne la première laize, c'est-à dire dans la première colonne verticale de gauche, sur la ligne *lis arrière*, la longueur réduite de la chute arrière augmentée de la double gaîne. Ensuite on porte les coupes des différentes laizes, et l'on en fait la somme dans chaque colonne On retranche la première somme du lis arrière correspondant, et la différence donne le lis avant de la première laize. Ce lis avant porté dans la seconde colonne verticale, sur la ligne intitulée *lis arrière*, devient le lis arrière de la seconde laize. On retranche de ce nouveau lis arrière la somme des coupes de la seconde laize et la différence donne son lis avant. Celui-ci porté dans la troisième colonne devient à son tour le lis arrière de la troisième laize, sur lequel on opère de la même manière que sur les précédents. Enfin, on détermine successivement les lis avant et arrière de chaque laize.

Pour compléter ce tableau il nous reste à insérer la largeur au centre des coutures, que nous connaissons déjà, et deux autres éléments que nous allons déterminer. Ces éléments sont : 1° l'accroissement de la longueur des laizes de la partie arrière, résultant des mous donnés à ces laizes ; 2° la distance de l'envergure et de la bordure aux points où les différentes coutures de cette même partie doivent cesser de diminuer de largeur et prendre celle de la couture ordinaire.

1° Nous avons trouvé que les mous à donner aux cinq laizes de la partie de l'arrière sont les suivants :

		Mous.
Laize.	5e.	0,022
	4e.	0,044
	3e.	0,066
	2e.	0,088
	1re	0,110
	Somme.	0,330

Il est évident que la longueur de la cinquième laize, telle qu'elle a été déterminée dans la première partie du tableau de coupe, devra être augmentée du mou donné à cette laize, c'est-à-dire de 22 millimètres. L'augmentation de la quatrième laize se composera de son propre mou et de celui de la cinquième laize ; elle sera donc égale à 22 plus 44 millimètres, ou 66 millimètres. L'augmentation de la troisième laize se composera de son propre mou et de l'augmentation de la quatrième laize. En continuant le même raisonnement on verra que l'accroissement en longueur d'une laize quelconque se compose du mou de cette laize et de la somme des mous des laizes précédentes.

Nous aurons donc :

		Accroissement en longueur.
Laize.	5e	0,022
	4e	0,066
	3e	0,132
	2e	0,220
	1re	0,330

2° Nous avons dit que pour déterminer la distance de l'envergure et de la bordure aux points où les coutures de la partie de l'arrière doivent cesser de diminuer de largeur et prendre celle de la couture ordinaire, la longueur de la couture de la partie avant de la voile voisine du centre de l'envergure était nécessaire. Nous pouvons maintenant avoir directement cette longueur qui est celle du lis avant de la sixième laize (9,24) dont la moitié est 4,62.

Nous avons dit aussi que cette distance ne devait pas être la même sur chaque couture; qu'elle devait diminuer progressivement, dans le sens du centre de l'envergure à la chute arrière, de manière que sur la première couture elle soit égale au dixième environ de la longueur de cette chute. Pour connaître ces distances il faut donc se procurer la raison de la progression. Pour cela, retranchons 1,09, dixième de la longueur de la chute arrière, de 4,62, moitié de la longueur de la sixième couture, et divisons le reste 3,53 par 5, nombre de coutures de la partie arrière, le quotient 70 centimètres exprime la raison. Ces distances seront donc les suivantes :

Raison.		0,70
Couture.	1re	1,09
	2e.	1,79
	3e.	2,49
	4e.	3,19
	5e.	3,89

Nous pouvons maintenant insérer ces éléments et compléter le tableau de coupe.

Numéros des laizes	1	2	3	4	5	6	7	8	9	10	11	12	13	14	15
Lis arrière	10,770	10,603	10,401	10,164	9,892	9,585	9,243	8,866	8,454	8,007	7,525	7,008	5,359	3,691	2,004
Coupes — Bordure	0,023	0,042	0,061	0,080	0,099	0,118	0,137	0,156	0,175	0,194	0,213	0,232	0,251	0,270	0,289
Coupes — Envergure	0,144	0,160	0,176	0,192	0,208	0,224	0,240	0,256	0,272	0,288	0,304	»	»	»	»
Coupes — Mât	»	»	»	»	»	»	»	»	»	»	»	1,417	1,417	1,417	1,417
Sommes à retrancher des lis arrière correspondants	0,167	0,202	0,237	0,272	0,307	0,342	0,377	0,412	0,447	0,482	0,517	1,649	1,668	1,687	1,706
Reste ou lis avant sans mou	10,603	10,401	10,164	9,892	9,585	9,243	8,866	8,454	8,007	7,525	7,008	5,359	3,691	2,004	0,298
Mous, allongement correspondant	0,330	0,220	0,132	0,066	0,022	»	»	»	»	»	»	»	»	»	»
Sommes ou lis avant avec mou	10,933	10,621	10,296	9,958	9,607	9,243	8,866	8,454	8,007	7,525	7,008	5,359	3,691	2,004	0,298
Largeur au centre des coutures	0,025	0,025	0,025	0,025	0,025	0,025	0,029	0,033	0,037	0,041	0,045	0,045	0,045	0,045	»
Distance de l'envergure et de la bordure aux points où les coutures de la partie arrière cessent de diminuer de largeur	1,09	1,79	2,49	3,19	3,89	»	»	»	»	»	»	»	»	»	»

Gaine . . . . largeur 0,10

Largeur des coutures { à l'envergure . . . . 0,040 ; à la bordure 0,045

Dimensions de la voile assemblée les gaines étant faites . . . .
- Bordure 8,20
- Envergure 6,20
- Chute arrière 10,90
- Chute avant 6,14
- Diagonale 9,74

Afin que les élèves puissent se familiariser avec les indications du tableau ci-dessus, nous reproduisons ces indications graphiquement dans la figure de la planche C. Cette figure est celle qu'aurait la voile, une fois toutes les laizes coupées et posées par ordre sur le plancher de l'atelier, en les faisant se recouvrir d'une largeur égale à celle de la couture qui leur est propre.

On voit dans cette figure que les coutures 14, 13, 12 et 11 comprises dans le triangle des pointes, sont d'une largeur uniformément égale à celle des coutures à la bordure. A partir de la couture 10, la largeur au centre diminue progressivement jusqu'à la couture 6, dont la largeur est égale à celle de la couture moyenne (0,025). La même largeur au centre se continue dans les coutures 5, 4, 3, 2 et 1. C'est cette différence de largeur entre le centre et les extrémités des coutures qui détermine la courbe que l'on voit se produire sur la chute arrière.

Les parties saillantes du côté de l'envergure, des laizes 1, 2, 3, 4 et 5, indiquent les mous correspondants. On fait *boire* régulièrement ces mous, dans les coutures d'assemblage (1).

Enfin les intersections des coutures de la partie arrière avec les côtés AB et BC de l'angle ABC marquent les endroits où ces coutures cessent de diminuer de largeur, et prennent celle de la couture ordinaire. On voit que cette largeur de la couture ordinaire est, dans toute l'étendue des coutures, comprises entre les côtés de l'angle ABC.

On peut voir aussi que la coupe de la bordure augmente progressivement d'une laize à l'autre en allant de l'écoute à l'amure, et qu'il en est de même pour les laizes de l'envergure en allant de l'empointure de chute arrière à celle de chute avant.

Cet exemple pourrait au besoin servir de type à une brigantine quelconque; mais afin que les élèves soient parfaitement éclairés, nous allons étudier différents cas particuliers qui peuvent se présenter, et pour faciliter les opérations nous allons tracer l'ordre dans lequel elles doivent être faites, une fois les dimensions connues.

1° On trace le triangle supérieur, qui sert, comme nous l'avons vu, à déterminer la totalité des mous et, par suite, la déduction qu'il faut faire sur la longueur de la chute arrière. Puis on termine le plan de coupe au moyen de la longueur réduite de la chute

(1) Cette opération fait que la courbure extérieure de la chute arrière, produite en principe par la différence de largeur des coutures, est encore plus prononcée.

arrière et des 96 centièmes de la diagonale et de la chute au mât, en suivant la marche que nous avons indiquée.

2° On détermine le nombre des laizes de la bordure de l'envergure et du triangle des pointes, et l'on en calcule la coupe.

3° On calcule la largeur au centre des coutures de la partie avant de la voile.

4° Avec ces éléments, on dresse le tableau de coupe qui conduit sans tâtonnement à la connaissance de la longueur de la couture voisine du milieu de l'envergure. Alors on calcule la distance de l'envergure et de la bordure aux points où les coutures de la partie de l'arrière doivent cesser de diminuer de largeur pour prendre celles de la couture ordinaire ; on termine le tableau de coupe en insérant ces distances.

Nous suivrons cet ordre dans l'exemple suivant.

2e Exemple. Supposons encore que les dimensions ci-dessous aient été prises à bord ou relevées sur le plan de voilure.

Bordure	14,75
Envergure	12,60
Chute arrière	17,60
Chute avant	10,94
Diagonale	17,15

Traçons encore le plan de coupe, afin que la marche que nous suivons soit bien comprise.

Fig. 76.

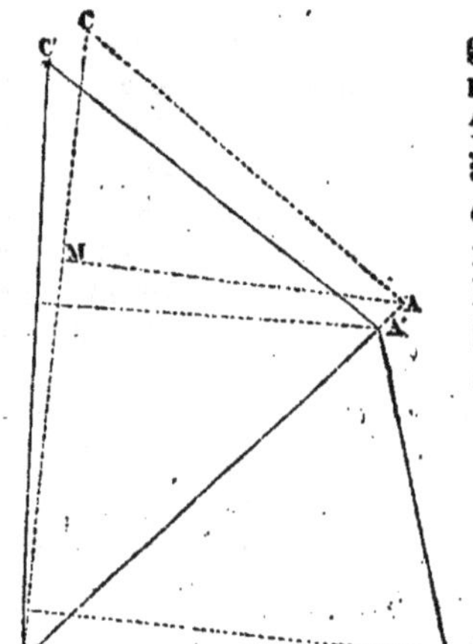

Nous traçons d'abord le triangle supérieur ABC (*fig.* 76) au moyen de la diagonale AB égale à 17,15, de l'envergure AC égale à 12,60, et de la chute arrière BC égale à 17,60. Par le point A nous abaissons AM perpendiculaire sur BC, nous en mesurons la longueur que nous trouvons égale à 11,56; à ce nombre nous ajoutons la double gaîne (0,20) et nous divisons la somme 11,76 par la largeur réduite de la laize (0,52). Nous obtenons pour quotient 22 en compte rond, dont la moitié 11 indique le nombre des laizes qui doivent avoir du mou. Nous divisons 0,18, mou de la laize de la chute arrière, par 11.

Le quotient 0,016, qui est à la fois le mou de la laize voisine du milieu et la raison de la progression, nous sert à déterminer les mous de toutes les laizes, ainsi que leur accroissement en longueur.

Ces mous et accroissements en longueur sont les suivants :

		Mous.	Accroissement correspondant.
Laize. . .	11e.	0,016	0,016
	10e.	0,032	0,048
	9e.	0,048	0,096
	8e.	0,064	0,160
	7e.	0,080	0,240
	6e.	0,096	0,336
	5e.	0,112	0,448
	4e.	0,128	0,576
	3e.	0,144	0,720
	2e.	0,160	0,880
	1re.	0,176	1,060
	Somme.	1,056	

Nous trouvons pour le mou de la 1re laize 176 millimètres au lieu de 18 centimètres que nous devrions avoir, c'est-à-dire une différence de 4 millimètres en moins qui proviennent des 4 onzièmes de millimètre que nous avons négligés à la raison. Nous ajoutons ces 4 millimètres à l'accroissement correspondant à cette laize, ce qui le rend égal à 1,06, au lieu de 1,056 qu'il aurait été.

Maintenant nous retranchons 1,06 de la longueur réelle de la chute arrière (17,60); nous obtenons pour longueur réduite 16,54 du point B comme centre, et avec cette longueur pour rayon nous décrivons un arc, ensuite nous portons les 96 centièmes de la diagonale (16,46) de B en A'; par ce dernier point et avec la longueur de l'envergure pour rayon, nous décrivons un autre arc qui coupe le premier en un point C' que nous unissons aux points A' et B. Cela fait, des points A' et B pris successivement pour centre et avec les 96 centièmes de la chute avant (10,50) et la longueur de la bordure (14,75) pour rayon, nous décrivons deux arcs qui se coupent en un point D que nous unissons encore aux points A' et B. Nous obtenons ainsi la figure DBC'A' qui est le plan de coupe.

Les principes étant toujours les mêmes, nous ne nous amuserons pas à répéter ce que nous avons déjà dit, et nous supposerons tout de suite que les éléments suivants sont fournis par le plan de coupe.

Nombre des laizes. .	de la bordure.	28,5
	de l'envergure.	22,6
	des pointes.	5,9

Coupe totale	de la bordure	2,04
	de l'envergure	4,95
	des pointes	9,55
Flèche sur couture à	la bordure	1,05
	l'envergure	0,25

Passons à la détermination de la coupe des différentes laizes qui composent la voile.

D'abord, la coupe de chaque laize des pointes s'obtient toujours en divisant la distance entre les deux perpendiculaires ou la coupe totale, par le nombre des laizes. Nous divisons donc 9,55 par 5,9, et nous obtenons 1,618 pour la coupe de chaque laize.

Opérations pour la bordure.

Coupe totale 2,040 | 28,5 nombre des laizes
0450 — 0,072 coupe moyenne
165

Flèche sur couture 1,05
Multiplié par 4
4,20 | 29,5 nombre des laizes plus 1
1,250 — 0,146 coupe ronde
1800
50

Coupe moyenne 0,072
Coupe ronde 0,146
— 0,074 coupe de l'écoute

Coupe ronde 0,146
Multiplié par 2
0,292 | 27,5 nombre des laizes moins 1
170 — 0,010 raison

RÉPARTITION DES COUPES.

Raison		0,010
Coupe de la	1e laize	—0,074
	2e	—0,064
	3e	—0,054
	4e	—0,044
	5e	—0,034
	6e	—0,024
	7e	—0,014
	8e	—0,004
	9e	+0,006
	10e	0,016
	11e	0,026
	12e	0,036
	13e	0,046
	14e	0,056
	15e	0,066
	16e	0,076
	17e	0,086
	18e	0,096
	19e	0,106
	20e	0,116
	21e	0,126
	22e	0,136
	23e	0,146
	24e	0,156
	25e	0,166
	26e	0,176
	27e	0,186
	28e	0,196
	29e p0,5	0,103
Somme des coupes	positives	2,123
	négatives	0,312
		1,811

Nous avons dit que pour connaître la coupe de la laize de l'écoute, il faut retrancher la coupe ronde de la coupe moyenne. Or, dans l'exemple qui nous occupe, la coupe ronde étant plus grande que la coupe moyenne, nous n'avons pas pu effectuer la soustraction indiquée; alors nous avons retranché la coupe moyenne de la coupe ronde, or nous avons vu que le résultat d'une soustraction dans laquelle le nombre à retrancher est plus grand que celui duquel on veut le retrancher, est négatif. Donc la coupe de la première laize est négative et nous l'affectons du signe —.

Nous remarquerons que la flèche de courbure d'une brigantine et de toute autre voile dont la courbure est extérieure à la ligne droite, est toujours considérée comme positive et que, par conséquent, la coupe ronde et la raison qui en proviennent sont aussi positives.

Nous avons dit que connaissant la coupe de la première laize, on obtient celle de la seconde en ajoutant la raison; qu'en ajoutant la raison à la coupe de la seconde laize, on a celle de la troisième et ainsi de suite. Mais nous avons vu que pour ajouter une quantité positive à une négative, il faut en faire la différence et affecter le reste du signe de celle qui numériquement est la plus grande. La coupe négative — 0,074 étant numériquement plus grande que la raison 0,010, nous avons retranché 0,010 de 0,074, ce qui nous a donné pour reste et pour la coupe de la seconde laize — 0,064. Cette quantité étant encore numériquement plus grande que la raison, nous avons encore retranché cette dernière de 0,064. Enfin nous avons retranché successivement la raison de la coupe obtenue, et nous sommes arrivé ainsi à la coupe de la huitième laize — 0,004, qui étant numériquement plus petite que la raison, nous l'avons retranchée de cette dernière, ce qui nous a donné pour reste et pour la coupe de la neuvième laize 0,006. Cette coupe étant positive, nous avons suivi la règle, c'est-à-dire, que nous lui avons ajouté la raison et nous avons obtenu 0,016 pour la coupe de la dixième laize. Nous avons déterminé la coupe des laizes suivantes en ajoutant successivement la raison jusqu'à la dernière. La 29e laize ne devant compter dans la voile que pour la moitié de sa largeur, nous avons écrit pour sa coupe 0,103, c'est-à-dire la moitié de ce qu'il aurait fallu lui donner si la laize eût été entière.

Nous rappelant que pour avoir la somme de plusieurs quantités dont les unes sont positives et les autres négatives, il faut faire séparément la somme des quantités positives, celles des quantités négatives, puis faire la différence de ces deux sommes et affecter cette différence du signe de la plus grande, nous avons fait la somme des coupes positives que nous avons trouvée égale à 2,123, de laquelle nous avons retranché celle des coupes négatives (0,312) et nous avons eu pour reste 1,811, qui exprime la somme des coupes.

Cette somme comparée avec la coupe totale (2,04) présente une différence de 229 millimètres en moins. Nous trouvons que cette différence est un peu trop grande; alors nous la divisons par le nombre des laizes, nous obtenons pour quotient 8 millimètres, que nous ajoutons aux coupes obtenues, et nous avons les coupes définitives suivantes :

Coupe de la	1re laize.	—0,066
	2e.	—0,056
	3e.	—0,046
	4e.	—0,036
	5e.	—0,026
	6e.	—0,016
	7e.	—0,006
	8e.	+0,004
	9e.	0,014
	10e.	0,024
	11e.	0,034
	12e.	0,044
	13e.	0,054
	14e.	0,064
	15e.	0,074
Somme des coupes	positives.	0,312
	négatives.	0,252
	A reporter.	0,060

	Report.	0,060
oupe de	16e laize.	0,084
	17e.	0,094
	18e.	0,104
	19e.	0,114
	20e.	0,124
	21e.	0,134
	22e.	0,144
	23e.	0,154
	24e.	0,164
	25e.	0,174
	26e.	0,184
	27e.	0,194
	28e.	0,204
	29e. pour 0,5.	0,107
	Total.	2,059

Opérations pour l'envergure.

Coupe totale 4,95 | 22,6 nombre des laizes
430 | 0,219 coupe moyenne
2040
6

Flèche sur couture 0,25
Multiplié par 4
1000 | 23,6 nombre des laizes plus 1
560 | 0,042 coupe ronde
88

Coupe moyenne 0,219
Coupe ronde 0,042
0,177 coupe de la 1re laize

Coupe ronde 0,042
Multiplié par 2
0,084 | 21,6 nombre des laizes moins 1
0,004 raison

RÉPARTITION DES COUPES.

	Raison.	0,004
Coupe de la	1re laize.	0,177
	2e.	0,181
	3e.	0,185
	4e.	0,189
	5e.	0,193
	6e.	0,197
	7e.	0,201
	8e.	0,205
	9e.	0,209
	10e.	0,213
	11e.	0,217
	12e.	0,221
	13e.	0,225
	14e.	0,229
	15e.	0,233
	16e.	0,237
	17e.	0,241
	18e.	0,245
	19e.	0,249
	20e.	0,253
	21e.	0,257
	22e.	0,261
	23e pour 0,6	0,159
	Somme.	4,977

La somme des coupes comparée avec la coupe totale, présente une différence en plus de 27 millimètres, qui proviennent de ce que nous avons un peu forcé la raison.

Maintenant déterminons la largeur au centre des coutures de l'avant.

Pour cela remarquons qu'il y a 22 coutures à l'envergure et qu'il y en aura par conséquent 11 pour la partie de l'avant. Retranchons 0,03, largeur de la couture ordinaire, de 0,055, largeur des coutures à la bordure, et divisons le reste 0,025 par 11, nous obtenons pour quotient 0,002 qui est la raison de la progression et qui nous sert à déterminer les largeurs suivantes :

1re couture de la partie avant	0,053
2e	0,051
3e	0,049
4e	0,047
5e	0,045
6e	0,043
7e	0,041
8e	0,039
9e	0,037
10e	0,035
11e	0,033

Mais remarquons que la 11e couture aura 33 millimètres de largeur au centre, tandis que d'après nos conventions, elle ne devrait avoir que 3 centimètres ; elle aura donc 3 millimètres de trop, qui proviennent de ce que nous avons négligé 3 onzièmes de millimètre à la raison. Alors pour que cette couture n'ait que la largeur convenue, nous forcerons la diminution des trois dernières de 1 millimètre chaque, et nous aurons en classant par ordre :

Largeur au centre de la	12e couture	0,030
	13e	0,033
	14e	0,036
	15e	0,039
	16e	0,041
	17e	0,043
	18e	0,045
	19e	0,047
	20e	0,049
	21e	0,051
	22e	0,053

Réunissons les éléments que nous avons obtenus et commençons le tableau de coupe.

Numéros des laizes	1	2	3	4	5	6	7	8	9	10	11	12	13	14	15
Lis arrière	16,740	16,629	16,504	16,365	16,212	16,045	15,864	15,669	15,460	15,237	15,000	14,749	14,484	14,205	13,912
Coupes. Bordure	−0,066	−0,056	−0,046	−0,036	−0,026	−0,016	−0,006	+0,004	0,014	0,024	0,034	0,044	0,054	0,064	0,074
Coupes. Envergure	0,177	0,181	0,185	0,189	0,193	0,197	0,201	0,205	0,209	0,213	0,217	0,221	0,225	0,229	0,233
Coupes. Mât	»	»	»	»	»	»	»	»	»	»	»	»	»	»	»
Sommes à retrancher des lis arrière correspondants	0,111	0,125	0,139	0,153	0,167	0,181	0,195	0,209	0,223	0,237	0,251	0,265	0,279	0,293	0,307
Différences ou lis avant sans mou	16,629	16,504	16,365	16,212	16,045	15,864	15,669	15,460	15,237	15,000	14,749	14,484	14,205	13,912	13,605
Mous, accroissements correspond^ts.	1,060	0,880	0,720	0,576	0,448	0,336	0,240	0,160	0,096	0,048	0,016	»	»	»	»
Sommes ou lis avant avec mous	17,689	17,384	17,085	16,788	16,493	16,200	15,909	15,620	15,333	15,048	14,765	14,484	14,205	13,912	13,605
Largeur au centre des coutures	0,030	0,030	0,030	0,030	0,030	0,030	0,030	0,030	0,030	0,030	0,030	0,030	0,033	0,036	0,039
Distances de l'envergure et de la bordure aux points où les coutures de la partie arrière prennent la largeur de la couture ordinaire															

Numéros des laizes	16	17	18	19	20	21	22	Env. 0,6 Mât. 0,4 23	24	25	26	27	28	29 0,5	
Lis arrière	13,605	13,284	12,949	12,600	12,237	11,860	11,469	11,064	10,104	8,322	6,530	4,728	2,916	1,094	»
Coupes. Bordure	0,084	-0,094	0,104	0,114	0,124	0,134	0,144	0,154	0,164	0,174	0,184	0,194	0,204	0,107	»
Coupes. Envergure	0,237	0,241	0,245	0,249	0,253	0,257	0,261	0,159	»	»	»	»	»	»	»
Coupes. Mât	»	»	»	»	»	»	»	0,647	1,618	1,618	1,618	1,618	1,618	0,809	»
Sommes à retrancher des lis arrière correspondants	0,321	0,335	0,349	0,363	0,377	0,391	0,405	0,960	1,782	1,792	1,802	1,812	1,822	0,916	»
Différences ou lis avant sans mou	13,284	12,949	12,600	12,237	11,860	11,469	11,064	10,104	8,322	6,530	4,728	2,916	1,094	0,178	»
Mous, accroissements correspond^ts.	»	»	»	»	»	»	»	»	»	»	»	»	»	»	»
Sommes ou lis avant avec mous	13,284	12,949	12,600	12,237	11,860	11,469	11,064	10,104	8,322	6,530	4,728	2,916	1,094	0,178	»
Largeur au centre des coutures	0,041	0,043	0,045	0,047	0,049	0,051	0,053	0,055	0,055	0,055	0,055	0,055	0,055	0,055	
Distance de l'envergure et de la bordure aux points où les coutures de la partie arrière prennent la largeur de la couture ordinaire															

La 23e laize devant fournir les 6 dixièmes de sa largeur à l'envergure et 4 dixièmes à la chute au mât, nous avons écrit pour la coupe des 6 dixièmes de l'envergure 0,159, c'est-à-dire les 6 dixièmes de la coupe qu'aurait eue cette laize si elle eût été entière. La même considération s'applique à la coupe des 4 dixièmes de cette laize qui font partie de la chute avant.

Pour terminer, il nous reste à calculer les distances de l'envergure et de la bordure aux points où les différentes coutures de la partie de l'arrière cessent de diminuer de largeur pour prendre celle de la couture ordinaire, et insérer ces distances dans le tableau de coupe.

Pour cela prenons la moitié de la longueur du lis avant de la 12e laize (7,24) ; retranchons de cette quantité 1,76, dixième de la longueur de la chute arrière, et divisons le reste (5,48) par 11, nombre des coutures de la partie de l'arrière. Nous trouvons 0,49 pour quotient, qui exprime la raison de la progression et qui nous sert à déterminer les distances suivantes :

Raison	0,49
Sur la 1re couture	1,76
— 2e	2,25
— 3e	2,74
— 4e	3,23
— 5e	3,72
— 6e	4,21
— 7e	4,70
— 8e	5,19
— 9e	5,68
— 10e	6,17
— 11e	6,66

Ces distances insérées dans le tableau précédent, on aura le tableau définitif suivant :

Tableau de coupe d'une brigantine avec coupes négatives à l'écoute et fraction de laize à l'envergure et à la bordure.

Numéros des laizes	1	2	3	4	5	6	7	8	9	10	11	12	13	14	15
Lis arrière	16,740	16,629	16,504	16,365	16,212	16,045	15,864	15,669	15,460	15,237	15,000	14,749	14,484	14,205	13,912
Coupes. Bordure	−0,066	−0,056	−0,046	−0,036	−0,026	−0,016	−0,006	+0,004	0,014	0,024	0,034	0,044	0,054	0,064	0,074
Coupes. Envergure	0,177	0,181	0,185	0,189	0,193	0,197	0,201	0,205	0,209	0,213	0,217	0,221	0,225	0,229	0,233
Coupes. Mât	»	»	»	»	»	»	»	»	»	»	»	»	»	»	»
Sommes à retrancher des lis arrière correspondants	0,111	0,125	0,139	0,153	0,167	0,181	0,195	0,209	0,223	0,237	0,251	0,265	0,279	0,293	0,307
Différences ou lis avant sans mou	16,629	16,504	16,365	16,212	16,045	15,864	15,669	15,460	15,237	15,000	14,749	14,484	14,205	13,912	13,605
Mous, accroissements correspondants	1,060	0,880	0,720	0,576	0,448	0,336	0,240	0,160	0,096	0,048	0,016	»	»	»	»
Sommes ou lis avant avec mous	17,689	17,384	17,085	16,788	16,493	16,200	15,909	15,620	15,333	15,048	14,765	14,484	14,205	13,912	13,605
Largeur au centre des coutures	0,030	0,030	0,030	0,030	0,030	0,030	0,030	0,030	0,030	0,030	0,030	0,030	0,033	0,036	0,039
Distances de l'envergure et de la bordure aux points où les coutures de la partie arrière prennent la largeur de la couture ordinaire	1,760	2,250	2,740	3,230	3,720	4,210	4,700	5,190	5,680	6,170	6,660	»	»	»	»

Numéros	16	17	18	19	20	21	22	Env. 0,6 Mât 0,4 23	24	25	26	27	28	29 0,5	
Lis arrière	13,605	13,284	12,949	12,600	12,237	11,860	11,469	11,064	10,104	8,322	6,530	4,728	2,916	1,094	»
Coupes. Bordure	0,084	0,094	0,104	0,114	0,124	0,134	0,144	0,154	0,164	0,174	0,184	0,194	0,204	0,107	»
Coupes. Envergure	0,237	0,241	0,245	0,249	0,253	0,257	0,261	0,159	»	»	»	»	»	»	»
Coupes. Mât	»	»	»	»	»	»	»	0,647	1,618	1,618	1,618	1,618	1,618	0,809	»
Sommes à retrancher des lis arrière correspondants	0,321	0,335	0,349	0,363	0,377	0,391	0,405	0,960	1,782	1,792	1,802	1,812	1,822	0,916	»
Différences ou lis avant sans mou	13,284	12,949	12,600	12,237	11,860	11,469	11,064	10,104	8,322	6,530	4,728	2,916	1,094	0,178	»
Mous, accroissements correspondants	»	»	»	»	»	»	»	»	»	»	»	»	»	»	»
Sommes ou lis avant avec mous	13,284	12,949	12,600	12,237	11,860	11,469	11,064	10,104	8,322	6,530	4,728	2,916	1,094	0,178	»
Largeur au centre des coutures	0,041	0,043	0,045	0,047	0,049	0,051	0,053	0,055	0,055	0,055	0,055	0,055	0,055	»	»
Distances de l'envergure et de la bordure aux points où les coutures de la partie arrière prennent la largeur de la couture ordinaire	»	»	»	»	»	»	»	»	»	»	»	»	»	»	»

Largeur des coutures à la bordure. . . . 0,055
Largeur des coutures à l'envergure. . . . 0,050
Gaînes. 0,10

Dimensions de la voile assemblée. . . . . . :
- Envergure. . . . 12,60
- Bordure. 14,75
- Chute avant. . . 10,50
- Chute arrière. . 17,60
- Diagonale. . . . 16,46

Nous ne donnerons pas d'autres exemples pour la coupe d'une brigantine, parce que les deux que nous avons exposés résument tous les cas qui peuvent se présenter.

Si l'on a étudié avec attention les principes que nous venons d'exposer, reproduits dans la figure de la planche G, on a dû remarquer que toutes les parties de la voile concourent avec harmonie au but qu'on doit atteindre dans toute voile destinée à servir sous l'allure du plus près du vent. Ces principes étant nouveaux, ne sont pas confirmés par une longue expérience ; malgré cela, les bons résultats que nous avons obtenus dans les quelques brigantines que nous avons été à même de couper en les suivant, nous font avancer, sans crainte, que toutes celles qu'on coupera d'après ces mêmes principes seront dans de bonnes conditions.

VOILES A BOURCET, DE LOUGRES, DE GOELETTES, ETC.

Les principes que nous venons d'appliquer aux brigantines sont aussi applicables aux voiles d'embarcations dites à bourcet, et en général à toutes voiles de la forme du quadrilatère irrégulier dont la bordure n'est pas soutenue par une ralingue.

Ces mêmes principes sont pareillement applicables aux voiles de même forme dont la bordure est soutenue par une forte ralingue, telles que voiles à goëlette, artimons etc. ; seulement, dans ces sortes de voiles, le rond de la bordure est beaucoup plus petit ; on ne donne à la flèche sur couture que la grandeur strictement nécessaire pour qu'une fois les laizes assemblées, la bordure soit en ligne droite ; cette grandeur peut varier de 15 millimètres à 2 centimètres par mètre de longueur de la bordure. Il en est de même pour la flèche de courbure de l'envergure.

L'élargissement des coutures à la bordure est le même que celui de l'envergure, et ce dernier est déterminé d'après les règles établies pour les brigantines. Telles sont les seules différences qui doivent exister entre les voiles dont nous venons de faire mention et les brigantines. Pour tout le reste : construction du triangle supérieur, plan de coupe, largeur au centre des coutures etc., on opérera absolument de la même manière que pour les brigantines.

Les bonnettes n'étant pas des voiles de plus près, font exception à cette règle ; elles doivent toujours être coupées planes, c'est-à-dire, sans mou dans les laizes, ni différence de largeur dans les coutures, en un mot, telles qu'on en aura relevé les dimensions.

DES FOCS COURBES.

On distingue deux espèces de focs courbes. Dans la première on comprend tous les clin-focs en général, et les grands focs des petits bâtiments. Dans la seconde sont classés tous les autres focs indistinctement. Il suit de là que tous les focs peuvent recevoir le nom de *focs courbes*. Ce nom leur est donné, parce que leur ligne de bordure et d'envergure sont coupées courbes. Dans tous les focs les coutures doivent être élargies à la bordure.

Dans les focs de la première espèce, la bordure n'est pas soutenue par une ralingue, ce qui fait que la courbure, soit de l'envergure, soit de la bordure, doit être très-prononcée; la flèche de bordure se mesure sur couture et varie de 7 à 9 centimètres par mètre de longueur de la ligne droite. La flèche d'envergure se mesure suivant une perpendiculaire à la ligne droite et sa grandeur varie de 3 à 5 centimètres par mètre de longueur de cette ligne. Cette flèche doit être dans le prolongement de la direction de l'écoute, c'est-à-dire entre le tiers et le quart de la longueur de la ligne droite à partir du point d'amure.

Dans les focs de la 2ᵉ espèce, la bordure est soutenue par une forte ralingue, ce qui fait qu'une légère courbure suffit. La grandeur de la flèche de la bordure, comme celle de l'envergure, varie de 15 millimètres à 2 centimètres par mètre de longueur de la ligne droite correspondante. Ces flèches sont mesurées de la même manière que celles des focs de la première espèce, c'est-à-dire, la première suivant la direction des coutures, et la seconde suivant une perpendiculaire à la ligne droite.

La flèche de l'envergure est aussi portée entre le tiers et le quart de la longueur de la ligne droite à partir du point d'amure.

La différence entre la grandeur relative de la courbure des focs de la première espèce et celle des focs de la deuxième, entraîne une différence dans la grandeur de l'élargissement de leurs coutures respectives. Il en est de même de la grandeur des mous correspondants.

Dans les focs de la première espèce, l'élargissement des coutures pourra varier de 25 à 35 millimètres, et l'on prendra pour base des mous 7 millimètres par mètre de longueur de la chute arrière.

Dans les focs de la deuxième espèce, l'élargissement des coutures pourra varier de 1 à 2 centimètres, et l'on prendra pour base des mous 5 millimètres par mètre de longueur de la chute arrière.

Les coutures diminueront de largeur en avançant vers leur centre et prendront celle de la couture ordinaire à une distance de la bordure variable de $1^m,50$ à 2 mètres. Les mous ne seront appliqués que sur les trois quarts inférieurs de la longueur des coutures.

Les variations entre les grandeurs dont nous avons fait mention, soit dans les focs de la première espèce, soit dans ceux de la deuxième, sont relatives à l'inclinaison de la draille de ces focs, c'est-à-dire que dans un foc où la draille sera beaucoup inclinée à l'horizon, les ronds d'envergure et de bordure, ainsi que l'élargissement des coutures, seront plus grands que dans un autre foc de même espèce, dont la direction de la draille sera plus approchée de la verticale.

Ce qui précède entendu, passons au calcul de l'un de ces focs. Nous le prendrons de première espèce, et tel que nous puissions appliquer le maximum des données dont nous venons de faire mention.

Soit donc un clin-foc de 10 mètres de bordure, 22 mètres d'envergure et 16 mètres de chute arrière.

D'après ce que nous avons dit, la largeur des coutures à la bordure sera égale à la largeur de la couture ordinaire (0,025) augmentée de 0,035, ou égale à 0,06. Maintenant remarquons que si nous cherchons le nombre des laizes en divisant la longueur de la perpendiculaire, que nous abaisserions du point d'amure sur la direction de la chute arrière, par 0,51, largeur réduite de la laize, la longueur de l'envergure sera trop grande puisque la largeur des coutures de cette partie ne devant être que de 0,025, la largeur effective des laizes sera plus grande qu'à la bordure. D'un autre côté, si nous déterminons le nombre des laizes en supposant leur largeur réduite de celle de la couture ordinaire seulement, et si ensuite nous élargissons les coutures à la bordure, il est évident qu'alors la longueur de la bordure sera trop petite. Pour obvier à ces inconvénients, il faut donner à la bordure une longueur proportionnellement plus grande, c'est-à-dire qu'il faut augmenter sa longueur primitive d'une quantité égale à celle dont, plus tard, l'élargissement des coutures sera capable de la diminuer, et afin que calculant d'abord le nombre des laizes en supposant leur largeur diminuée de celle de la couture ordinaire seulement, on arrive à la vraie longueur de la bordure, en élargissant les coutures de cette partie de la quantité voulue.

Fig. 77.

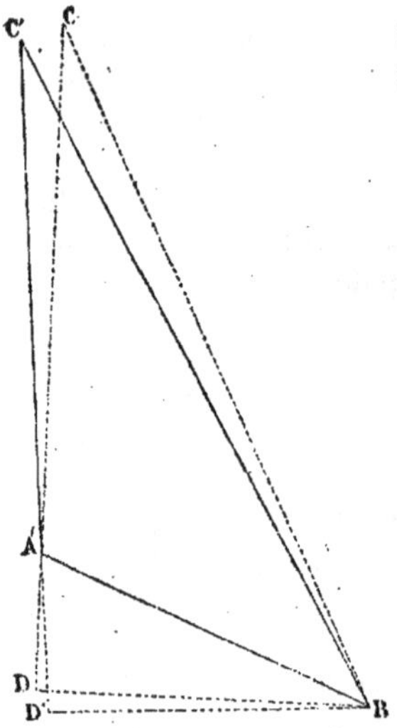

Pour cela il faut multiplier la longueur vraie de la bordure par la largeur de la toile diminuée de celle de la couture ordinaire, et diviser le produit par la largeur réduite après l'élargissement des coutures. Le quotient exprimera la longueur qu'il faudra donner à la bordure dans le plan de la coupe (1).

Dans le cas présent, il faut donc multiplier 10,00 par 0,545 et diviser le produit (5,45) par 0,51 ; nous obtenons 10,68 qui exprime la longueur que nous aurons à donner à la bordure sur le plan de coupe.

Traçons donc le foc avec la nouvelle dimension de la bordure et soit ABC (*fig.* 77) le plan qui en résulte. Nous avons là un acheminement vers le plan de coupe ; mais ce n'est pas tout, et pour le terminer,

---

(1) Soit A'B la longueur qu'il faut donner à la bordure pour qu'une fois les coutures élargies elle devienne égale à sa vraie longueur AB. Par le point A' menons A'D' parallèle à AD. Les deux triangles A'BD' et ABD donnent les relations $\frac{A'B}{AB} = \frac{D'B}{DB}$. Or il est évident que le nombre de laizes de 0,51 de largeur contenu dans DB est égal au nombre de laizes de 0,545 de largeur contenu dans D'B. Donc, en représentant par N ce nombre de laizes, nous aurons $N \times 0,51 = DB$ et $N \times 0,545 = D'B$. Remplaçons dans l'égalité ci-dessus les deux termes du second rapport par leur valeur, il vient $\frac{A'B}{AB} = \frac{N \times 0,545}{N \times 0,51}$, ou, en divisant par N, $\frac{A'B}{AB} = \frac{0,545}{0,51}$, d'où $A'B = \frac{AB \times 0,545}{0,51}$; mais AB est la longueur vraie de la bordure. Donc, etc.

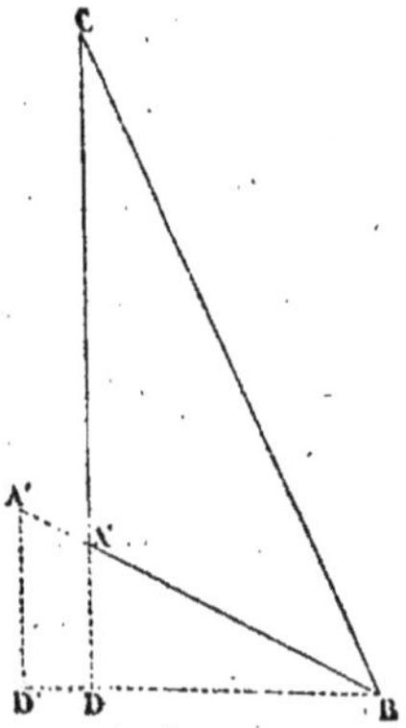

il faut encore connaître de combien la longueur de la chute arrière doit être diminuée. Nous savons que cette quantité doit être égale à la somme des mous. Déterminons donc cette somme.

Pour cela, du point d'amure B menons BD perpendiculaire à la chute arrière, et divisons la longueur de cette perpendiculaire, que nous supposerons égale à 10,05, par 0,545, largeur de la laize diminuée de la couture ordinaire; nous trouvons pour quotient 18 en compte rond, et nous décidons qu'il y aura 9 laizes qui recevront du mou. Nous multiplions la longueur de la chute arrière (16 mètres) par 0,007, nous obtenons pour produit 0,11 qui exprime le mou à donner à la laize de la chute arrière et qui étant divisé par 9, donne pour raison 0,012.

Les mous à donner aux différentes laizes ainsi que l'accroissement en longueur de ces mêmes laizes, seront donc les suivants :

		Mous.	Accroissement en longueur.
Laizes.	1re	0,108	0,540
	2e	0,096	0,432
	3e	0,084	0,336
	4e	0,072	0,252
	5e	0,060	0,180
	6e	0,048	0,120
	7e	0,036	0,072
	8e	0,024	0,036
	9e	0,012	0,012
Somme des mous.		0,540	

dont la somme (0,540) étant retranchée de 16,00, donne pour reste 15,46 qui exprime la longueur réduite de la chute arrière.

Alors des points d'écoute et d'amure A et B, pris successivement pour centre et avec les rayons 15,46 et 22,00, nous décrivons deux arcs qui se coupent en un point C′ que nous unissons aux points A et B. Nous obtenons ainsi le plan de coupe C′AB.

Nous n'avons plus maintenant qu'à déterminer exactement le nombre des laizes et la coupe à donner à chacune d'elles, tant à la bordure qu'à l'envergure.

Nombre des laizes. Par le point B, menons BD′ perpendiculaire à la nouvelle chute arrière C′A. Ajoutons 10 centimètres à 9,85, longueur de la perpendiculaire, et divisons la somme (9,95) par 0,545, largeur réduite de la laize; nous obtenons pour quotient 18,2, qui exprime le nombre de celles qui doivent entrer dans le foc.

Coupes de la bordure. Supposons que la distance D′A, du pied de la perpendiculaire au point d'écoute, soit égale à 4,20. Le procédé à suivre étant absolument le même que celui que nous avons suivi pour la bordure d'une brigantine, nous ne répéterons pas ce que nous avons déjà dit; nous déterminerons tout de suite la flèche sur couture (0,90), en multipliant la longueur de la bordure (10 mètres) par 0,09, et nous effectuerons directement les opérations.

Opérations.

Coupe totale —4,20 | 18,2 nombre des laizes
560 —0,230 coupe { moyenne / négative
140

Flèche sur couture 0,90
Multiplié par 4
3,60 | 19,2 nombre des laizes plus 1
1,680 0,187 coupe ronde
1,440
96

Coupe moyenne —0,230
Coupe ronde 0,187
—0,417 coupe de l'écoute

Coupe ronde 0,187
Multiplié par 2
+0,374 | 17,2 nombre des laizes plus 1
300 0,021 raison
128

		COUPES.
Raison		0,021
Laize	1re	— 0,417
	2e	— 0,396
	3e	— 0,375
	4e	— 0,354
	5e	— 0,333
	6e	— 0,312
	7e	— 0,291
	8e	— 0,270
	9e	— 0,249
	10e	— 0,228
	11e	— 0,207
	12e	— 0,186
	13e	— 0,165
	14e	— 0,144
	15e	— 0,123
	16e	— 0,102
	17e	— 0,081
	18e	— 0,060
	19e . . pour 0,2	— 0,007
Somme		— 4,300

Nous avons dit que la courbe extérieure d'une voile quelconque est toujours positive, et que, par suite, la coupe ronde et la raison qui en découlent le sont aussi. C'est pourquoi, nous rappelant les principes sur les quantités négatives, nous avons ajouté la coupe ronde à la coupe moyenne au lieu de la retrancher, attendu que la coupe moyenne est négative; ce qui nous a donné pour coupe de la première laize la quantité négative — 0,417. Nous avons, par la même raison, déterminé la coupe des différentes laizes en procédant par voie de soustraction, et nous avons trouvé que toutes ces coupes étaient négatives.

La somme des coupes (4,30) comparée avec la coupe totale (4,20) présente une différence en plus de 10 centimètres. Dans les exemples précédents, lorsque entre la somme des coupes et la coupe totale nous avons trouvé une différence en moins, nous avons dit que cette différence en moins serait en plus sur la longueur du lis avant de la laize de l'amure. Or ici la différence étant en plus, pour être conséquent, il semblerait que nous devrions dire que cette différence se trouvera en moins sur la longueur du lis avant de la laize de l'amure ; mais dans les exemples précédents la somme des coupes était positive, tandis qu'ici elle est négative ; le résultat doit donc être pris dans un sens différent. Donc la différence que présente la somme des coupes sur la coupe totale sera aussi en plus sur la longueur du lis avant de la laize de l'amure.

Coupe de l'envergure. En ajoutant 4,20, coupe totale de la bordure, à 15,46, longueur réduite de la chute arrière, la somme 19,66 exprime la coupe totale de l'envergure.

Nous avons dit que la flèche de l'arc devait être mesurée suivant une perpendiculaire à la ligne droite, parce qu'à cause de la grande obliquité des coutures par rapport à cette ligne, la différence entre cette flèche et la flèche correspondante sur couture est trop grande, et nous ne pourrions pas prendre l'une pour l'autre ; mais il ne faut pas moins connaître la grandeur de la flèche sur couture pour déterminer la coupe de chaque laize.

Connaissant la longueur de la flèche de l'arc perpendiculaire à la ligne droite, pour connaître la longueur de la flèche sur couture correspondante, il faut multiplier la flèche de l'arc par la longueur de l'envergure et diviser le produit par la longueur du droit fil du foc, qui n'est autre chose que la perpendiculaire abaissée du point d'amure sur la direction de la chute arrière (1).

Multiplions donc 1,10 flèche de l'arc par 22 mètres, longueur de l'envergure, et divisons le produit 24,20 par 9,85. Le quotient (2,45) exprime la longueur de la flèche sur couture.

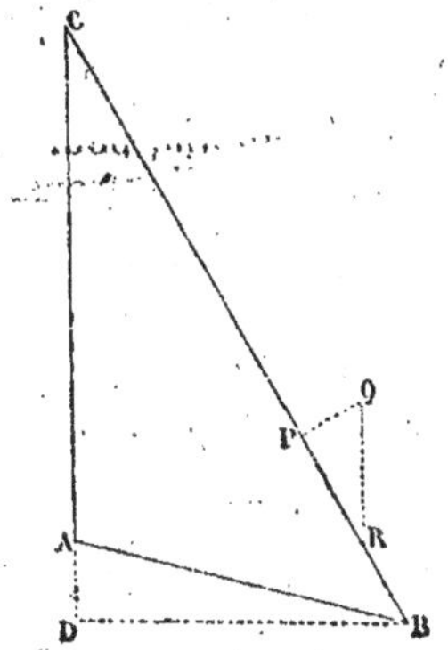

(1) Soit ABC le foc, CB la longueur de l'envergure et DB celle de la perpendiculaire. En un point quelconque P, pris sur la ligne droite de l'envergure, menons une perpendiculaire PQ égale à la longueur de la flèche de l'arc. Par le point Q menons QR parallèle à la chute arrière CA. Les deux triangles PQR et DBC sont semblables et donnent la relation

$$\frac{QR}{PQ} = \frac{CB}{DB}, \quad \text{d'où} \quad QR = \frac{PQ \times CB}{DB}.$$

Mais QR est la flèche sur couture correspondante à PQ. Donc, etc.

Nous avons dit que la flèche de l'arc, c'est-à-dire la plus grande distance de la ligne droite à la ligne courbe de l'envergure, doit être entre le tiers et le quart de la longueur de l'envergure, à partir du point d'amure.

Afin de rendre les opérations aussi simples que possible, pour arriver à ce résultat, voici la manière dont nous procédons :

Nous plaçons toujours la flèche de l'arc sur une laize. Pour connaître le rang ou la place que doit occuper cette laize dans le foc, nous prenons une moyenne entre le tiers et le quart de la coupe totale; de cette moyenne nous en retranchons la flèche sur couture et nous divisons le reste par la coupe moyenne. Le quotient exprime le nombre des laizes qui doivent être placées sur l'avant de la laize en question, et son rang est ainsi déterminé.

La coupe totale du foc qui nous occupe étant égale à 19,66, le tiers est de 6,55 et le quart de 4,91 ; la moyenne est donc 5,73. Retranchons de 5,73 la flèche sur couture (2,45), et divisons le reste (3,28) par la coupe moyenne (1,08).

Nous obtenons 3 pour quotient, qui exprime le nombre des laizes qui doivent être placées sur l'avant de celle qui doit recevoir la flèche de l'arc. Mais comme le nombre total des laizes est de 18 et 2 dixièmes, nous décidons qu'il y en aura 3 et 2 dixièmes sur l'avant et 14 sur l'arrière. La flèche de l'arc sera donc sur la quinzième laize.

Fig. 78.

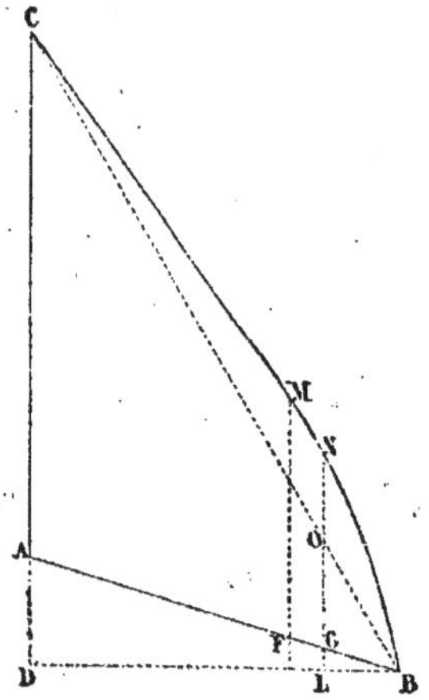

Pour ne pas confondre les laizes placées sur l'avant avec celles placées sur l'arrière, nous appellerons les premières, laizes de la partie avant, et les secondes, laizes de la partie arrière.

Pour déterminer la coupe particulière de chaque laize, nous pourrions faire usage des principes que nous avons suivis pour la bordure des brigantines; mais ici la flèche de l'arc n'étant pas au milieu, il nous faudrait entrer dans des combinaisons qui nous mèneraient trop loin ; nous pouvons arriver plus directement à la solution par les considérations suivantes :

Soit ABC (*fig.* 78) la forme du foc, BD la perpendiculaire

abaissée du point d'amure sur la direction de la chute arrière, COB la ligne droite de l'envergure et CMNB la ligne courbe. Soit MFGN la quinzième laize, c'est-à-dire celle qui doit recevoir la flèche sur couture ; comme dans les brigantines, la coupe de cette laize sera égale à la coupe moyenne.

Pour connaître la coupe des laizes contenues dans le triangle NGB, c'est-à-dire des laizes de la partie avant, remarquons que si l'envergure devait passer par le point O, ou, en d'autres termes, si l'envergure devait avoir la direction de la ligne droite BC, le nombre des laizes contenues dans le triangle NGB étant le même que celui du triangle OGB, la somme des coupes de ces laizes serait égale à OL ; mais l'envergure devant passer par le point N, la somme des coupes sera égale à NL ; elle augmentera donc de la flèche sur couture ON, et cette quantité devra être répartie progressivement, puisque la ligne de l'envergure est courbe. Donc il suffit de connaître la raison de la progression pour déterminer la coupe particulière de chaque laize de la partie avant ; car connaissant la raison, en l'ajoutant à la coupe moyenne qui est celle de la quinzième laize, nous aurons la coupe de la seizième ; de même, en ajoutant la raison à la coupe de la seizième laize, nous aurons celle de la dix-septième, et ainsi de suite.

Supposons donc que la raison soit 1, la coupe de la seizième laize sera égale à la coupe moyenne augmentée de 1, la coupe de la dix-septième laize sera égale à la coupe moyenne augmentée de 2, et ainsi de suite. Si la somme de toutes ces augmentations est égale à la flèche sur couture, on en conclura que les coupes obtenues sont les véritables. Dans le cas contraire, on divisera la flèche sur couture par la somme des augmentations supposées, et le quotient sera la raison de la progression.

En raisonnant d'une manière analogue sur la somme des coupes des quatorze laizes comprises entre la ligne de chute arrière et la quinzième laize, on conclura que cette somme doit diminuer de la même quantité ON, et que cette diminution doit aussi être répartie progressivement.

Maintenant effectuons les opérations. Dans la pratique, on les dispose de la manière suivante :

Opérations.

POUR LES LAIZES DE LA PARTIE AVANT.

		Augmentations supposées sur la coupe moyenne.
Laize	16e	1
	17e	2
	18e	3
	19e. pour 0,2	0,8
	Somme	6,8

Flèche sur couture 2,45 | 6,8 somme des augmentations supposées
410 0,360 raison
20

POUR LES LAIZES COMPRISES ENTRE LA CHUTE ARRIÈRE ET LA 15e.

		Diminutions supposées.
Laize	14e	1
	13e	2
	12e	3
	11e	4
	10e	5
	9e	6
	8e	7
	7e	8
	6e	9
	5e	10
	4e	11
	3e	12
	2e	13
	1re	14
	Somme	105

Flèche sur couture 2,45 | 105 somme des diminutions supposées
350 0,023 raison
35

Maintenant que nous connaissons la raison de la progression des coupes de la partie arrière et celle des coupes de la partie avant, pour déterminer la coupe particulière des différentes laizes de chacune de ces parties, multiplions la raison de la progression des coupes de la partie arrière (0,023) par 14, nombre des laizes comprises entre celle sur laquelle est située la flèche sur couture et la chute arrière, nous obtenons pour produit 0,322; retranchant ce produit de la coupe moyenne (1,080), le reste 0,758 exprime la coupe de la laize de la chute arrière. En agissant ainsi, nous déterminerons la coupe des différentes laizes par voie d'addition, et nous aurons :

Coupes des laizes.

Raison de la partie arrière. . . . . . 0,023.

Laize	1re	0,758
	2e	0,781
	3e	0,804
	4e	0,827
	5e	0,850
	6e	0,873
	7e	0,896
	8e	0,919
	9e	0,942
	10e	0,965
	11e	0,988
	12e	1,011
	13e	1,034
	14e	1,057
	15e. (coupe moyenne)	1,080
	A reporter	13,785

	Report		13,785
Raison de la partie arrière		0,360.	
Laize	16e		1,440
	17e		1,800
	18e		2,160
	19e. pour 0,2		0,504
	Somme des coupes		19,689

Nous avons obtenu la coupe des laizes de la partie arrière en ajoutant successivement la raison de cette partie, ce qui nous a conduit à la coupe de la quinzième laize, égale à la coupe moyenne (1,080) ; alors nous avons abandonné la raison de la partie arrière et nous avons pris celle de la partie avant (0,360). Cette raison ajoutée à la coupe moyenne nous a donné la coupe de la seizième laize; et en ajoutant successivement la raison, nous avons déterminé les coupes des dix-septième, dix-huitième et dix-neuvième laize. Cette dernière n'entrant dans la voile que pour les deux dixièmes de sa largeur, nous n'avons écrit que les deux dixièmes de la coupe qu'il aurait fallu lui donner si elle eût été entière.

On voit que la coupe des laizes de l'envergure d'un foc courbe est déterminée au moyen de deux progressions.

La somme des coupes (19,689), comparée avec la coupe totale (19,66), présente une différence en plus de 0,029. Cette différence, comme on peut s'en rendre compte, provient de ce que nous avons négligé à la raison de la partie arrière un tiers de millimètre, et qu'ainsi la quantité que nous avons retranchée de la coupe moyenne pour avoir la coupe de la première laize était trop petite. La somme des coupes de l'envergure étant positive, l'excès de cette somme sur la coupe totale se trouvera en moins sur la longueur du lis avant de la laize de l'amure; mais nous avons déjà dit qu'à cause des 10 centimètres trouvés en plus dans la somme des coupes de la bordure, le lis avant de la laize de l'amure devait être trop grand de cette même quantité. Donc ce lis avant sera encore trop grand de la différence, c'est-à-dire de 71 millimètres.

Nous pouvons maintenant recueillir tous les éléments que nous avons obtenus et dresser le tableau de coupe.

NUMÉROS DES LAIZES.	1	2	3	4	5	6	7	8	9	10	11	12	13	14	15	16	17	18	19 0,2
Lis arrière.	15,660	15,319	14,954	14,505	14,032	13,515	12,954	12,349	11,700	11,007	10,270	9,489	8,664	7,795	6,882	5,925	4,587	2,868	0,768
Coupes. Bordure. . .	-0,417	-0,396	-0,375	-0,354	-0,333	-0,312	-0,291	-0,270	-0,249	-0,228	-0,207	-0,186	-0,165	-0,144	-0,123	-0,102	-0,081	-0,060	-0,007
Coupes. Envergure..	0,758	0,781	0,804	0,827	0,850	0,873	0,896	0,919	0,942	0,965	0,988	1,011	1,034	1,057	1,080	1,440	1,800	2,160	0,504
Sommes à retrancher des lis arrière correspondants. . . .	0,341	0,385	0,429	0,473	0,517	0,561	0,605	0,649	0,693	0,737	0,781	0,825	0,869	0,913	0,957	1,338	1,719	2,100	0,497
Différences ou lis avant sans mou. . .	15,319	14,934	14,505	14,032	15,515	12,954	12,349	11,700	11,007	10,270	9,489	8,664	7,795	6,882	5,925	4,587	2,868	0,768	0,271
Mous, accroissements correspondants. . .	0,540	0,432	0,336	0,252	0,180	0,120	0,072	0,036	0,012	»	»	»	»	»	»	»	»	»	»
Sommes ou lis avant avec mou.	15,859	15,366	14,841	14,284	13,695	13,074	12,421	11,736	11,019	10,270	9,489	8,664	7,795	6,882	5,925	4,587	2,868	0,768	0,271

Largeur des coutures à la bordure. . . 0,06
Hauteur des coutures à la bordure. . . 1,80
Gaines. 0,10

Dimensions de la voile assemblée, gaînes faites.

Envergure. 22,00
Bordure. 10,00
Chute arrière. 16,00

Nous remarquerons que, comme dans la coupe des laizes de la partie de l'arrière, la raison est peu sensible, on peut ne changer la coupe que de deux en deux laizes. On évitera ainsi de rafraîchir la coupe à chaque laize, et, de plus, la courbe sera un peu moins prononcée dans son étendue comprise entre la laize sur laquelle est située la flèche et le point de drisse.

Dans ce cas, pour déterminer la raison, il faut s'assurer si le nombre des laizes comprises entre celle sur laquelle est la flèche de l'arc et le point de drisse est pair ou impair.

Si le nombre des laizes est pair, on divise la flèche sur couture par le produit que l'on obtient en multipliant la moitié du nombre des laizes par cette même moitié, augmentée d'une unité. Si le nombre des laizes est impair, on exécute la même opération sur le nombre pair immédiatement inférieur. Alors il y a deux laizes qui ont la coupe moyenne : celle sur laquelle est la flèche de l'arc et la laize immédiatement supérieure, si nous appliquons ce principe à l'exemple ci-dessus.

Nous diviserons la flèche sur couture (2,45) par 56, produit de 7, moitié du nombre des laizes par 8, moitié plus 1, et nous aurons 0,043 pour raison ; puis multipliant la raison par 7, et retranchant le produit (0,301) de la coupe moyenne (1,080), le reste (0,779) exprimera la coupe de la première laize ainsi que celle de la seconde.

Les coupes des laizes de la partie arrière seraient donc les suivantes :

	Raison.	0,043
Coupe de la	1re laize.	0,779
	2e.	0,779
	3e.	0,822
	4e.	0,822
	5e.	0,865
	6e.	0,865
	7e.	0,908
	8e.	0,908
	9e.	0,951
	10e.	0,951
	11e.	0,994
	12e.	0,994
	13e.	1,037
	14e.	1,037
	15e. . . . . (coupe moyenne).	1,080

L'exemple que nous venons de traiter sur la coupe d'un foc courbe pourrait suffire ; mais pour qu'il ne reste aucun doute sur la marche à suivre dans tous les cas, nous allons en donner un autre auquel nous appliquerons le dernier principe que nous venons d'exposer.

Soit un foc de 7,15 de bordure, de 14,30 d'envergure et de 11,50 de chute arrière.

Nous supposerons encore que ce soit un foc de première espèce; et comme la draille est peu inclinée, nous n'élargirons les coutures que de 0,025, ce qui portera leur largeur effective à 0,05, et conséquemment la largeur réduite de la laize à 0,52.

Calcul pour connaître la longueur à donner à la bordure sur le plan de coupe.

Longueur vraie de la bordure	7,150	
Multiplié par.	0,545	largeur de la laize à l'envergure
	3 575	
	28 60	
	357 5	
	389 675	0,52 largeur réduite de la laize à la bordure
	25 6	7,49 longueur à donner à la bordure
	4 87	
	19	

La longueur qu'il faut donner à la bordure est donc 7,49.

Soit ABC (*fig.* 79) le plan du foc résultant des dimensions de

Fig. 79.

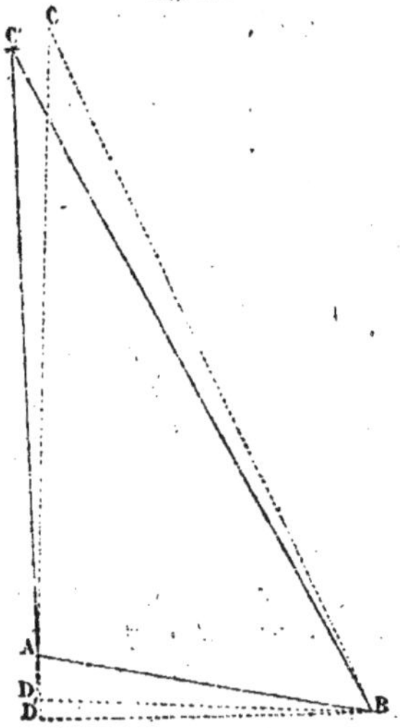

l'envergure et de la chute arrière, données plus haut, et de celle que nous venons de calculer pour la bordure.

Par le point d'amure B, menons BD perpendiculaire sur la chute arrière AC, et soit 7,45 sa longueur. Divisons 7,45 par 0,545, largeur réduite de la laize à l'envergure, nous obtenons pour quotient 13 en compte rond, et nous décidons qu'il y aura six laizes qui recevront du mou.

Calcul relatif aux mous et à l'accroissement en longueur des laizes qui doivent en recevoir.

Longueur de la chute arrière 11, 50
Multiplié par. 0,007

0,0805 | 6 nombre des laizes qui doivent avoir du mou
20 | 0,015 mou de la 6e laize et raison de la progression
2

		Mous.	Accroissement en longueur.
Laize	6e	0,015	0,015
	5e	0,026	0,039
	4e	0,039	0,078
	3e	0,052	0,130
	2e	0,065	0,195
	1re	0,078	0,275
	Somme	0,275	

Nous trouvons pour le mou à donner à la première laize 0,078 au lieu de 0,08 que nous a donné le calcul. Cette différence provient de ce que nous avons négligé un tiers de millimètre à la raison. Nous augmentons l'accroissement er longueur de cette laize de la différence 0,002, ce qui porte cet accroissement à 0,275, que nous pouvons sans erreur sensible faire égal à 0,28, afin de ne pas avoir à retrancher des millimètres pour avoir la longueur réduite de la chute arrière qui est ainsi égale à 11,50 moins 0,28, ou à 11,22. Alors des points d'écoute et d'amure A et B, et avec les rayons 11,22 et 14,30, nous décrirons deux arcs qui se coupent en un point C' que nous unissons aux points A et B. Par le point B, nous menons BD' perpendiculaire à la chute arrière AC'; à la longueur de cette perpendiculaire (7,36), nous ajoutons 10 centimètres et nous divisons la somme (7,46) par 0,545, ce qui nous donne 13,7 pour le nombre des laizes. La remarque que nous avons faite au sujet de l'élargissement des coutures nous conduit aussi à donner à la courbure de la bordure et de l'envergure le minimum de la flèche de l'arc. Nous aurons donc pour la flèche sur couture, à la bordure, 7,15 multiplié par 0,07 ou 0,50, et pour la flèche perpendiculaire à l'envergure 14,30 multiplié par 0,03 ou 0,43, et nous passons aux calculs relatifs à la détermination de la coupe de chaque laize.

Pour la bordure.

Coupe totale —1,100 | 13,7 nombre des laizes
0040 —0,080 coupe moyenne
40

Flèche sur couture 0,50
Multiplié par 4
200 | 14,7 nombre des laizes plus 1
730 0,136 coupe ronde
890
08

Coupe moyenne —0,080
Coupe ronde 0,136
—0,216 coupe de la 1re laize

Coupe ronde 0,136
Multiplié par 2
0,272 | 12,7 nombre des laizes moins 1
180 0,021 raison
53

COUPES DES LAIZES.

Raison.	0,021
1re laize.	—0,216
2e.	—0,195
3e.	—0,174
4e.	—0,153
5e.	—0,132
6e.	—0,111
7e.	—0,090
8e.	—0,069
9e.	—0,048
10e.	—0,027
11e.	—0,006
12e.	+0,015
13e.	+0,036
14e pour 0,7.	+0,040
Somme des coupes négatives.	—1,221
Somme des coupes positives.	+0,091
Différence, ou somme des coupes.	—1,130

Pour l'envergure.

1° Coupe totale 12,32 | 13,7 nombre des laizes
1 360 | 0,899 coupe moyenne
1270
57

2° Envergure 14,30
Flèche de l'arc 0,15
4290
5720
6,1490 | 7,56 longueur de la perpendiculaire
2610 | 0,83 flèche sur couture
402

3° Quart de la coupe totale 3,08
Tiers de la coupe totale 4,10
Somme 7,18
Moitié de la somme ou moyenne 3,59
Flèche sur couture à retrancher 0,83
2,760 | 0,899 coupe moyenne
63 | 3 nombre des laizes de la partie avant

4° Augmentations supposées.
1
2
Pour 0,7 2,1
Total 5,1

Flèche sur couture 0,83 | 5,1 somme des augmentations supposées
320 | 0,162 raison de la partie avant
140
38

5° Moitié du nombre des laizes de la partie arrière 5
Multiplié par 6 moitié plus 1
30

Flèche sur couture 0,83 | 30 produit précédent
230 | 0,027 raison de la partie arrière
20

6° Quotient précédent 0,027
Multiplié par 5 moitié du nombre des laizes de la partie arrière
Produit à retrancher de la coupe moyenne 0,135
Coupe moyenne 0,899
Coupe de la 1re laize 0,764

FORMATION DES COUPES.

Raison de la partie arrière. 0,027

Coupe de la	1re laize. . . .	0,764
	2e.	0,764
	3e.	0,791
	4e.	0,791
	5e.	0,818
	6e.	0,818
	7e.	0,845
	8e.	0,845
	9e.	0,872
	10e.	0,872
	11e Coupe moyenne.	0,899

Raison de la partie avant. 0,162

Coupe de la	12e laize. . .	0,161
	13e.	1,223
	14e pour 0,7	0,970
	Somme.	12,333

Les opérations qu'il faut faire pour déterminer la coupe des laizes de l'envergnre d'un foc courbe étant assez nombreuses, afin que les élèves puissent les effectuer sans tâtonnement et au risque de nous répéter, nous allons les classer par ordre.

1° **Déterminer la coupe moyenne**. On divise la coupe totale par le nombre des laizes.

2° **Déterminer la flèche sur couture.** On multiplie la longueur de la ligne droite de l'envergure par la flèche de l'arc perpendiculaire à cette ligne, et l'on divise le produit par la longueur de la perpendiculaire abaissée du point d'amure sur la chute arrière.

3° **Déterminer le nombre des laizes de la partie avant.** On ajoute le tiers au quart de la coupe totale et l'on en prend la moitié. Puis on retranche de cette moitié la flèche sur couture, et l'on divise le reste par la coupe moyenne.

4° **Déterminer la raison de la partie avant.** On divise la flèche sur couture par la somme que l'on obtient en additionnant la suite naturelle des nombres, jusqu'à celui qui exprime le nombre des laizes de cette partie.

Il est bien entendu que, pour faire cette somme, si la laize de l'amure ne doit pas avoir la largeur entière, on n'écrit qu'une quantité proportionnelle à sa largeur.

Dans l'exemple ci-dessus, nous avons trouvé, par la troisième opération, que le nombre des laizes de la partie avant devait être de trois; mais comme le nombre total se compose de 13 et 7 dixièmes, nous avons décidé qu'il n'y aurait que deux laizes 7 dixièmes. Alors, dans la quatrième opération, pour faire la somme de la suite naturelle des nombres, nous n'avons écrit que 2,1, c'est-à-dire les 7 dixièmes de 3 que nous aurions écrit si la laize de l'amure eût été entière.

5° **Déterminer la raison de la partie arrière.** On divise la flèche sur couture par le produit que l'on obtient, en multipliant la moitié du nombre des laizes de cette partie par la moitié plus 1, dans les cas où le nombre est pair. On opère de la même manière sur le nombre pair immédiatement inférieur au nombre des laizes si ce nombre est impair.

6° **Déterminer la coupe de la première laize.** On multiplie la raison de la partie arrière par la moitié du nombre des laizes de cette partie si ce nombre est pair, ou par la moitié du nombre pair immédiatement inférieur si le nombre est impair, et l'on retranche le produit de la coupe moyenne.

Cette dernière opération terminée, on obtient facilement la coupe de toutes les laizes.

Quant à ce qui concerne les opérations relatives au plan de coupe et à la bordure, nous croyons avoir suffisamment expliqué la marche à suivre et nous n'y reviendrons pas.

Réunissons les éléments que nous avons obtenus, et dressons le tableau de coupe.

Numéros des laizes.	1	2	3	4	5	6	7	8	9	10	11	12	13	14 0,7
Lis arrière.	11,420	10,872	10,303	9,686	9,048	8,362	7,655	6,900	6,124	5,300	4,455	3,562	2,486	1,227
Coupes. Bordure. . .	−0,216	−0,195	−0,174	−0,153	−0,132	−0,111	−0,090	−0,069	−0,048	−0,027	−0,006	+0,015	+0,036	+0,040
Coupes. Envergure.	0,764	0,764	0,791	0,791	0,818	0,818	0,845	0,845	0,872	0,872	0,899	1,061	1,223	0,970
Sommes à retrancher des lis arrière correspondants.	0,548	0,569	0,617	0,638	0,686	0,707	0,755	0,776	0,824	0,845	0,893	1,076	1,259	1,010
Différences ou lis avant sans mou.	10,872	10,303	9,686	9,048	8,362	7,655	6,900	6,124	5,300	4,455	3,562	2,486	1,227	0,217
Mous, accroissements correspondants. . .	0,280	0,195	0,130	0,078	0,039	0,013	»	»	»	»	»	»	»	»
Sommes ou lis avant avec mou.	11,152	10,498	9,816	9,126	8,401	7,668	6,900	6,124	5,300	4,455	3,562	2,486	1,227	0,217

Hauteur des coutures à la bordure. . . 1,50

Largeur des coutures à la bordure. . . 0,05

Gaînes. 0,10

Dimensions de la voile, gaînes faites.

Bordure. 7,15

Envergure. 14,30

Chute arrière. 11,50

DES VOILES CARRÉES DONT LA BORDURE ET LES COTÉS DOIVENT ÊTRE ÉCHANCRÉS.

Nous avons déjà vu comment on détermine le nombre des laizes de l'envergure, de la bordure et des pointes d'une voile carrée, lorsque tous les côtés sont en ligne droite. La marche à suivre pour arriver à ces connaissances, lorsque la bordure et les côtés doivent être échancrés, étant la même, nous n'aurons plus qu'à nous occuper de la forme que l'échancrure donne à ces parties de la voile.

Parlons d'abord de la bordure.

L'échancrure de la bordure consiste à donner à ce côté de la voile une courbure concave de la forme ABC (*fig.* 80) à peu près semblable à un arc de cercle. La flèche de cet arc est ce qu'on appelle échancrure; c'est, comme nous l'avons déjà dit, la différence entre la longueur de la chute totale et la chute au milieu. Pour produire cette courbe, on la suppose d'avance divisée en trois parties. Une de ces parties comprend une certaine étendue du centre et chacune des deux autres comprend un des côtés. Les laizes comprises dans la partie du centre sont coupées carrément, c'est-à-dire à droit fil (1), et celles qui forment chacun des côtés sont coupées progressivement de manière que la somme de leur coupe soit égale à la hauteur de l'échancrure, pour que la dernière arrive à la chute totale. On est conduit à cela en considérant que la courbe est presque parallèle à la ligne droite dans sa partie du centre et qu'elle devient de plus en plus oblique aux lisières, à mesure qu'elle s'en écarte pour arriver aux points d'écoute.

Fig. 80.

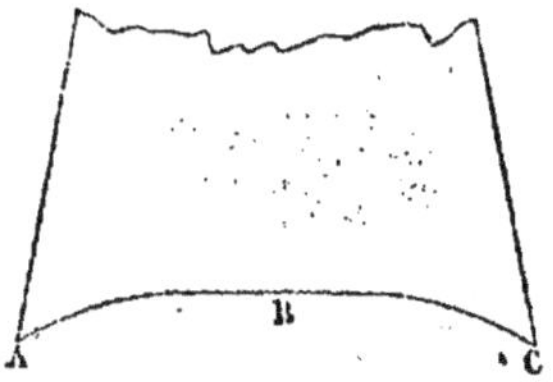

Nous avons vu que les voiles auriques et les voiles triangulaires appelées à servir sous l'allure du plus près, reçoivent du mou dans les laizes de leurs parties arrière et ont les extrémités de leurs

(1) C'est pourquoi on les appelle *laizes carrées* ou *laizes du carré*. Le nombre de ces laizes est en raison inverse de la grandeur relative de l'échancrure : il peut varier entre le quart et les deux cinquièmes du nombre total des laizes de la bordure, suivant que l'échancrure est relativement plus ou moins grande; quelquefois il est même moindre que le quart.

coutures élargies. Les voiles carrées étant aussi appelées à servir sous cette allure, il semblerait qu'elles devraient être traitées comme les précédentes, c'est-à-dire qu'elles devraient avoir du mou dans les laizes de leurs parties latérales et les extrémités de leurs coutures élargies.

Mais examinons quel serait l'état de ces voiles si elles étaient coupées et confectionnées dans ces conditions.

Si les laizes des côtés avaient du mou, la toile ne serait pas soutenue par la ralingue et la solidité des voiles serait grandement compromise; de plus, elles orienteraient tout à fait mal. Donc les laizes ne doivent pas avoir du mou.

De ce que les laizes ne doivent pas avoir du mou, il suit que les extrémités des coutures ne doivent pas être élargies. En effet, nous avons vu que lorsqu'une voile est coupée plane, les bords de cette voile sont toujours plus tendus que le reste de sa surface, et que cette surface fait le sac ou devient concave sous les efforts du vent; à plus forte raison le serait-elle si les coutures étaient élargies à leurs extrémités. Il résulte de ce que nous venons d'exposer que les voiles carrées, quoique devant servir sous l'allure du plus près, doivent être coupées planes. Dans cet état elles sont sujettes à l'inconvénient inhérent à toutes les voiles coupées de cette manière, c'est-à-dire qu'elles feront le sac dans leur partie de dessous le vent. Pour obvier à cet inconvénient, on a imaginé d'échancrer les côtés de chute.

L'échancrure des côtés d'une voile carrée a donc pour but de rendre sa surface aussi tendue que possible afin d'éviter le sac qui, sans cette précaution, ne manquerait pas de se produire dans la partie de dessous le vent.

L'échancrure des côtés consiste à donner à ces parties de la voile une forme courbe au lieu de la forme droite qu'elles auraient sans cela.

Et maintenant il nous reste à faire connaître la marche à suivre pour déterminer la coupe des laizes qui doivent produire la courbe de bordure et celle des côtés.

Soit un hunier composé de 25 laizes d'envergure de 39 de bordure, et dont la chute totale est de 14 mètres.

Supposons que ce soit un perroquet de fougue. Alors, d'après les rapports que nous avons donnés, l'échancrure de bordure sera de 6 centimètres par mètre de longueur de la chute totale. Nous multiplions 14 mètres par 0,06 et nous obtenons 84 centimètres qui expriment la hauteur de l'échancrure.

Nous avons dit que le nombre des laizes du centre, c'est-à-dire le nombre des laizes coupées à droit fil, peut varier entre le quart et les deux cinquièmes de celui de la bordure; nous prendrons donc 11 laizes pour le carré, et ces 11 laizes rempliront le centre de la courbe. Retranchant 11 de 39, nombre total des laizes de la bordure, il reste 28 pour la somme des laizes composant les deux autres parties de la courbe, et comme ces parties sont égales, chacune sera composée de 14 laizes, moitié de 28. Nous aurons donc deux séries de 14 laizes qui recevront une coupe progressive et dont la somme devra être égale à 84 centimètres qui est la hauteur de l'échancrure.

Sans entrer dans de plus longs détails, nous dirons que pour connaître la coupe particulière de chacune des laizes qui entrent dans une série, il faut écrire la suite naturelle des nombres jusques et y compris celui qui exprime le nombre des laizes de la série et en faire la somme. Si cette somme est égale à la hauteur de l'échancrure, la suite naturelle des nombres telle qu'on l'a écrite, donne la coupe de chaque laize; dans le cas contraire, on divise la hauteur de l'échancrure par la somme des nombres et le quotient exprime la coupe de la 1re laize ainsi que la raison de la progression.

Pour le cas qui nous occupe, nous aurons donc la suite des nombres et les coupes suivantes :

Suite naturelle des nombres.		Coupes des laizes.
1.	1re laize.	0,008
2.	2e.	0,016
3.	3e.	0,024
4.	4e.	0,032
5.	5e.	0,040
6.	6e.	0,048
7.	7e.	0,056
8.	8e.	0,064
9.	9e.	0,072
10.	10e.	0,080
11.	11e.	0,088
12.	12e.	0,096
13.	13e.	0,104
14.	14e.	0,112
Hauteur de l'échancrure 0,840 | 105 somme	Somme. . .	0,840
0,008 coupe de la 1re laize		

La somme (105) de la suite naturelle des nombres étant plus grande que la hauteur de l'échancrure 84 centimètres, nous avons divisé 84 centimètres par 105, ce qui nous a donné 8 millimètres pour la coupe de la première laize; au moyen de cette coupe, nous avons obtenu toutes les autres.

Nous remarquerons que dans chaque série la 1re laize est celle qui doit assembler avec le carré et que la coupe des laizes d'une série est la même que celle des laizes de l'autre, puisque ces deux séries sont égales et symétriques.

Passons maintenant à la coupe des laizes comprises dans les triangles des pointes, coupe qui doit produire l'échancrure des côtés. Du nombre des laizes de l'envergure (25) nous retranchons le nombre des laizes du carré (11), il reste 14 dont la moitié (7) exprime le nombre des laizes qui doivent être placées sur chacun des côtés du carré, et qui complètent ainsi le nombre des laizes de l'envergure. Retranchant 7 du nombre (14) des laizes de l'une des séries de la bordure dont nous avons parlé, il reste 7 qui exprime le nombre des laizes contenues dans l'un des triangles des pointes, et dont la coupe, comme nous venons de le dire, doit produire la courbe d'un côté.

Afin de ne pas entrer dans une foule de considérations qui pourraient embrouiller les élèves, nous mesurerons la distance qui doit exister entre le milieu de la ligne droite du côté et sa ligne courbe concave, suivant une parallèle à l'envergure, et nous appellerons cette distance *flèche parallèle* (1).

Soit donc EGF (*fig.* 81) l'un des triangles des pointes, AB la flèche parallèle, EF la ligne droite du côté et EAF sa ligne courbe concave.

Par le point A menons AC parallèle à EG ; AC sera la flèche sur couture, soit MOPN la laize sur laquelle cette flèche est située. Comme dans toutes les courbes, la coupe de cette laize sera égale

---

(1) La grandeur de cette flèche sera égale à 4 centimètres par mètre de longueur de la chute totale pour les huniers, et à 3 centimètres par mètre de longueur de la chute correspondante pour les perroquets et les cacatois.

Dans les huniers, l'échancrure des côtés a non-seulement pour but de rendre la surface de la voile bien tendue, mais encore celui de faciliter le ridage des bandes de ris, lorsqu'on prend ces derniers sur la vergue. C'est pourquoi l'échancrure est relativement plus grande dans les huniers que dans les perroquets et cacatois.

Les laizes en pointes dans les basses voiles étant toujours en nombres très-petits, et même les misaines souvent n'en ayant pas, nous ne pouvons pas fixer des rapports pour déterminer l'échancrure des côtés. Nous dirons seulement qu'il sera bon de les échancrer d'une manière convenable pour que les bandes de ris puissent être bien roidies.

à la coupe moyenne, et il en serait de même de toutes les autres laizes, si leur coupe devait produire la ligne droite EF. Donc la somme des coupes des laizes comprises dans le triangle NPF serait égale à NP; mais la coupe devant passer par la courbe EAF, la somme des coupes des laizes contenues dans le triangle KPF sera égale à KP. Or le nombre des laizes contenues dans le triangle KPF étant égal au nombre des laizes contenues dans le triangle NPF, la somme des coupes des laizes de ce triangle devra donc diminuer de la grandeur KN ou de la flèche sur couture AC son égale.

Fig. 81.

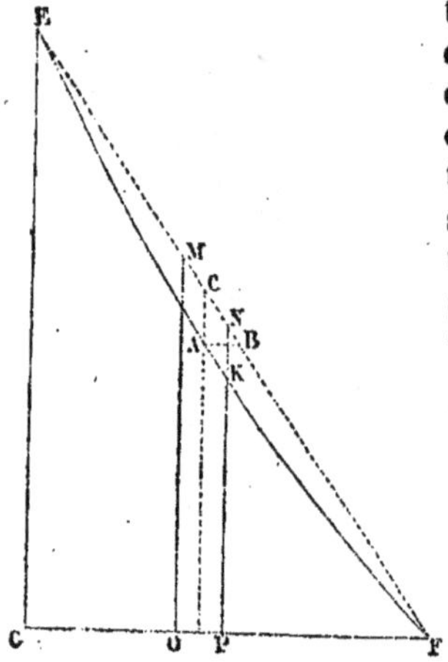

On prouverait d'une manière analogue que la somme des coupes des laizes situées au-dessus de celle qui porte la flèche sur couture, augmentera de la même quantité AC. Donc, si nous connaissions le nombre des laizes contenues dans le triangle KPF, nous connaîtrions aussi le nombre de celles placées au-dessus de la laize qui porte la flèche sur couture, et la coupe de toutes ces laizes serait alors facile à déterminer.

Pour connaître le nombre des laizes contenues dans le triangle KPF, il faut diviser par la coupe moyenne la grandeur NP. Cette grandeur sera connue en ajoutant la flèche sur couture à la moitié de la chute totale, et retranchant de la somme la moitié de la coupe moyenne. Il nous faut donc déterminer la coupe moyenne et la flèche sur couture. La coupe moyenne s'obtient comme toujours en divisant la chute totale par le nombre des pointes, et la flèche sur couture, en multipliant la chute totale par la flèche parallèle et divisant le produit par la longueur du droit fil des pointes qui est égale à la moitié de la différence entre la longueur de la bordure et celle de l'envergure.

Si nous supposons que la flèche parallèle soit égale à 0,55, nous aurons alors à effectuer les opérations suivantes :

Opérations pour déterminer la coupe moyenne, la flèche sur couture et le nombre des laizes comprises entre celle qui porte la flèche sur couture et le point d'écoute.

```
Chute totale 1400 |7 nombre des pointes
              00   2,00 coupe moyenne
              00

Flèche sur couture 2,03
Moitié de la chute to-
  tale. . . . . . . 7,00
Somme. . . . . . . 9,03
Moitié de la coupe
  moyenne. . . . . 1,00
Reste. . . . . . . 8,03 |2,00 coupe moyen.
                   0,03  4 { nombre des lai-
                             zes inférieures
```

```
Chute totale 14,00
Flèche paral.  0,55
                 70
                 70
               7,70 |3,87 { long. du droit fil
                              des pointes
              14 00  2,03 flèche sur couture
               2 66
```

Nous trouvons 2,00 pour la coupe moyenne, 2,03 pour la flèche sur couture et 4 pour le nombre des laizes comprises entre celle sur laquelle est la flèche sur couture et le point d'écoute.

Les pointes d'un côté seront donc composées comme il suit :

Deux laizes qui recevront les grandes coupes, une, qui aura la coupe moyenne et quatre qui auront leur coupe inférieure à la coupe moyenne, c'est-à-dire, les petites coupes.

Pour ne pas confondre les laizes qui doivent recevoir les grandes coupes avec celles qui doivent recevoir les petites, nous appellerons les premières *laizes supérieures* et les secondes *laizes inférieures*. Quant à la laize qui porte la flèche sur couture, nous l'appellerons *laize moyenne*.

Maintenant il nous reste à déterminer la coupe de chaque laize. Pour cela nous emploierons un procédé à peu près analogue à celui que nous avons suivi pour déterminer la coupe des laizes de l'envergure d'un foc courbe.

Nous aurons donc à effectuer les opérations suivantes :

Opérations pour déterminer la coupe des pointes.

```
                              1
                              2
                              3
                              4
Flèche sur couture 2,03 |10
                   030   0,203 { raison des
                     0             laizes inf.
```

```
                              1
                              2
Flèche sur couture 2,03 |3
                    23   0,676 { raison des
                    20             laizes sup.
                     2
```

Coupes des pointes

1re laize correspondante à la	8e de l'une des séries de la bordure	3,352
2e.	9e.	2,676
3e.	10e. . . . . . . (coupe moyenne).	2 000
4e.	11e.	1,797
5e.	12e.	1,594
6e.	13e.	1,391
7e.	14e.	1,188
	Somme.	13,998 ou 14,000

Pour obtenir la raison des laizes inférieures, nous avons écrit la suite naturelle des nombres jusques et y compris celui qui marque le nombre de ces laizes, et nous avons divisé la flèche sur couture par leur somme.

Nous avons obtenu la raison des laizes supérieures en opérant d'une manière analogue. Enfin, nous avons déterminé la coupe des laizes inférieures en retranchant successivement de la coupe moyenne et des coupes obtenues la raison de cette partie.

La coupe des laizes supérieures a été déterminée en partant aussi de la coupe moyenne, mais en ajoutant la raison au lieu de la retrancher.

Nous avons fait la somme de toutes les coupes et nous avons trouvé que cette somme est égale à la chute totale à 2 millimètres près.

Telle est la méthode que nous employons pour déterminer la coupe des pointes d'une voile carrée lorsque les côtés doivent être échancrés.

Cette méthode, comme on peut le voir, est on ne peut plus simple et, bien qu'elle nécessite le concours de deux progressions dont les raisons diffèrent beaucoup, la courbe qui en résulte est bien suivie et n'est pas du tout brisée comme on pourrait le craindre.

Mais nous devons dire aussi qu'on n'obtient pas toujours le degré de précision que nous avons obtenu dans l'exemple que nous venons de donner.

Ainsi si dans cet exemple, au lieu de prendre 11 laizes (nombre impair) pour le carré, nous en avions pris 10 ou 12 (nombre pair), le nombre total des pointes n'aurait pas changé, il aurait toujours été de 7; mais la laize de l'écoute aurait été exprimée par une demi-laize. Alors, comme en cherchant le nombre des laizes inférieures, le calcul nous aurait toujours donné 4, puisque tous les autres éléments sont les mêmes, nous n'aurions pu donner exactement la coupe moyenne à une laize qu'en faisant monter ou descendre la laize moyenne d'une demi-laize. Ainsi dans le premier cas, en faisant monter la laize moyenne, nous aurions eu 1 laize et demie pour les grandes coupes, 1 laize moyenne, 4 laizes et demie pour les petites coupes, et nous aurions eu les coupes suivantes :

Laize. . .	1re.	pour 0,5.	2,015
	2e.		3,015
	3e.	(coupe moyenne).	2,000
	4e.		1,838
	5e.		1,676
	6e.		1,514
	7e.		1,352
	8e.	pour 0,5.	0,595
		Somme.	14,005

Dans le second cas, en faisant descendre la laize moyenne, nous aurions eu 2 laizes et demie pour les grandes coupes, 1 laize moyenne comme toujours, 3 laizes et demie pour les petites coupes, et nous aurions eu les coupes suivantes :

Laize. . .	1re.	pour 0,5.	1,676
	2e.		2,902
	3e.		2,451
	4e.	(coupe moyenne).	2,000
	5e.		1,747
	6e.		1,494
	7e.		1,241
	8e.	pour 0,5	0,494
		Somme.	14,005

Il est évident que par suite de ces changements de coupe, les courbes seront altérées, c'est-à-dire, que les nouvelles courbes que l'on obtiendra, ne seront pas semblables entre elles ni à la première; malgré cela elles seront encore assez bien suivies et l'on pourra prendre l'une ou l'autre. Cependant afin que les ris soient toujours bien tendus, lorsqu'un cas semblable se présentera, c'est-à-dire lorsque le nombre des laizes inférieures obtenues par le calcul ne sera pas en conformité avec la largeur de la laize de l'écoute et que, par conséquent, on sera dans l'obligation de faire monter ou descendre la laize moyenne, on devra la faire monter.

Nous ajouterons qu'il peut arriver qu'en modifiant le nombre des laizes prises pour le carré, on évite l'obligation de faire monter ou descendre la laize moyenne, ou, si l'on ne peut pas l'éviter tout à fait, que l'on ait à la faire monter ou descendre d'une quantité moindre. C'est ainsi que si, dans l'exemple que nous venons de donner, nous avions pris en principe 10 ou 12 laizes pour le carré, nous aurions eu une demi-laize à l'écoute, tandis que le nombre des laizes inférieures obtenu par le calcul aurait toujours été le nombre entier 4. Il nous aurait donc fallu faire monter la laize moyenne d'une demie; mais en remarquant qu'en prenant un nombre impair pour les laizes du carré, la laize de l'écoute pouvait être entière, nous aurions pris 9, 11 ou 13 laizes par exemple, pour le carré, et alors le nombre réel des laizes inférieures aurait été égal à celui donné par le calcul.

On peut conclure de ce que nous venons de dire que, lorsqu'on aura à calculer une voile carrée dont les côtés devront être échancrés, on devra commencer par calculer le nombre des laizes inférieures des pointes après, toutefois, avoir déterminé celui des différentes parties de la voile.

Éclaircissons ce que nous venons de dire par des exemples.

Soit un hunier composé de 26 laizes 8 dixièmes d'envergure et de 41,6 de bordure, la chute totale étant de 15 mètres et la flèche parallèle de 60 centimètres.

Retranchons le nombre des laizes de l'envergure (26,8) de celui de la bordure (41.6), il reste 14,8, dont la moitié (7,4) exprime le nombre des laizes contenues dans l'un des triangles de pointes.

Nous remarquerons en passant qu'il n'est pas dit que la fraction 4 dixièmes, qui accompagne le nombre entier, se retrouve telle quelle; à l'écoute ou à l'envergure cette fraction peut être modifiée suivant le nombre des laizes qui composeront le carré.

Et maintenant effectuons les opérations qui doivent nous faire connaître si le nombre des laizes du carré doit être pair ou impair.

Opérations.

Chute totale 15,00 | 7,4 pointes
200 | 2,027 coupe moyenne
520
2

Moitié de la chute totale 7,50
Flèche sur couture. . . 2 25
Somme. . . 9,75
Moitié de la coupe moyen. 1,013
Reste. . . . 8,737 | 2.027 coupe moyenne
6290 | 4,3 laizes inférieures
209

Chute totale 15,00
Flèche parallèle. . 0,60
Produit. . 9,00 | 4 droit fil des pointes
1 0 | 2,25 flèche sur couture
20
0

Les opérations effectuées, nous trouvons 2,027 pour la coupe moyenne, 2,25 pour la flèche sur couture et 4,3 pour le nombre de laizes inférieures.

Pour fixer le nombre des laizes du carré, nous remarquons que celui des laizes de la bordure étant de 41,6, si nous prenions un nombre pair, la laize de l'écoute aurait 8 dixièmes de largeur, et par conséquent, il nous faudrait faire monter ou descendre la laize moyenne d'une demi-laize ; ce qui porterait le nombre des laizes inférieures à 4 et 8 dixièmes dans le premier cas, et à 3 et 8 dixièmes dans le second.

Mais si au lieu de prendre pour le carré un nombre pair nous prenons un nombre impair, tel que 13 par exemple, la largeur de la laize de l'écoute sera précisément de 3 dixièmes, c'est-à-dire égale à la fraction comprise dans le nombre des laizes inférieures. De cette manière la laize moyenne occupera le rang que lui assigne le calcul. Alors retranchant 13 de 41,6, la moitié (14,3) du reste exprimera le nombre des laizes d'une série pour la bordure. Retranchant pareillement 13 du nombre des laizes de l'envergure (26,8), la moitié (6,9) du reste exprimera la quantité des laizes qui devront être placées sur chacun des côtés du carré, à l'envergure, pour compléter le nombre de cette partie,

Maintenant remarquons que la fraction 9 dixièmes, comprise dans le nombre 6,9, indique que la 7e laize de chaque série fournira les 9 dixièmes de sa largeur à l'envergure et l'autre dixième au côté ; de sorte que les pointes d'un côté seront composées de la manière suivante : 2 laizes 1 dixième pour les grandes coupes ou laizes supérieures ; 1 laize moyenne et 4 laizes 3 dixièmes pour les petites coupes ou laizes inférieures. Ce qui fait bien en tout 7 laizes 4 dixièmes.

Il ne reste plus qu'à déterminer la coupe de toutes les laizes qui doivent en recevoir, pour dresser le tableau de coupe.

Nous supposerons l'échancrure de bordure égale à 55 centimètres.

Pour la bordure.

			COUPES.
	1.	1re laize.	0,005
	2.	2e.	0,010
	3.	3e.	0,015
	4.	4e.	0,020
	5.	5e.	0,025
	6.	6e.	0,030
	7.	7e.	0,035
	8.	8e.	0,040
A reporter.	36		0,180

Report. . .	36	. . . .	0,180
	9.	9ᵉ.	0,045
	10.	10ᵉ.	0,050
	11.	11ᵉ.	0,055
	12.	12ᵉ.	0,060
	13.	13ᵉ.	0,065
	14.	14ᵉ.	0,070
	4,5.	15ᵉ. . . . . . pour 0,3.	0,023
Échancrure 0,5500	109,5 somme	Somme. . .	0,548
0025	0,005 raison		

La laize de l'écoute, c'est-à-dire la dernière de chaque série, ne devant entrer dans la voile que pour 3 dixièmes de largeur, nous n'avons écrit dans la suite naturelle des nombres que 4,5, c'est-à-dire les 3 dixièmes de 15, que nous aurions écrit si cette laize eût eu largeur entière.

Par la même raison la coupe de cette fraction ne sera que de 0,023.

Pour les pointes.

	1			1	
	2			2	
	3			0,3	
	4		Flèche sur couture 2,25	3,3 somme	
	1,5		270	0,681	raison des laizes sup.
Flèche sur cout. 2,25	11,5 somme		60		
1 100	0,195	raison des laizes infér.	27		
650					
75					

		COUPES.	
1ʳᵉ laize correspondant à la	7ᵉ de la série. . . . pour 0,1.	0,407	
2ᵉ.	8ᵉ.	3,389	
3ᵉ.	9ᵉ.	2,708	
4ᵉ.	10ᵉ.	2,027	coupe moyenne
5ᵉ.	11ᵉ.	1,832	
6ᵉ.	12ᵉ.	1,637	
7ᵉ.	13ᵉ.	1,442	
8ᵉ.	14ᵉ.	1,247	
9ᵉ.	15ᵉ. . . . . pour 0,3.	0,315	
	Somme.	15,004	

Ce que nous avons dit relativement à la fraction de laize de la bordure, nous l'avons aussi appliqué aux fractions des pointes.

Il ne nous reste plus qu'à réunir les éléments que nous avons obtenus et dresser le tableau de coupe ; mais auparavant nous observerons que la coupe des laizes de la bordure doit être considérée comme négative, parce que l'assemblage des laizes composant une série peut être considéré comme un flèche-en-cul dont la chute arrière serait le lis intérieur de la 1ʳᵉ laize de la série. Donc, etc.

Numéros des laizes	1	2	3	4	5	6	Env. 0,9 Côté 0,1 7	8	9	10	11	12	13	14	15 0,3
Lis intérieurs	14,730	14,735	14.745	14,760	14,780	14,805	14,835	14,463	11,114	8,451	6,474	4,697	3,120	1,743	0,566
Coupes. à la bordure	−0,005	−0,010	−0,015	−0,020	−0,025	−0,030	−0,035	−0,040	−0,845	−0,050	−0,055	−0,060	−0,065	−0,070	−0,023
Coupes. au côté	»	»	»	»	»	»	0,407	3,389	2,708	2,027	1,832	1,637	1,442	1,247	0,315
Sommes à retrancher	−0,005	−0,010	−0,015	−0,020	−0,025	−0,030	+0,372	3,349	2,663	1,977	1,777	1,577	1,377	1,177	0,292
Reste ou lis extérieurs	14,735	14,745	14,760	14,780	14,805	14,835	14,463	11,114	8,451	6,474	4,697	3,120	1,743	0,566	0,274

Gaines 0,14	Dimensions du hunier. Envergure. . . . 14,19; Bordure. . . . . 22,46; Chute au carré. 14,45; Chute totale. . . 15,00	13 laizes carrées de. 14,73

Supposons encore que, dans un hunier, toutes les données soient les mêmes que précédemment, excepté dans la bordure, ou, au lieu de 41 laizes 6 dixièmes, il y en ait 42.

Opérations.

```
Chute totale. . . . . . . . . .  15,00 | 7,6 pointes
                                  7 40   1,975 coupe moyenne
                                   560
                                    280
                                     52

Moitié de la chute totale. . . .  7,50
Flèche sur couture. . . . . . .   2,195
              Somme. . . . . .    9,695
Moitié de la coupe moyenne. .     0,986
              Reste. . . . . . .  8,709 | 1,975 coupe moyenne
                                  0 8170  4,4 pointes inférieures
                                    0278

Chute totale. . . . . . . . .  15
Flèche parallèle. . . . . .     0,60
              Produit. . . .    9,00 | 4,1 droit fil
                                  80   2,195 flèche sur couture
                                 590
                                  210
                                    5
```

Nous trouvons 4,4 pour le nombre des laizes inférieures, Or le nombre des laizes de la bordure étant un nombre pair et entier, si nous prenions un nombre pair pour le carré, la laize de l'écoute serait encore entière, et nous aurions à faire descendre la laize moyenne de 4 dixièmes ou la faire monter de 6 dixièmes. Cette variation serait évidemment trop grande; mais si au lieu d'un nombre pair nous prenons un nombre impair pour les laizes du carré, la largeur de la laize de l'écoute sera égale à 5 dixièmes, et nous n'aurons plus qu'à faire monter la laize moyenne de 1 dixième seulement.

Nous savons quelles sont les opérations qui nous resteraient à effectuer.

Il est inutile de dire que la marche que nous venons de suivre pour les huniers est applicable à une voile carrée quelconque.

Remarque. Lorsque l'échancrure de bordure est relativement petite, on peut ne changer la coupe que de deux en deux laizes. Alors, pour déterminer la raison, il y a deux cas à considérer.

1er *Cas.* Si le nombre des laizes d'une série est pair et entier, il faut écrire la suite naturelle des nombres pairs, jusques et y compris celui qui marque le nombre des laizes de la série, en faire la somme et diviser l'échancrure par cette somme.

2e *Cas.* Si le nombre des laizes d'une série est fractionnaire, ou si étant entier il est impair, il faut écrire la suite naturelle des nombres pairs, jusques et y compris celui qui est immédiatement inférieur au nombre qui marque celui des laizes de cette série; ajouter pour la fraction de laize ou pour la laize et la fraction de laize en excédant une partie proportionnelle, et diviser toujours l'échancrure par la somme.

Pour éclaircir cela, supposons, en premier lieu, que le nombre des laizes d'une série soit de 14. On écrira la suite naturelle des nombres pairs : 2, 4, 6, 8, 10, 12 et 14. On en fera la somme et l'on divisera l'échancrure par cette somme. Supposons encore que le nombre de laizes soit 15. On écrira d'abord la suite naturelle des nombres pairs jusqu'au nombre 14 inclus ; puis, pour la partie proportionnelle, on fera ce raisonnement : si le nombre des laizes était 16, c'est-à-dire si le huitième terme était composé de deux laizes, il faudrait écrire 16 pour ce terme ; mais comme il ne renferme qu'une laize, il ne faut écrire que la moitié ou 8. Enfin, on comprend que si le nombre des laizes était 15 et 5 dixièmes, par exemple, il faudrait ajouter à la somme des sept premiers nombres pairs, 8 et 4.

DES VOILES LATINES DES TARTANES.

Parlons d'abord de la *mestre*.

Cette voile devant être confectionnée dans les meilleures conditions possibles pour l'allure du plus près, les principes que nous avons suivis pour la coupe de toute voile devant servir sous cette allure lui sont applicables au plus haut degré. Ainsi la partie avant de sa surface doit être parfaitement tendue; la tension doit diminuer graduellement de l'avant à l'arrière, de manière que la chute arrière soit un peu lâche. De plus, toute la partie de la surface voisine de l'envergure doit aussi être très-tendue, afin que le vent n'y soit pas arrêté.

Pour obtenir ce résultat, on trace le plan de coupe en réduisant généralement l'envergure aux 93 centièmes de sa longueur; puis on modifie ce plan comme nous l'avons fait pour la brigantine, en diminuant la longueur de la chute arrière de la somme des mous qui doivent entrer dans la voile, cette somme ayant pour base 5 millimètres par mètre de longueur réelle de la chute arrière, et devant être répartie entre le tiers environ du nombre des laizes (1).

Les coutures sont réglées de la manière suivante : elles ont toutes même largeur à l'envergure et à la bordure; cette largeur est proportionnée à la réduction opérée sur la longueur de l'envergure, et les coutures comprises dans le tiers avant de la voile la reçoivent dans toute l'étendue de leur longueur. La largeur au centre des coutures du tiers moyen ou intermédiaire de la voile diminue progressivement en allant de l'avant vers l'arrière Enfin, la largeur des coutures comprises dans le tiers arrière diminue graduellement pour prendre celle de la couture ordinaire à une certaine distance de l'envergure et de la bordure. Comme dans les brigantines, cette distance ne doit pas être la même sur toutes les coutures; elle doit diminuer progressivement, de manière que sur la première couture de l'arrière elle soit égale au dixième environ de la longueur de la chute arrière. La somme des mous est répartie progressivement entre les laizes de ce dernier tiers.

Pour connaître la largeur à donner aux extrémités des cou-

(1) Comme dans les focs, le mou ne sera réparti que sur les trois quarts inférieurs de la longueur de la couture correspondante.

tures, on multipliera la longueur réduite de l'envergure par la largeur de la toile diminuée de celle de la couture ordinaire, et l'on divisera le produit par la longueur exacte de l'envergure. Puis on retranchera le quotient de largeur réelle de la toile, et le reste exprimera la largeur cherchée.

Pour fixer les idées, appliquons ces principes à une mestre dont les dimensions prises à bord sont les suivantes ;

Bordure.	8,50
Envergure.	16,30
Chute arrière.	14,76

Tirons une ligne droite AB (*fig.* 82). Prenons sur cette droite, du point A au point B, une longueur égale à celle de la bordure (8,50). Du point A comme centre et avec la longueur de la chute arrière, décrivons un arc. Du point B et avec un rayon égal aux 93 centièmes de la longueur de l'envergure (15,15), décrivons un autre arc qui coupera le premier en un point C que nous joignons aux points A et B. Et maintenant, afin que les élèves puissent bien saisir le procédé, nous allons suivre par ordre.

Fig. 82.

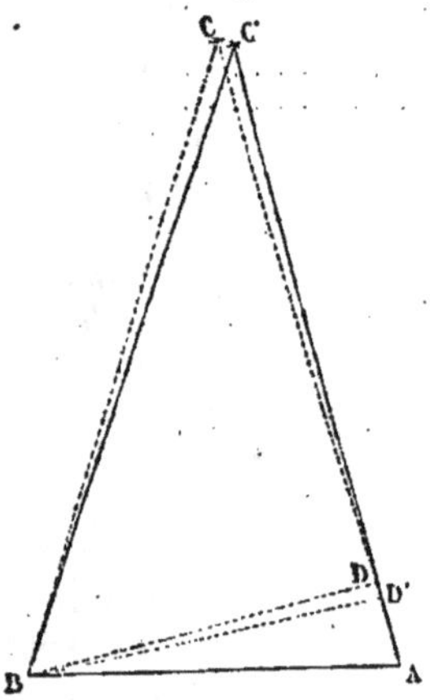

Nous avons d'abord à déterminer la largeur réduite de la laize, le nombre de celles qui doivent recevoir du mou, la somme de ces mous, et par suite la réduction à faire sur la longueur de la chute arrière pour terminer le plan de coupe.

Par le point B, menons BD perpendiculaire à la chute arrière AC, et supposons que cette perpendiculaire soit de 8,25.

Opérations

Longueur réduite de l'envergure 15,15
Largeur de la toile diminuée de celle de la couture ordinaire } 0,545

7 575
60 60
757 5

Produit. . . . 8,25675 | 16,30 longueur vraie de l'envergure
10 675 | 0,506 largeur réduite de la laize
895

Long. de la perp. 8,250 | 0,506 { largeur réduite de la laize
5 190 | 16 { laizes provisoires en compte rond
154

Nous trouvons 0,506 pour la largeur réduite de la laize, et 16 qui en exprime le nombre en compte rond. Nous donnons donc du mou à cinq laizes.

La base de ces mous étant, comme nous l'avons dit, de 5 millimètres par mètre de longueur de la chute arrière, celui de la première laize sera de 7 centimètres, et nous déterminerons les mous correspondants aux différentes laizes qui doivent en recevoir, ainsi que l'accroissement en longueur de ces mêmes laizes par les opérations ci-dessous.

Opérations

Mou de la 1re laize 0,07 | 5 laizes qui doivent avoir du mou
20 0,014 mou de la 5e laize et raison de la progression

	Mous.	Accroissement en longueur.
5e laize	0,014	0,014
4e	0,028	0,042
3e	0,042	0,084
2e	0,056	0,140
1re	0,070	0,210
Somme	0,210	

Nous obtenons pour la somme des mous 0,21, que nous retranchons de la chute arrière (14,75). Alors du point d'écoute A comme centre, avec un rayon égal à la différence (14,54), nous décrivons un arc. Du point B avec BC pour rayon, nous décrivons un autre arc qui coupe le premier en un point C′ que nous unissons aux points A et B.

Nous obtenons ainsi le plan de coupe ABC′. Nous n'avons plus qu'à calculer sur ce plan le nombre exact de laizes et la coupe de chacune d'elles.

Par le point d'amure B, nous menons BD′ perpendiculaire à la chute arrière C′A, et nous divisons la longueur de la perpendiculaire que nous supposons égale à 8,30 par la largeur réduite de la laize (0,506). Nous trouvons pour quotient 16,4, qui exprime le nombre des laizes.

L'envergure d'une voile latine est généralement coupée ronde, et la bordure est échancrée.

La grandeur de la flèche de chacune des courbes est égale aux 4 centièmes de la longueur de la ligne droite correspondante (1).

(1) Dans certaines circonstances la flèche de courbure de la bordure peut être plus grande, cela dépend de la nature des chargements que le bateau doit faire.

Cette grandeur est mesurée suivant la direction des coutures, et dans l'envergure comme dans la bordure le pied de la flèche est au milieu. Il suit que la marche à suivre pour déterminer la coupe de chaque laize est la même que celle que nous avons suivie pour la bordure d'une brigantine.

D'après ce que nous venons de dire et les dimensions du plan de coupe de la voile qui nous occupe, la flèche du rond de l'envergure sera de 60 centimètres, et celle d'échancrure de la bordure de 34 centimètres.

Si maintenant nous supposons que la coupe totale de la bordure soit de 1,84 et celle de l'envergure de 12,70, nous aurons à effectuer les opérations suivantes :

Opérations pour l'envergure.

Coupe totale 12,70 | 16,4 nombre des laizes
1 220 — 0,774 coupe moyenne
720
64

Flèche sur couture 0,60
Multiplié par. . . 4
2,40 | 17,4 { nombre des laizes plus 1
660 — 0,137 coupe ronde
1380
162

Coupe moyenne. 0,774
Coupe ronde à retrancher 0,137
Coupe de la 1re laize. . . 0,637

Coupe ronde 0,137
Multiplié par 2
0,274 | 15,4 { nombre des laizes moins 1
1200 — 0,017 raison
122

COUPE DE CHAQUE LAIZE.

	Raison.	0,017
Laize	1re.	0,637
	2e.	0,654
	3e.	0,671
	3e.	0,688
	5e.	0,705
	6e.	0,722
	7e.	0,739
	8e.	0,756
	9e.	0,773
	10e.	0,790
	11e.	0,807
	12e.	0,824
	13e.	0,841
	14e.	0,858
	15e.	0,875
	16e.	0,892
	17e. . . . . pour 0,4.	0,364
	Somme.	12,596

Mais généralement comme la raison est peu sensible et la coupe assez forte, on ne la change que de deux en deux laizes. Alors, pour déterminer la raison, on multiplie la coupe ronde par 4, et l'on divise le produit par le nombre des laizes moins deux, Si nous voulons suivre ce principe, nous aurons à faire l'opération suivante :

Coupe ronde 0,137
Multiplié par 4

0,548 | 14,4 { nombre de laizes moins 2
1160 | 0,038 raison
008

		Coupes.
	Raison.	0,038
Laize	1re	0,637
	2e.	0,637
	3e.	0,675
	4e.	0,675
	5e.	0,713
	6e.	0,713
	7e.	0,751
	8e.	0,751
	9e.	0,789
	10e.	0,789
	11e.	0,827
	12e.	0,827
	13e.	0,865
	14e.	0,865
	15e.	0,903
	16e.	0,903
	17e. . . . . pour 0,4.	0,576
	Somme.	12,696

Opérations pour la bordure.

Coupe totale 1,84 | 16,40 nombre des laizes
200 | 0,112 coupe moyenne
360
32

Flèche sur couture — 0,34
Multiplié par. . . 4

Produit. . . — 1,360 | 17,4 { nombre des laizes + 1
1420 | — 0,078 coupe ronde
28

Coupe moyenne 0,112
Coupe ronde — 0,078
Coupe de la 1re laize 0,190

Coupe ronde — 0,078
Multiplié par 2

— 0,1560 | 15,4 nombre de laizes — 1
20 | — 0,010 raison

		Coupes.
	Raison.	—0,010
Laize	1re.	0,190
	2e.	0,180
	3e.	0,170
	4e.	0,160
	5e.	0,150
	6e.	0,140
	7e.	0,130
	8e.	0,120
	9e.	0,110
	10e.	0,100
	11e.	0,090
	12e.	0,080
	13e.	0,070
	14e.	0,060
	15e.	0,050
	16e.	0,040
	17e. . . . . pour 0,4.	0,012
	Somme.	1,852

La marche que nous venons de suivre pour déterminer la coupe des laizes de la bordure nécessite une explication.

Nous avons vu que dans une brigantine ou dans toute autre

voile dont la coupe totale est positive et la courbure extérieure ou convexe, la flèche ainsi que la coupe ronde et la raison qui en proviennent sont toujours positives. Or, dans une voile latine, la courbure étant intérieure ou concave, c'est-à-dire dans un sens opposé, la flèche doit être prise dans un sens opposé. Elle est donc négative, et par suite la coupe ronde et la raison le sont aussi.

Nous avons pareillement vu que la flèche étant positive, on obtient la coupe de la première laize en retranchant la coupe ronde de la coupe moyenne. Les principes étant toujours les mêmes et la flèche étant négative, nous avons dû, pour obtenir la coupe de la première laize, faire une opération inverse, c'est-à-dire ajouter la coupe ronde à la coupe moyenne. Enfin la coupe de chaque laize qui, dans le premier cas, s'obtient par voie d'addition, a été déterminée ici par voie de soustraction, puisque la raison est négative.

Pour bien se rendre compte de ce procédé, on n'a qu'à se rappeler les principes sur les quantités négatives que nous avons expliqués plus haut.

Passons maintenant à la largeur que doivent avoir les coutures.

La largeur réduite de la laize étant de 506 millimètres, la largeur aux extrémités des coutures sera de 64 millimètres. Le nombre total des laizes étant 16 et 4 dixièmes, il y aura 16 coutures dont 5 pour le tiers avant, 6 pour le tiers intermédiaire et 5 pour le tiers arrière.

Les 5 coutures du tiers avant auront, d'après ce que nous avons dit, une largeur de 64 millimètres dans toute leur longueur. La largeur au centre des 6 coutures du tiers intermédiaire diminuera progressivement de manière que la largeur au centre de la couture arrière de ce tiers soit égale à la couture moyenne (0,025). Pour connaître cette diminution ou plutôt la largeur au centre de chacune de ces coutures, nous n'avons qu'à opérer comme nous l'avons fait pour la brigantine. Nous aurons donc, en donnant à chaque laize le numéro d'ordre qui lui convient, les largeurs suivantes :

		Largeur au centre.
Couture	1re	0,025
	2e	0,025
	3e	0,025
	4e	0,025
	5e	0,025
	6e	0,025
	7e	0,031
	8e	0,037
	9e	0,043
	10e	0,050
	11e	0,057
	12e	0,064
	13e	0,064
	14e	0,064
	15e	0,064
	16e	0,064

Pour compléter tous les éléments, il nous reste encore à déterminer le dernier, c'est-à-dire la distance de l'envergure et de la bordure où chaque couture du tiers arrière doit cesser de diminuer de largeur et prendre celle de la couture ordinaire ; mais comme pour déterminer cette distance la longueur de la première couture du tiers intermédiaire est nécessaire, nous allons réunir tous les éléments que nous avons déjà déterminés dans un tableau, afin d'avoir la longueur de la couture en question sans tâtonnement.

1re Partie du tableau de coupe.

Numéros des laizes. . . .	1	2	3	4	5	6	7	8	9
Lis arrière.	14,740	13,913	13,096	12,251	11,416	10,553	9,700	8,819	7,948
Coupes. Bordure.	0,190	0,180	0,170	0,160	0,150	0,140	0,130	0,120	0,110
Coupes. Envergure. . . .	0,637	0,637	0,675	0,675	0,713	0,713	0,751	0,751	0,789
Sommes à retrancher des lis arrière correspondants. . .	0,827	0,817	0,845	0,835	0,863	0,853	0,881	0,871	0,899
Différences ou lis avant sans mou.	13,913	13,096	12,251	11,416	10,553	9,700	8,819	7,948	7,049
Mous, accroissements correspondants.	0,210	0,140	0,084	0,042	0,014	»	»	»	»
Lis avant avec mou.	14,123	13,236	12,335	11,458	10,567	9,700	8,819	7,948	7,049
Largeur au centre des coutures.	0,025	0,025	0,025	0,025	0,025	0,025	0,025	0,031	0,037
Distances de l'envergure et de la bordure aux points où les coutures de la partie arrière prennent la largeur de la couture ordinaire. . .	»	»	»	»	»	»	»	»	»

Suite de la 1re partie du tableau de coupe.

Numéros des laizes. . . .	10	11	12	13	14	15	16	17 0,4
Lis arrière.	7,049	6,160	5,243	4,336	3,401	2,476	1,523	0,580
Coupes. { Bordure.	0,160	0,090	0,080	0,070	0,060	0,050	0,040	0,012
Coupes. { Envergure. . . .	0,789	0,827	0,827	0,865	0,865	0,903	0,903	0,376
Sommes à retrancher des lis arrière correspondants. . .	0,889	0,917	0,907	0,935	0,925	0,953	0,943	0,388
Différences ou lis avant sans mou.	6,160	5,243	4,336	3,401	2,476	1,523	0,580	0,192
Mous, accroissements correspondants.	»	»	»	»	»	»	»	»
Lis avant avec mou.	6,160	5,263	4,336	3,401	2,476	1,523	0,580	0,192
Largeur au centre des coutures.	0,043	0,050	0,057	0,064	0,064	0,064	0,064	»
Distances de l'envergure et de la bordure aux points où les coutures de la partie arrière prennent la largeur de la couture ordinaire. . .	»	»	»	»	»	»	»	»

Nous trouvons que la longueur de la première couture du tiers intermédiaire ou de la sixième, à partir de celle de la chute arrière, est de 9,70, dont la moitié est 4,85. Nous pouvons donc déterminer l'élément qui nous manque, c'est-à-dire la distance de l'envergure et de la bordure aux points où chaque couture du tiers arrière cesse de diminuer de largeur et prend celle de la couture ordinaire.

Opération.

Moitié de la longueur de la 6e couture.	4,85	
Dixième de la chute arrière	1,47	
Reste. . .	3,28	5 { nombre des coutures du tiers arrière
	38	0,67 raison de la progression
	3	

Distances cherchées.

Raison.		0,67
Couture	1re.	1,47
	2e.	2,14
	3e.	2,81
	4e.	3,48
	5e.	4,15

Nous ne faisons pas mention de la sixième couture, parce qu'on comprend que dans cette couture la largeur ne cesse de diminuer qu'au centre.

Nous pourrons avec ce dernier élément compléter le tableau de coupe.

Tableau complet pour la coupe d'une mestre de tartane.

Numéros des laizes	1	2	3	4	5	6	7	8	9	10	11	12	13	14	15	16	17 0,4
Lis arrière	14,740	13,913	13,096	12,251	11,416	10,553	9,700	8,819	7,948	7,049	6,160	5,243	4,336	3,401	2,476	1,523	0,580
Coupes — Bordure	0,190	0,180	0,170	0,160	0,150	0,140	0,130	0,120	0,110	0,100	0,090	0,080	0,070	0,060	0,050	0,040	0,012
Coupes — Envergure	0,637	0,637	0,675	0,675	0,713	0,713	0,751	0,751	0,789	0,789	0,827	0,827	0,865	0,865	0,903	0,903	0,376
Sommes à retrancher des lis arrière correspondants	0,827	0,817	0,845	0,835	0,863	0,853	0,881	0,871	0,899	0,889	0,917	0,907	0,935	0,925	0,953	0,943	0,358
Différences ou lis avant sans mou	13,913	13,096	12,251	11,416	10,553	9,700	8,819	7,948	7,049	6,160	5,243	4,336	3,401	2,476	1,523	0,580	0,192
Mous, accroissements correspondants	0,210	0,140	0,084	0,042	0,014	»	»	»	»	»	»	»	»	»	»	»	»
Lis avant avec mou	14,123	13,236	12,335	11,458	10,567	9,700	8,819	7,948	7,049	6,160	5,243	4,336	3,401	2,476	1,523	0,580	0,192
Largeur au centre des coutures	0,025	0,025	0,025	0,025	0,025	0,025	0,031	0,037	0,043	0,050	0,057	0,064	0,064	0,064	0,064	0,064	»
Distances de l'envergure et de la bordure aux points où les coutures de la partie arrière prennent la largeur de la couture ordinaire	1,470	2,140	2,810	3,480	4,150	»	»	»	»	»	»	»	»	»	»	»	»

Gaines 0,10

Dimensions de la voile assemblée :
- Envergure 16,20
- Bordure 8,50
- Chute arrière 14,76

Dans le plan de coupe nous avons bien diminué la longueur de la chute arrière de 21 centimètres, mais nous lui rendons cette quantité par les mous que nous donnons aux laizes du tiers arrière.

Nous avons aussi diminué la longueur de l'envergure de 1,15, quantité bien plus grande encore, et nous n'avons rien fait pour la lui rendre. Il est évident que si nous en restions là, cette dimension de la voile serait trop courte de cette même quantité; mais nous verrons plus tard, dans le chapitre des confections, comment cette dimension est portée à sa longueur primitive.

DES FOCS DE TARTANE.

Autant le calcul pour la coupe d'une mestre de tartane est compliqué, autant celui pour la coupe du foc est simple. En effet, les laizes arrière du foc ne reçoivent pas dû mou; la bordure est coupée droite et l'on ne calcule pas l'élargissement des coutures. La seule particularité qui le concerne, c'est que l'envergure est coupée courbe, avec une flèche sur couture située sur le milieu de la ligne droite et égale aux 2 centièmes de la longueur de cette ligne.

Puis, dans la confection, les coutures de l'envergure sont élargies de 2 centimètres; mais, comme nous venons de le dire, on ne fait pas entrer cet élargissement dans le calcul de la coupe; seulement il faut en tenir compte, parce que la coupe calculée d'une laize doit être donnée à la largeur réduite de cette laize et non à sa largeur réelle.

Il est évident qu'en agissant ainsi l'envergure sera courte d'une certaine quantité; mais nous verrons plus tard, dans le chapitre des confections, comment on la ramène encore dans sa vraie longueur.

Nous sommes trop familiarisés avec le calcul des coupes courbes pour que, après ce que nous venons de dire, la coupe d'un foc de tartane puisse être embarrassante. Aussi nous croyons pouvoir, sans inconvénient, nous abstenir d'en donner des exemples.

DE LA COUPE DES VOILES.

Maintenant que nous savons déterminer au moyen du tracé et du calcul les différentes parties qui doivent composer une voile quelconque, il est temps de nous occuper des moyens pratiques employés pour couper les différentes laizes dont l'assemblage doit la produire en vraie grandeur.

Un exemple suffira pour mettre les élèves au courant de la marche à suivre.

Nous prendrons pour cet exemple la mestre de tartane que nous venons de calculer, et muni du tableau de coupe, nous couperons chaque laize d'après les données qu'il renferme.

Fig. 83.

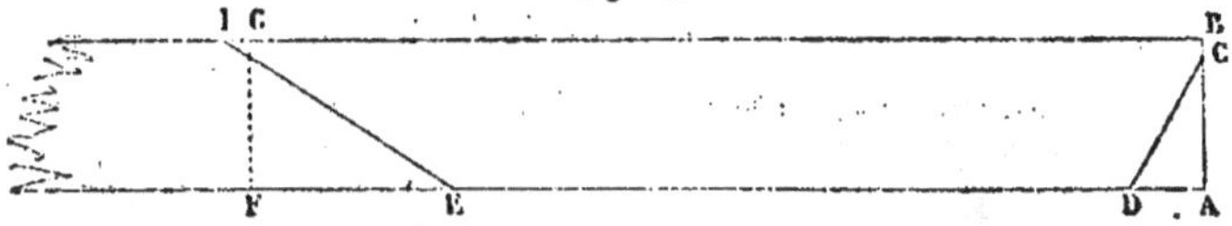

Fig. 84.

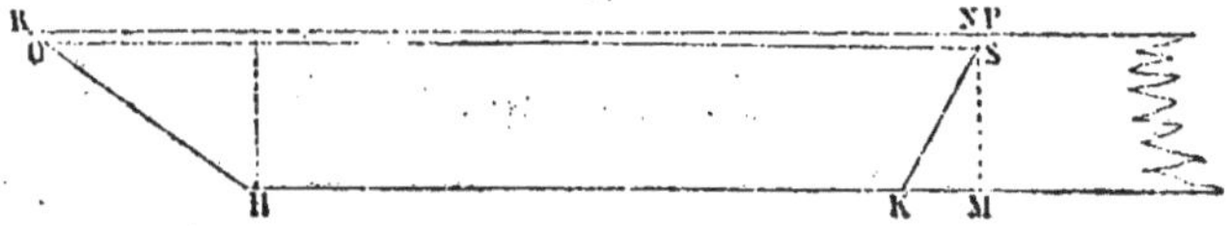

Fig. 85.

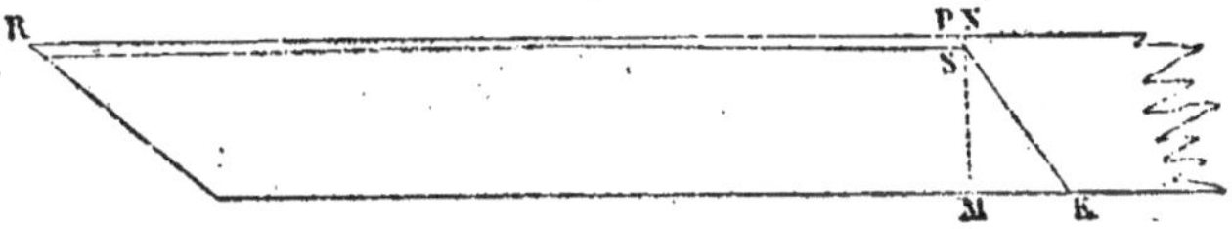

Soit donc (*fig.* 83) la toile destinée à la confection de cette voile ; supposons l'une de ses extrémités AB à droit fil. Commençons d'abord par la 1re laize. Nous lisons sur le tableau que cette laize doit avoir 19 centimètres de coupe du côté de la bordure, 637 millimètres du côté de l'envergure et 14 mètres 123 millimètres de longueur dans son lis avant.

Portons donc de B en C la largeur de la couture (0,064), de A en D la coupe de la bordure, et coupons suivant DC. Cela fait, mesurons de D en E la longueur du lis avant et de E en F la coupe de l'envergure. Tirons le droit fil FG, portons de G en O la largeur de la couture, et coupons suivant EI en passant par le point O. Nous aurons la figure IEDCB qui représente la 1re laize.

Pour couper la seconde laize, nous renversons la partie restante de la toile suivant la figure 84, et nous remarquons que la coupe du côté de l'envergure de cette seconde laize devant être la même que celle de la 1re, nous n'avons à nous occuper que de la longueur du lis avant et de la coupe à donner du côté de la bordure. Le tableau de coupe donnant 13,236 pour la longueur du lis avant et 0,18 pour la coupe de la bordure, nous mesurons la 1re grandeur de H en K, et la seconde de K en M ; nous tirons le droit fil MN et, après avoir porté de N en S la largeur de la couture, nous coupons suivant KP en passant par le point S. De cette manière, la coupe calculée est donnée en entier à la largeur réduite de la laize, et la longueur du lis arrière est augmentée de la quantité nécessitée par la largeur de la couture.

Nous obtenons ainsi la seconde laize sur le lis arrière de laquelle nous marquons la direction OS de la couture, d'après les indications du tableau de coupe.

Nous couperions la 3e laize et les suivantes d'une manière analogue, en observant toutefois que la coupe de la bordure de la 3e laize n'étant pas la même que celle de la précédente, qui reste sur la toile, nous aurions à *rafraîchir* cette coupe pour ramener sa grandeur à celle qui revient à la 3e, c'est-à-dire qu'il faudrait la diminuer de 1 centimètre, différence qui existe entre la coupe de la seconde et celle de la 3e laize. Cette observation s'applique à la coupe de toutes les laizes qui seront dans le même cas.

1re Remarque. La longueur du lis arrière de chaque laize, telle qu'elle est donnée par le tableau de coupe, n'est pas exacte. Cette longueur pour la seconde laize, par exemple, est celle qu'on doit trouver en mesurant la distance OS, qui marque la direction de la couture suivant sa largeur, tandis que la longueur réelle du lis arrière est RP, plus grande que OS de la quantité nécessaire au recouvrement de la couture. C'est pourquoi, afin de ne pas avoir à tenir compte de l'addition qu'il faudrait faire à la longueur du lis arrière donnée par le tableau, nous mesurons le lis avant dont la longueur est exacte, et l'addition à cette longueur de la somme des coupes de la bordure et de l'envergure donne la longueur vraie du lis arrière.

2e Remarque. Nous savons par expérience que lorsque deux lis qui doivent être cousus ensemble ont des longueurs différentes, on fait *boire* plus facilement et avec plus de régularité en cousant le lis le plus long sur le plus court. C'est pourquoi nous disons que la direction de la couture doit être marquée sur le lis arrière de chaque laize, afin que lorsqu'il y a du mou, le lis avant de la laize précédente soit cousu sur le lis arrière de la laize qui suit, le premier étant alors plus long que le second.

3° Remarque. La coupe de la bordure étant positive, nous avons porté sa grandeur de K en M (*fig.* 84) en dehors du point K, et nous avons coupé suivant PK; mais si la coupe avait été négative, nous l'aurions portée de K en M (*fig.* 85) en dedans du point K, et après avoir porté la largeur de la couture de N en S, nous aurions coupé suivant PK en passant toujours par le point S.

On voit que dans le 1er cas l'angle RPK, formé par le lis arrière RP et la direction PK de la coupe, est aigu et que dans le second cas il est obtus.

On comprend que si pour couper une voile on était obligé de mesurer le lis avant de chaque laize avec le mètre à la main, l'opération serait longue et fatigante et de plus on serait susceptible de commettre des erreurs. Pour obvier à ces inconvénients, on a imaginé un moyen avec lequel on mesure en ligne droite avec facilité les laizes les plus longues. Ce moyen est ce qu'on appelle *l'échelle de coupe*.

DE L'ÉCHELLE DE COUPE.

L'échelle de coupe (*fig.* 86) est, à proprement parler, une mesure très-longue, gravée sur le plancher d'un atelier. Lorsque l'espace le permet, on lui donne jusqu'à 25 mètres de longueur réelle, afin de pouvoir mesurer d'un seul coup les plus longues laizes qui peuvent entrer dans la confection des voiles en usage.

Fig. 86.

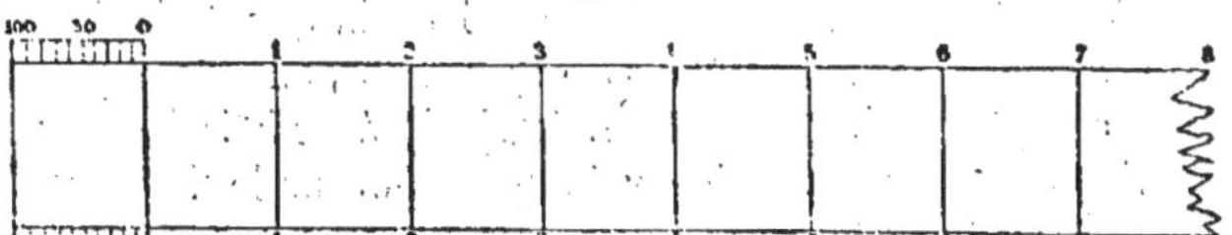

Cette échelle est formée par deux lignes parallèles tracées à une distance d'environ 59 à 60 centimètres l'une de l'autre, afin que la toile qui généralement a 57 centimètres de largeur, puisse aisément être placée entre elles, à plat et en ligne droite pour l'exactitude du mesurage.

Les numéros qui indiquent le nombre des mètres sont écrits en dehors des lignes parallèles. Le premier mètre, c'est-à-dire celui qui est en tête avant le zéro de l'échelle, est subdivisé en décimètres et en centimètres.

A l'inspection seule de la figure on voit tout de suite le parti qu'on peut tirer d'une pareille échelle, et nous croyons qu'il serait inutile d'indiquer la manière de s'en servir.

COUPE D'UN TAUD DE GAILLARD AVANT.

Proposons-nous maintenant de couper le taud de gaillard avant dont nous avons déjà parlé.

Soit ABC (*fig.* 87) le plan de ce taud tracé sur le plancher de l'atelier d'après les principes que nous avons indiqués.

Tout le mécanisme de la coupe d'un pareil taud consiste à remplir de toile la surface limitée par son plan, en faisant en sorte que la direction des laizes soit perpendiculaire à la ligne AC qui représente la ralingue de faix. Pour cela du point B on abaisse une perpendiculaire BM sur AC, puis on pose la toile sur le plan et on la tend de manière que son extrémité étant au point B, un de ses lis soit dans la direction BM. On renverse la toile sur elle-même, de manière que le pli soit dans MD et que la partie supérieure recouvre parfaitement la partie inférieure posée en principe sur le plan. Alors on coupe suivant BE et l'on a ainsi une première laize. Une seconde laize est coupée d'une manière analogue en plaçant la toile de telle sorte qu'elle recouvre la 1re laize d'une quantité égale à la largeur de la couture. On continue ainsi jusqu'à ce que l'on soit arrivé à l'extrémité C. Puis on remplit la surface du triangle ABM et cette opération faite, le taud est coupé.

Fig. 87.

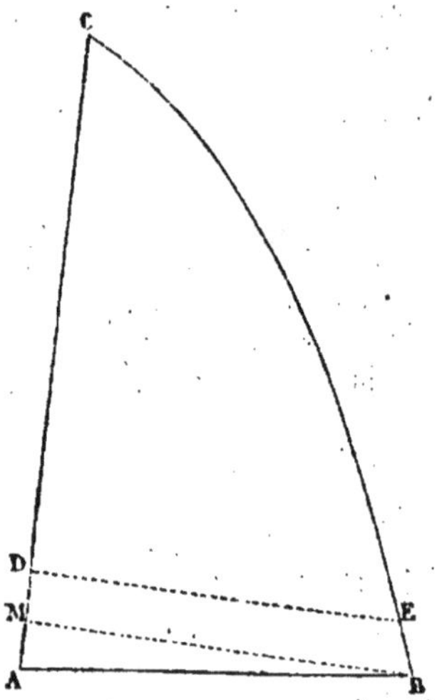

Si l'on ne disposait pas d'un emplacement assez vaste pour tracer le taud en vraie grandeur sur le plancher, il faudrait alors le tracer sur le papier avec une échelle un peu grande, représenter toutes les laizes et relever la coupe de chacune d'elles, puis on couperait chaque laize à la main ou sur l'échelle de coupe.

COUPE DES CAPOTS DE CHEMINÉES DE VAPEUR.

Nous avons remarqué quelquefois que des voiliers, assez bons praticiens d'ailleurs, hésitaient pour couper un capot de cheminée.

Dans le but de faire cesser ces hésitations, nous allons faire connaître la méthode pratique suivie journellement pour arriver directement au résultat.

Il y a deux espèces de capots de cheminées. Dans la première on comprend ceux dont la base est circulaire, et dans la seconde ceux dont la base est à peu près elliptique.

Occupons-nous d'abord de ceux de la première espèce.

Soit 2,05 le diamètre d'un tuyau dont il s'agit de faire le capot. La longueur de la circonférence sera, d'après ce que nous avons vu, exprimée par 3,14 multiplié par 2,05 ou par 6,44.

Fig. 88.

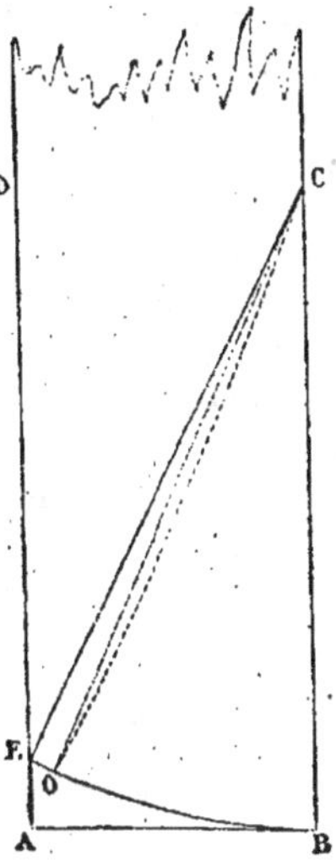

La toile généralement employée pour la confection de ces sortes de capots, étant la toile à prélart dont la largeur est de 0,65. Soit ABCD (*fig.* 88) un coupon de cette toile. Portons sur l'un de ses lis, de B en C par exemple, une grandeur égale aux 7 dixièmes de la longueur du diamètre (1,44). Par le point C et avec CB pour rayon, décrivons l'arc BE qui rencontrera l'autre lis de la toile en un point E. Unissant ce point au point C, nous obtenons le secteur circulaire CEB, dont la longueur de l'arc EB qui lui sert de base, est sensiblement égale à 67 centimètres. Retranchons de cette longueur 4 centimètres pour la couture, et divisons la longueur de la circonférence (6,44) par la différence (0,63). Nous trouvons pour quotient 10 et pour reste 14 centimètres. Nous concluons de là que, pour confectionner le capot en question, il faut 10 secteurs égaux au secteur CEB, plus un autre secteur de même rayon et de base égale à 14 centimètres; mais pour ne pas employer, nous dirons cette fraction de secteur, au lieu de 10 secteurs égaux nous en mettrons 11, en donnant aux bases une longueur proportionnelle.

Divisons donc 6,44 par 11, nous trouvons pour quotient 0,59 dont la différence avec 0,63 est 0,04. Portons 4 centimètres sur la base du secteur CEB de E en O et unissons le point O au point C. Il en résulte le secteur COB qui servira de type à 10 autres secteurs et qui étant assemblés avec le secteur COB formeront le capot en question.

Dans la pratique, afin qu'une fois le capot en place sa surface soit bien tendue, on échancre un peu le côté en biais de chaque secteur dans le sens de la ligne ponctuée. La forme du capot approche ainsi celle d'un chapeau chinois.

Voyons maintenant comment on procède pour couper un capot de la 2e espèce.

Soit AB (*fig.* 89) le grand axe du tuyau et ED le petit axe perpendiculaire sur le milieu du grand. Portons le demi petit axe de A en P et de B en M. Par les points P et M menons RS et FG parallèles au petit axe, et par les mêmes points décrivons les demi-circonférences RAS et FGB. Unissons FR et GS; nous obtenons ainsi la courbe AEBD qui représente la base supérieure du tuyau et par conséquent la base du capot.

Fig. 89.

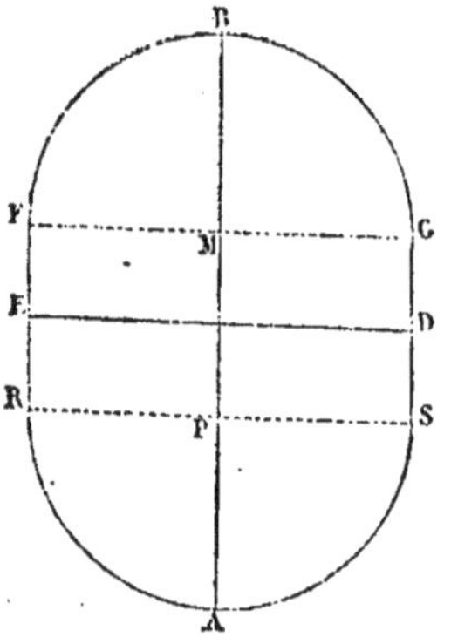

Comme on peut le voir, cette base est divisée en quatre parties égales aux points A, E, B et D.

Il nous suffira donc de connaître comment la toile qui doit remplir le quart de la surface du capot doit être coupée pour avoir un type pour les autres trois quarts.

Soit OEFB (*fig.* 90) représentant le quart de la base. Portons la grandeur EF (1) sur l'arc FB autant de fois qu'il est possible de le faire, de F en C, de C en G et de G en H. Prenons successive-

(1) On a compris que EF est égal à la demi-différence qui existe entre le grand axe et le petit.

ment les grandeurs OE, OF, OC, OG, OH et portons-les de O en E', de O en F', de O en C', de O en G' et de O en H'. Cela fait, traçons une droite AD égale en longueur à EE'. De l'une de ses extrémités D comme centre, et avec les grandeurs EF', EC', EG', EH' et EB, prises successivement pour rayons, décrivons des arcs au-dessus du point A. Par le point A et avec EF pour rayon, décrivons un arc qui coupera le premier décrit du point D en un point A'; par le point A' et avec le même rayon décrivons un autre arc qui coupera le second en un point A'' et en continuant ainsi nous déterminerons les points A''' et A^4. Enfin, de ce dernier point et avec la grandeur HB pour rayon, décrivons un autre arc qui coupera le dernier décrit du point D en un point A^5. Unissons ce dernier point au point D et par les points A, A', A'', A''', A^4, A^5 faisant passer une courbe, nous obtenons la figure A, A', A'', A^5, D qui représente la surface et la forme du quart du capot.

Fig. 90.

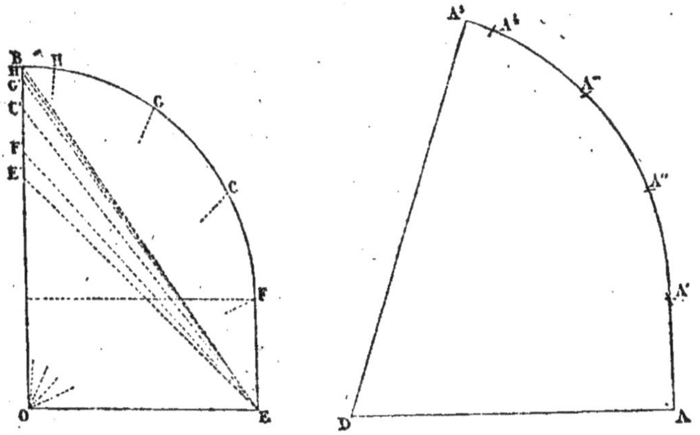

Il ne reste donc plus qu'à remplir cette surface en coupant les laizes en pointes à peu près comme nous avons coupé celles du capot à base circulaire, et de manière que toutes les pointes soient réunies au point D. Ces laizes, comme nous l'avons dit, serviront de types pour couper celles qui doivent remplir la surface des trois autres quarts du capot.

On échancre aussi le côté en biais de chaque laize, afin que la surface du capot soit bien tendue.

DU CENTRE VÉLIQUE OU CENTRE DE VOILURE.

Le centre de voilure, comme nous l'avons déjà dit, est le point par où l'on suppose que passe la résultante des efforts que le vent exerce sur l'ensemble des voiles d'un navire.

Dans les calculs nécessités par cette question, on considère les voiles comme terminées par des lignes droites, et l'on ne fait mention que des principales, c'est-à-dire les basses voiles, les huniers, les perroquets, la brigantine et le grand foc.

La recherche du centre de voilure nécessite la connaissance préalable de la surface particulière de chaque voile dont nous venons de faire la nomenclature, ainsi que la position de son centre de gravité.

Fig. 91.

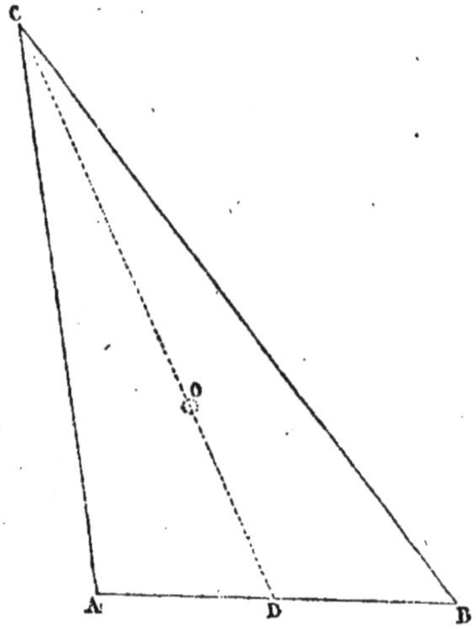

Les voiles étant considérées comme terminées par des lignes droites, se présentent sous trois formes différentes. Le foc a la forme d'un triangle; les basses voiles, les huniers et les perroquets ont celle du trapèze régulier et la forme de la brigantine est celle du quadrilatère irrégulier. Or, comme nous avons déjà vu comment on détermine la surface de chacune de ces figures, nous n'y reviendrons pas et nous nous bornerons à déterminer la position de leur centre de gravité.

Le centre de gravité d'une figure plane est le point autour duquel la surface de cette figure est également répartie. On détermine ce point de la manière suivante :

CENTRE DE GRAVITÉ D'UN TRIANGLE OU D'UN FOC.

Pour connaître la position du centre de gravité d'un triangle ou d'un foc ABC (*fig.* 91) on joint le sommet C de l'un de ses angles au milieu D du côté opposé AB, on divise la droite CD qui unit ces points en trois parties égales, et l'on porte une de ces parties du point D au point O. Ce dernier point est le centre de gravité.

CENTRE DE GRAVITÉ DU TRAPÈZE RÉGULIER OU D'UNE VOILE CARRÉE QUELCONQUE.

Fig. 92.

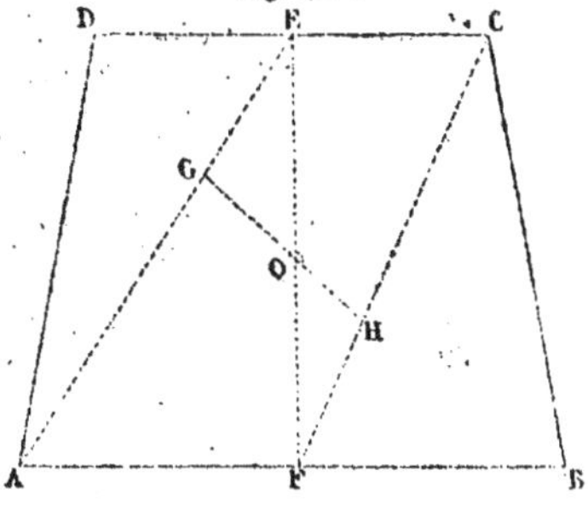

Soit ABCD (*fig.* 92) une voile carrée quelconque; joignons le milieu E de l'envergure au point F de la bordure par la droite EF; joignons aussi AE et FC. Portons sur AE le tiers de sa longueur de E en G, sur FC de F en H le tiers de FC et joignons GH. Le point O d'intersection de GH avec EF est le centre de gravité.

CENTRE DE GRAVITÉ DU QUADRILATÈRE IRRÉGULIER OU DE LA BRIGANTINE.

Soit ABCD (*fig.* 93) une brigantine, M le milieu de l'envergure et P celui de la bordure. Unissons le point M aux points d'écoute et d'amure A et B par les droites MA et MB. Portons sur chacune de ces droites à partir du point M le tiers de leur longueur de M en G et de M en S; cela fait, menons les droites PD et PC. Portons pareillement le tiers de chacune de ces droites de P en R et de P en H. Unissons le point G au point H et le point R au point S. L'intersection O des droites RS et GH marque le centre de gravité.

Fig. 93.

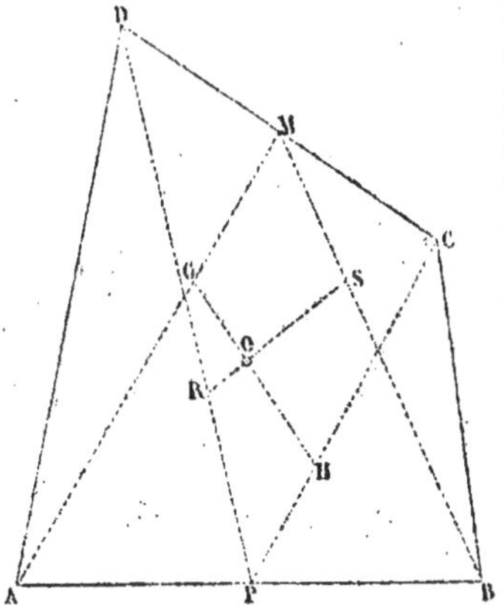

Connaissant la surface de chaque voile et la position de son centre de gravité, voici comment on opère:

Soit (*fig.* 4, Pl. II) le plan de voilure dont il s'agit de trouver le centre·

On trace une horizontale (1) AB et une verticale BC ; puis par le centre de gravité de chaque voile on abaisse une perpendiculaire sur chacune de ces droites.

Cela fait, on trace le tableau ci-dessous.

NOMS des voiles.	SURFACES.	DISTANCES du centre de gravité		PRODUITS de la surface de chaque voile multipliée par la distance du centre de gravité	
		à l'horizontale.	à la verticale.	à l'horizontale.	à la verticale.
Grand foc.	103,00	16,70	61,20	1720,10	6303,60
Misaine.	176,00	11,80	48,20	2076,80	8483,20
Petit hunier.	156,00	22,70	47,90	3541,20	7472,40
Petit perroquet.	63,30	32,70	47,80	1563,00	3025,70
Grande voile.	246,25	11,80	30,60	1805,75	7535,25
Grand hunier.	197,50	24,60	29,60	4858,60	5846.00
Grand perroquet. . . .	83,60	35,00	29,00	2926,00	2424,40
Perroquet de fougue. .	115,30	21,30	16,20	2455.90	1878,60
Perruche.	47,30	29,50	15,70	1395,35	742,60
Brigantine.	135,50	12,50	10,60	1693,75	1436,30
Sommes. . . .	1323,75	»	»	24036,45	45148,05

Dans la 1re colonne de gauche on écrit le nom des différentes voiles; dans la seconde, la surface correspondante; dans la troisième, la longueur correspondante de la perpendiculaire abaissée du centre de gravité de chaque voile sur l'horizontale AB ; et dans la quatrième, la longueur correspondante de la perpendiculaire abaissée du centre de gravité de chaque voile sur la verticale AC. Cela fait, on multiplie la surface de chaque voile par la longueur de la perpendiculaire correspondante écrite dans la troisième colonne et l'on porte les produits en regard dans la cinquième. On multiplie pareillement la surface de chaque voile par la longueur de la perpendiculaire correspondante écrite dans la quatrième colonne et l'on écrit les produits en regard dans la sixième. Après on fait la somme des produits portés dans les cinquième et sixième colonnes et l'on divise chacune de ces sommes par la somme des

(1) C'est ordinairement la ligne de flottaison que l'on prend.

surfaces des voiles. Ensuite on mène deux droites, la première parallèle à l'horizontale à une distance égale au premier quotient, et la seconde parallèle à la verticale à une distance égale au second quotient. Le point de rencontre de ces deux droites est le centre cherché.

Dans l'exemple qui nous occupe, nous aurons donc à diviser 24036,45 et 45148,05 par la somme des surfaces des voiles (1323,75), ce qui donne pour le premier quotient 18,15 et pour le second 34,10. Portons sur la verticale AC, de A en M, 18,15, et sur l'horizontale AB, de A en S, 34,10. Par le point M menons une parallèle à l'horizontale et par le point S une parallèle à la verticale. Le point O de rencontre de ces deux droites sera le centre cherché.

Lorsque la voilure se compose d'un petit nombre de voiles, comme dans une embarcation par exemple, on peut trouver le centre par un procédé simplement graphique, après avoir toutefois déterminé la surface particulière de chaque voile et la position de son centre de gravité.

Soit (*fig.* 5, Pl. I) la voilure d'une embarcation, soit *a* le centre de gravité du foc, *b* celui de la misaine, *c* celui de la grande voile et *d* celui du tape-cul.

Unissons le point *a* au point *b*, et aux extrémités *a* et *b* élevons les perpendiculaires *aa'* et *bb'*. Portons sur la première de *a* en *a'* une longueur proportionnelle à la surface de la misaine et sur la seconde de *b* en *b'* une longueur proportionnelle à la surface du foc. Tirons la droite *b'a'*; le point O où cette droite coupe *ab*, marque le centre des deux voiles de l'avant.

Nous exécutons la même opération sur les deux voiles de l'arrière, c'est-à-dire, qu'après avoir uni *dc*, nous élevons les perpendiculaires *cc'* et *dd'*, en prenant la longueur de la première proportionnelle à la surface du tape-cul, et celle de la seconde proportionnelle à la surface de la grande voile. Nous joignons *d'c'* qui détermine le point O'; cela fait, tirons la droite *o'o*. Par les extrémités *o* et *o'* élevons les perpendiculaires *o't* et *os*. Portons sur la première de *o* en *t* une longueur proportionnelle à la somme des surfaces de la misaine et du foc, et sur la seconde de *o'* en *s*, une longueur proportionnelle à la somme des surfaces de la grande voile et du tape-cul. Joignant *ts*, nous déterminons le point G qui est le centre cherché.

TROISIÈME PARTIE.

CONFECTION, RÉPARATION ET MODIFICATION DES VOILES.

CONFECTION.

SOMMAIRE DES TRAVAUX A EXÉCUTER.

Lorsque toutes les laizes qui doivent composer une voile sont coupées et la direction des coutures marquée, on procède à sa confection dans l'ordre suivant :

1° Assemblage des laizes. L'assemblage des laizes consiste à réunir par des coutures toutes celles qui doivent composer la voile. Les coutures sont généralement plates, à trois ou à deux rangées de points (1), suivant la grandeur de la voile ou l'usage

---

(1) On distingue trois sortes de points principaux : 1° le point *broché* ou *par côté;* 2° le point *piqué ;* 3° le point *debout.*

Les coutures à trois rangées de points sont faites au moyen de points brochés et de points piqués. Les premiers ont lieu sur le bord même de chaque lis; ils lient ce dernier avec la laize inférieure à une distance du lis de cette dernière égale à la largeur de la couture. Il résulte qu'à chaque point la laize qui est en dessous est traversée deux fois par l'aiguille, tandis que celle qui est au-dessus ne l'est qu'une seule fois au bord même du lis. Les points piqués se font entre les deux lis, de manière à partager la largeur de la couture en deux parties égales; à chacun de ces points, l'aiguille traverse deux fois chaque laize dans les coutures à deux rangées de points, les points brochés seuls sont employés.

On exécute les points brochés et piqués en poussant l'aiguille dans un sens oblique à la surface de la toile.

Dans le point debout, on pousse l'aiguille perpendiculairement à la toile, et c'est de là que lui vient sa dénomination. Ce point s'emploie dans les

qu'elle est appelée à remplir. Elles ont trois rangées de points lorsque les toiles qu'elles assemblent sont comprises dans les quatre premiers numéros ; elles n'en ont que deux lorsque la force des toiles est inférieure à celle du n° 4.

Dans le premier cas on dit qu'elles sont *cousues*, *piquées* et *rabattues;* dans le second, elles sont *cousues* et *rabattues* seulement.

2° Formation des gaînes. Après que toutes les laizes ont été assemblées, on règle la voile, c'est-à-dire qu'on s'assure de ses dimensions ; on modifie les ronds et échancrures s'il y a lieu, puis on frotte et l'on coud les gaînes.

Lorsque la voile ne doit pas recevoir de doublage sur ses côtés, les gaînes sont faites du côté de la face arrière, et l'on emploie le point broché pour les coudre ; mais lorsque des doublages doivent être appliqués sur la face avant de la voile, les gaînes sont faites de ce côté et cousues au moyen d'un point composé appelé *piqué-faufilé*, parce qu'il tient à la fois du point piqué et du point faufilé.

Le point piqué-faufilé a l'avantage de ne pas brider la gaîne, et comme il est recouvert par le doublage, on devra l'employer toutes les fois qu'il sera possible de le faire.

3° Pose des doublages et renforts de toutes espèces. Les doublages ont pour but de garantir le corps de la voile des frottements des manœuvres, cargues, etc. Ces frottements agissant toujours à peu près aux mêmes endroits, la toile serait usée dans ces positions bien avant le reste de la voile, sans l'application de ces pièces supplémentaires.

La pose des renforts a pour but de fortifier certains points de la voile et répartir sur une certaine étendue de sa surface des forces particulières agissant directement sur ces points.

Dans les voiles carrées, à l'exception des *tabliers*, tous les doublages et renforts sont généralement posés sur la face avant de la voile (1). Dans les autres voiles, on les applique sur le côté opposé aux gaînes.

---

ajouts des doublages et renforts, et aux écarts, dans les réparations, lorsqu'ils doivent être faits au-dessous d'un renfort. Un autre point appelé *point faufilé* ou *faufilage*, est employé pour retenir les doublages le long des gaînes.

Enfin, un autre genre de point employé pour coudre avec la voile les tresses plates qui terminent l'étrangloir des cosses mises dans la toile, et celle qui forme la queue de certaines bagues, est dit *point de chevron*.

(1) La bande, de demi-laize, que l'on pose généralement entre le ris et

La grandeur des doublages et renforts est proportionnée à celle de la voile.

Dans toutes les voiles, les doublages sont faufilés sur le bord des gaînes et dans le milieu de leur propre largeur (1). Ils sont ensuite fixés par deux rangées de points piqués, écartées l'une de l'autre d'une quantité qui peut varier de 2 centimètres à 25 millimètres, et celle qui est la plus rapprochée du bord en est encore éloignée de 5 millimètres environ. Cette disposition est prise pour qu'une troisième rangée de points brochés puisse être faite pour recouvrir le bâillement qui pourrait se produire après un certain temps de service.

4° Confection des œillets et pose des cosses dans la toile. Les œillets sont confectionnés avec bagues simples ou avec bagues à queue. Nous ferons bientôt connaître ceux qui nécessitent des bagues à queue et ceux pour lesquels les bagues simples suffisent. La pose des cosses dans la toile n'est praticable qu'aux angles des voiles. On les pose généralement aux empointures et points d'écoute des voiles carrées et quelquefois aux empointures des voiles auriques.

5° Pose des ralingues. Les plus grands efforts qu'on peut exercer sur les voiles, tant pour les établir au vent que pour les orienter, les serrer etc., ont leur point d'application sur les ralingues.

Les principaux renforts des voiles sont donc les ralingues.

Les ralingues sont cousues sur les bords de la voile au moyen d'un point de couture qui a une certaine analogie avec le point debout; on l'exécute en poussant l'aiguille entre les torons avant de piquer la toile. Le point de ralingue est simple ou croisé; il est simple lorsque l'aiguille ne passe qu'une seule fois entre les mêmes torons, il est croisé quand elle y passe deux fois. Le point croisé a pour but de fortifier la couture de la ralingue aux endroits appelés à supporter de fortes tractions.

Les ralingues sont cousues de différentes manières sur les dif-

---

la bordure d'une basse voile, n'ayant d'autre but que celui de fortifier la voile, il nous semble qu'il serait plus avantageux de placer cette bande sur la face arrière; elle serait ainsi à l'abri du frottement des cargues. Au moment même où nous écrivons ces lignes, nous avons en réparation une misaine du vaisseau *le Navarin* dont la bande en question est complètement raguée et que nous sommes obligé de remplacer.

(1) Lorsque la largeur des doublages n'excède pas celle d'une demi-laize, le faufilage du milieu n'a pas lieu.

férents côtés d'une voile. Le voilier dit qu'il *ralingue juste* ou qu'il *pousse droit*, lorsque la ralingue doit avoir même longueur que la toile; il *pousse en avant* lorsque la ralingue doit être plus courte que la toile, il dit alors qu'il fait *boire de la toile*. Enfin, lorsque la ralingue doit être plus longue que la toile, le voilier *pousse en arrière*, et dit qu'il fait *boire de la ralingue*. L'action de poser les ralingues est un travail assez délicat qui ne doit être confié qu'à des ouvriers entendus, car le bon effet d'une voile dépend souvent de la manière dont le ralingage a été exécuté.

6° Confection des pattes de toutes espèces. Pose des bandes de palanquins, des couillards, etc. Les pattes sont dites simples ou à cosses. Dans les deux cas la patte est toujours faite au moyen d'un toron d'un diamètre inférieur à l'un de ceux qui composent la ralingue sur laquelle la patte est faite. Lorsque la patte est simple, le toron qui la forme est passé tout bonnement dans ceux de la ralingue; on l'appelle alors plus généralement erse ou erseau. Dans la patte à cosse le toron passe dans les œillets percés à cet effet sur la gaîne de la voile, la cosse est enfoncée dans la patte au moyen d'un instrument appelé *presse à cosses*. (Voyez ce mot sur le dictionnaire.)

Les bandes de palanquin, vulgairement appelées *moustaches*, ont pour but de renforcer les huniers à la position de la patte de grand palanquin. Ce sont des bandes de toile d'environ 1,20 de longueur et d'un tiers de laize de largeur; elles sont pliées en trois doubles dans les sens de leur largeur, coulées entre les torons de la ralingue et cousues sur la face avant de la voile.

Le couillard a pour but de soutenir les fonds des voiles carrées quand elles sont serrées. C'est une estrope formée par un bout de ralingue embrassant une cosse et terminé par une tresse à trois branches. Les branches sont dirigées vers l'envergure et cousues en patte d'oie sur la face avant de la voile; la cosse est sur la face arrière.

7° Garniture. La dernière opération consiste dans la pose de tout ce qui constitue la garniture des voiles : estropes de moques d'écoutes, filières des ris, jarretières, rabans d'empointures et d'envergure, etc..., après quoi la voile est prête à être enverguée.

Nous allons maintenant faire connaître les renforts et doublages de toute espèce, propres à chaque voile en particulier. Nous commencerons par les voiles carrées et, afin de développer la série des opérations que nous venons d'exposer sommairement, nous nous occuperons d'abord d'un hunier.

DU HUNIER (*fig.* 6, Pl. III).

Nous avons vu qu'on peut considérer un hunier comme composé de trois parties distinctes : le carré et les deux côtés. Pour faciliter la pose des renforts propres à chacune de ces parties, on assemble séparément les laizes qui doivent les composer, et ce n'est qu'après avoir exécuté sur elles la pose des renforts en question qu'on les réunit ensemble.

RENFORTS ET DOUBLAGES.

Tablier. Le tablier est un doublage qui a pour but de garantir la voile au portage de la hune, du mât et des haubans; c'est pour cela qu'on le place sur la face arrière. Autrefois les laizes du tablier étaient coupées en *échelettes;* ainsi confectionné, il garantissait bien la voile du frottement de la hune, du mât et des haubans; mais il avait l'inconvénient de la fatiguer aux endroits où les échelettes étaient cousues sur elle.

Aujourd'hui on donne au tablier la forme d'un trapèze régulier, dont la base inférieure égale le tiers de la longueur de la bordure du hunier. A la hauteur du bas ris, où aboutit sa base supérieure, le tablier n'a plus qu'une largeur égale à la moitié de sa base inférieure.

Pour les huniers, dont la chute est au-dessus de 12,50, le tablier est coupé de manière qu'il y ait deux laizes qui se prolongent jusqu'à l'envergure; dans les huniers dont la chute est inférieure, il n'y a qu'une laize.

La pose du tablier a lieu sur la partie centrale de la voile et s'exécute à plat sur le plancher. A cet effet, on étend le carré aussi bien que possible, on pose le tablier dessus, et on l'y fixe au moyen d'une rangée de points piqués sur le milieu de chaque laize; il est ensuite piqué et rabattu sur les côtés.

Bandes de ris. La pose des bandes de ris n'a lieu qu'après celle du tablier et des renforts de palanquins; mais la position où elles doivent être cousues doit être marquée d'avance, afin que celle où doit aboutir la base supérieure du tablier ainsi que celle du centre des renforts de palanquins soient connues.

La position du bas ris doit être déterminée la première; il est bon qu'elle soit aussi bas que possible, en observant toutefois que, le bas ris étant pris et le hunier bordé, la vergue soit encore assez élevée au-dessus du chouquet pour que celui-ci ne gêne pas sa manœuvre et que le poids de la voile soit supporté par sa drisse. Cette position est généralement fixée au-dessous de l'envergure à une distance de cette ligne égale aux 45 centièmes de la chute totale du hunier.

La distance de l'envergure au bas ris étant déterminée, on la divisera en quatre, trois ou deux parties égales suivant que le hunier devra avoir quatre, trois ou deux ris, et l'on connaîtra ainsi la position des œillets de chaque ris, qui devront être alignés suivant des parallèles à l'envergure. Les œillets de chaque ris devant correspondre au milieu de la largeur de la bande de renfort, on marquera la position où le bord supérieur de chaque bande devra être cousu sur la voile de la manière suivante : de l'une des parties précitées, on retranchera la moitié de la largeur effective de l'une des bandes, et on portera la différence de l'envergure en allant vers la bordure autant de fois qu'il sera nécessaire de le faire pour que la partie de la voile comprise entre deux marques consécutives puisse être parfaitement roidie par quelques hommes; on marquera ainsi la position que devra occuper le bord supérieur de la bande du premier ris. Pour marquer la position que devra occuper le bord supérieur de la bande du second ris, on opérera de la même manière en prenant pour point de départ la position que devra occuper le bord supérieur de la bande du premier, mais sans rien retrancher à la longueur de l'une des parties précitées. La position des bords supérieurs des bandes des autres ris sera marquée de la même manière, en partant toujours de la marque immédiatement supérieure.

La position des bandes étant ainsi marquée, on en exécutera la pose de la manière suivante : chaque bande sera cousue par le haut par une rangée de points piqués placée à 1 centimètre du bord de la bande, puis renversée et rabattue au bas par deux autres rangées de points piqués, et de manière que la rangée la plus basse soit à 5 millimètres environ du bord inférieur de la bande. En renversant la bande, on devra faire en sorte que le pli, qui devra être frotté à la paumelle, soit un peu au-dessus de la rangée de points piqués, afin que la bande, n'étant pas tendue dans le sens de la chute, ne contrarie pas l'allongement dans le sens de la chaîne des laizes du hunier. Les bandes de ris ont généralement une demi-laize ou un tiers de laize de largeur, suivant la force du hunier.

Renforts de chapeaux. Les renforts de chapeaux sont deux triangles de toile placés de chaque côté du prolongement du tablier, à l'endroit où il vient joindre l'envergure. Ils se terminent en pointe à la hauteur du premier ris, et calculés de manière que la base totale du triangle qui en résulte soit égale au tiers de la longueur de l'envergure.

Renforts de palanquins. On en place un au-dessous du bas ris sur chaque côté de chute. Il est composé de deux laizes ou d'une laize et demie suivant la grandeur du hunier; cousu sur la face avant de la voile, comme tous les autres renforts, et dirigé vers le point d'écoute opposé au côté qui le reçoit, son bout intérieur est cousu sur l'une des deux premières coutures de l'envergure.

La distance du centre de ce renfort au bord inférieur de la bande du bas ris varie de 80 à 60 centimètres; elle est égale à 80 centimètres dans les huniers dont la chute est au-dessus de 15 mètres; à 70 centimètres dans ceux dont la chute est de 15 à 11 mètres, et à 60 centimètres dans tous les huniers dont la chute est inférieure à 11 mètres.

Renforts de faux palanquins. Au-dessus des ris supérieurs au bas ris, sont placés dans une direction parallèle au renfort de palanquin d'autres renforts dits de faux palanquin. La largeur de ces renforts n'est que d'une laize ou d'une demi-laize, suivant la grandeur du hunier. La distance de leur centre au bord inférieur de la bande du ris correspondante est la même que celle du centre du renfort de palanquin au bord inférieur de la bande de bas ris.

Le bout intérieur de ces renforts est cousu sur la même couture que le bout intérieur du renfort de palanquin, lorsque la bande du ris inférieur ne s'y oppose pas.

Remplissage de palanquin. Entre la bande du bas ris et le renfort de palanquin existe un vide que l'on remplit au moyen d'un doublage horizontal, appelé *remplissage de palanquin.*

Renfort de cargue-fond d'en dehors. Ce renfort est placé à chaque premier cinquième, à partir du point d'écoute; il est destiné à renforcer la voile à la position de l'œillet où la cargue-fond vient faire dormant.

Doublages. Les huniers en ont quatre : un sur l'envergure, un sur la bordure et un sur la longueur oblique de chaque côté. Tous ces doublages ont largeur de laize, excepté ceux des huniers de plus petites dimensions auxquels on enlève un tiers de laize que l'on fait servir pour bandes de ris. Ils sont posés comme nous l'avons dit plus haut. Celui d'envergure est de plus piqué en travers de sa largeur, au milieu de toutes les laizes de la voile.

Pose des cosses dans la toile. Les cosses, comme nous l'avons dit déjà, ne peuvent être placées solidement dans la toile qu'aux angles des empointures et à ceux des points d'écoute. Elles doivent être posées de manière à laisser extérieurement la toile nécessaire à la ralingue.

Cosses d'empointure. Elles sont retenues dans la toile au moyen d'un bout de ralingue d'une longueur égale à environ six fois le tour de la cosse, et d'un diamètre à peu près égal à la moitié de celui de ralingue de chute. Ce bout de ralingue est appelé *étrangloir*.

On marque d'abord le point où doit se trouver le centre de la cosse; on décrit autour de ce point deux circonférences : la première a pour diamètre le diamètre intérieur de la cosse, la seconde son diamètre extérieur. On décrit aussi deux ou trois arcs de cercle avec des rayons de plus en plus grands. Ces arcs servent de direction à autant de rangées de points piqués qui consolident et lient ensemble la voile et les doublages. Ensuite on ouvre avec le couteau l'angle de la voile par son milieu, et l'on enlève une rondelle de toile d'un diamètre un peu plus grand que celui de la première circonférence décrite, et un peu plus petit que celui de la seconde.

Cette opération terminée, on a dans la voile un trou circulaire qu'on ralingue à *points croisés* avec l'étrangloir, en plaçant le milieu de sa longueur vis-à-vis de l'ouverture faite avec le couteau dans l'angle de la voile. Ce ralingage est ensuite recouvert par une bande de basane en croûte, et après on y place la cosse. Les torons de l'étrangloir sont défaits et croisés comme si l'on se disposait à faire une épissure. On passe autour de la croisure plusieurs tours de merlin, puis on tend les torons en sens opposé et on les souque au moyen d'un *banc de traction*. (Voyez ce mot sur le Dictionnaire.)

Lorsqu'on reconnaît que la cosse est bien étranglée, ce qui a lieu lorsque les bords de la toile se touchent tout le long de la fente pratiquée antérieurement, on souque les tours de merlin pour que la croisure soit bien arrêtée; on joint les bords de la fente par une couture à point debout, et l'on dévire la vis du banc de traction. Alors on corde légèrement les bouts de l'étrangloir, avec lesquels on fait autour de la cosse un second tour qui est souqué comme le premier, et bridé par un deuxième amarrage placé à peu près au milieu de la gaîne de côté, afin qu'il se trouve au-dessous de la cosse quand la voile est établie, et que la queue qui doit être faite avec le reste de l'étrangloir soit placée dans la position la plus avantageuse au soutien qu'elle est appelée à donner à la cosse. Quand ce travail est terminé, on confectionne la queue de l'étrangloir; avec les bouts restants, on fait une tresse plate que l'on roidit fortement. On dirige cette tresse un peu obliquement vers le côté de chute; on la coud solidement à points de chevron, de manière à faire boire la toile et que son bout dépasse le bord de la gaîne, pour être plus tard engagé et retenu entre les torons de la ralingue de côté. (*fig*. 7 ,Pl. I.)

Cosses d'écoute. Elles sont posées dans la toile à peu près de la même manière que celles d'empointure, sauf les particularités suivantes :

Au lieu d'une simple rondelle de toile qu'on enlève pour placer la cosse d'empointure, on abat aussi une partie de l'angle du point pour placer celle d'écoute, de sorte qu'il n'y a guère que la demi-circonférence intérieure de la toile qui soit appliquée contre elle. (*fig*. 8 et 9, Pl. I et III, qui représentent, la première la toile enlevée, et la seconde la préparation du point.) La première croisure des torons de l'étrangloir est faite à l'angle du point, et la seconde en face de la première. De plus, au lieu d'une seule tresse fabriquée avec les bouts de l'étrangloir, on en fait deux dont une est dirigée vers la ralingue de bordure où elle est fixée, et l'autre vers la ralingue de chute où elle est aussi fixée.

Enfin, au ras de l'étrangloir, on perce trois œillets dont celui du milieu est à queue dirigée vers le milieu de l'angle du point. Ces œillets servent à faire un amarrage en portugaise. La figure 10 représente un point d'écoute confectionné d'après ce système. La figure 11, Pl. III, représente un autre point d'écoute avec *cosse dans la ralingue*.

Œillets de fond. Les huniers en ont généralement quatre qui divisent la longueur de la bordure en cinq parties égales; ils sont percés dans la gaîne de la bordure, et confectionnés avec bagues à queue dirigée vers l'envergure.

Œillets de pattes d'empointure de ris. Sur chaque côté de chute et à chaque ris, il y en a deux percés dans la gaîne;

à une certaine distance du bord, pour qu'ils ne gênent pas la pose de la ralingue, et de manière que le bord inférieur de la bande de ris divise la distance qu'ils ont entre eux en deux parties égales ; ils sont à queue dirigée dans un sens à peu près perpendiculaire à la direction des côtés de chute.

Œillets de pattes de palanquins et de faux palanquins. Il y en a deux percés sur la gaîne et placés à la position du centre de chaque renfort de palanquin et de faux palanquin. Ils sont aussi à queue dirigée vers le point d'écoute opposé.

Œillets de ris. Ils sont généralement disposés pour recevoir la filière qui constitue le ris dit *belleguic*, modifié par M. Consolin, maître voilier au port de Brest. Ils sont à bagues simples et percés sur la ligne du centre de la bande de renfort, à une distance de 3 centimètres des coutures. Il y en a 2 sur chaque laize.

Œillets d'envergure. Ils sont alternativement au nombre d'un et deux, c'est-à-dire qu'il y en a un sur une laize et deux sur la laize suivante, et ainsi de suite.

Marque des pattes de bouline. Les huniers portent, suivant leur grandeur, quatre ou trois pattes de bouline sur chaque côté de chute (1). La place qu'elles doivent occuper est marquée sur la voile par des traits au charbon ou à la sanguine. La plus haute de ces pattes doit être placée le plus près possible de la patte à cosse de palanquin. La distance qui se trouve entre cette première patte de bouline et le point d'écoute est divisée en quatre ou trois parties égales, suivant que le hunier doit recevoir quatre ou trois pattes, et chaque point de division marque l'emplacement de l'une d'elles.

Pose des ralingues. Les huniers en ont généralement quatre de grosseurs différentes. Celle de bordure, qui est la plus forte, prolonge en entier le côté de la voile dont elle porte le nom, contourne chaque point d'écoute et vient se terminer sur chaque côté de chute, entre la première et seconde patte de bouline où elle s'épisse avec les ralingues de ces côtés. Celles-ci, d'un diamètre un peu plus petit, prolongent chacune un des côtés de chute, contournent l'empointure correspondante, et s'étendent sur l'envergure de manière à en couvrir l'espace de deux laizes environ.

---

(1) On marque la place que doit occuper chaque patte de bouline, afin que l'ouvrier appelé à poser la ralingue de chute fasse des points croisés à ces positions.

Enfin la ralingue d'envergure, qui est la plus petite, prolonge le reste de cette partie de la voile, et s'épisse à chacune de ses extrémités avec les ralingues des côtés.

Nous avons déjà dit que le bon effet d'une voile dépend de la manière dont les ralingues sont posées. En effet, les ralingues s'allongent par l'usage; la toile s'allonge aussi, mais seulement dans le sens des chaînes et des biais. Il suit que la pose des ralingues, comme nous l'avons dit aussi, doit varier suivant les côtés de la voile auxquels elles sont appliquées.

Sur les côtés d'envergure et de bordure où la toile est coupée à droit fil, et où, par conséquent, on ne doit pas craindre d'allongement, il faut que la ralingue soit posée de manière qu'après extension sa longueur soit exactement la même que celle de la toile.

Sur les côtés de chute, la toile étant coupée en biais très-obliques, allongera évidemment beaucoup; il faut donc que la ralingue soit d'abord posée juste et qu'ensuite elle puisse allonger comme la toile; car s'il en était autrement, c'est-à-dire si la ralingue allongeait moins que la toile, on aurait une voile qui n'orienterait pas bien au plus près.

Ce qui vient d'être exposé corrobore ce que nous avons avancé déjà, que la pose des ralingues ne doit être confiée qu'à des ouvriers habiles.

La partie de la ralingue de bordure qui doit contourner chaque point d'écoute est congréée, fourrée et merlinée sur une longueur qui peut varier de $1^m,50$ à 2 mètres, suivant la grandeur de la voile. Cette partie est ensuite recouverte en basane. On recouvre aussi en basane toute la partie de la ralingue comprise entre les derniers œillets de fond, pour la garantir du frottement des étais et autres manœuvres. La basane est percée de trous ronds de 50 en 50 centimètres pour l'écoulement des eaux de pluie.

Quand ce travail est terminé, on confectionne les pattes de toutes sortes, puis on met en place tous les accessoires qu'il faut à la voile.

Pattes de ris, de palanquin et de faux palanquin. Toutes ces pattes sont à cosses; les torons qui doivent servir à les confectionner sont, comme nous l'avons dit, passés dans les œillets pratiqués dans la gaîne à cet effet. Les moustaches, destinées à fortifier la voile à la position des pattes de palanquin, sont coulées entre les torons de la ralingue et cousues sur la voile avant la confection de ces pattes.

Pattes de bouline. Les pattes de bouline sont de simples erseaux, et conséquemment les torons qui les forment sont passés dans ceux de la ralingue.

Pattes de bosse. Elles sont au nombre de deux pour chaque point d'écoute et servent à le bosser quand on veut larguer ou réparer les écoutes. Elles sont placées aux extrémités de la partie fourrée et faites exactement comme celles de bouline.

Pattes d'envergure. Elles servent à crocher les palanquins et le cartahu de chapeau, lorsqu'on hisse la voile pour être enverguée.

Il y en a une au milieu de l'envergure et une à chaque extrémité à une distance d'environ $1^{m},50$ des empointures.

Couillard. C'est, comme nous l'avons dit, un estrope formé par un bout de ralingue, terminé d'un côté par une tresse à trois branches et de l'autre par un œillet à cosse. Les branches sont passées à travers la voile de l'arrière à l'avant au moyen d'un fort œillet.

Il y en a deux dans les huniers qui ont deux laizes de leur tablier prolongées jusqu'à l'envergure, et un seulement dans ceux qui n'en ont qu'une.

Les œillets sont percés en dessous de l'envergure à une distance égale aux 85 millièmes de la chute totale.

Pose des filières de ris. On suspend la voile au moyen de palans disposés verticalement qu'on croche aux empointures et à différents points de l'envergure ; on pèse sur les palans jusqu'à ce que la bande du premier ris soit à une hauteur convenable ; alors on la roidit par ses extrémités, et l'opération commence.

La filière dite à *tour mort* est en deux parties égales ; une des extrémités de chacune de ces parties fait dormant dans un œillet à la ralingue de chute ; l'autre extrémité est terminée en queue de rat pour entrer facilement dans les œillets. On commence par les œillets les plus près des côtés ; chaque partie de la filière fait un tour mort autour de chaque couture correspondante et passe ainsi deux fois dans chaque œillet. Au centre du ris où les deux parties se rencontrent, on les réunit par un bon amarrage sur la face avant de la voile.

Afin que les tours morts n'étranglent pas la toile qu'ils embrassent, on fait une bonne genope en luzin au milieu de chacun d'eux sur la face arrière de la voile. (Voyez la *fig.* 12, Pl. III.)

Comme le dit M. Consolin, que nous avons déjà cité, toute la bonté de ce système repose sur la solidité des genopes ; mais les genopes font quelquefois défaut, et lorsque cela arrive, il n'y a plus possibilité de prendre les ris ni même d'orienter convenablement la voile. C'est ce qui est arrivé dernièrement au transport *la Cérès* au retour d'un voyage à Cayenne. Les voiles de ce navire ayant été apportées à l'atelier pour être réparées, nous avons pu constater qu'une grande quantité de genopes ayant manqué, la filière avait étranglé la toile dans plusieurs endroits et crevé les œillets. Cet accident nous suggéra de supprimer les tours morts et de faire passer la filière simplement une seule fois dans chaque œillet en l'assujettissant à la voile au moyen de points de suture faits sur chaque couture. (Voyez *fig.* 13, Pl. III.) Ce système est aujourd'hui en expérience à bord de plusieurs bâtiments; s'il est reconnu bon, il y aura avantage à l'employer, pour sa simplicité d'abord, et ensuite pour l'économie de temps et de matières qu'il présente sur le précédent. En effet, la filière ne devant passer qu'une fois dans chaque œillet, ceux-ci pourront être faits d'un diamètre beaucoup plus petit, et il suffira que la longueur de la filière soit sensiblement égale à celle de la bande de ris.

Palanquin central. En même temps qu'on passe les filières de ris on pose aussi le palanquin (*fig.* 14, Pl. IV).

C'est un quarantainier en double qui fait dormant sur un cabillot estropé, bagué dans un œillet à queue, percé un peu au-dessous du milieu du bas ris. L'estrope est terminée par deux tresses cousues en patte d'oie sur la face arrière de la voile et dirigées vers la bordure. Un peu au-dessous du second ris est placé un autre cabillot estropé comme le premier. Le quarantainier est retenu par ce second cabillot au moyen de deux amarrages, puis il remonte vers l'envergure et passe dans une cosse fouettée sur la vergue.

Lorsqu'on prend des ris, on pèse sur ce palanquin et l'on amène les filières à la portée des hommes qui sont sur la vergue.

A droite et à gauche du palanquin central on place d'autres bouts de quarantainier genopés sur les filières qui remplissent le même office, et que l'on nomme des *attrapes*.

Estropes de moques d'écoute et de poulies de cargue-points. Les filières de ris étant en place, on amène la voile, on confectionne les estropes de moques d'écoute et de poulies de cargue-points, on place ces moques et l'on fait les amarrages. Les figures 15 et 16, Pl. IV représentent, la première un point avec cosse baguée dans la toile, garni de sa moque d'écoute et de sa poulie de cargue-point. La seconde représente un autre point avec cosse baguée dans la ralingue, garni aussi de sa moque d'écoute et de sa poulie de cargue-point.

Branches de boulines (1). Le nombre et la longueur des branches de boulines sont fixés comme il suit : Quand la voile a quatre pattes de boulines, il y a trois branches; les deux plus hautes sont coupées d'une longueur égale aux 25 centièmes de la chute totale, et la troisième a les 37 centièmes de la même chute.

Lorsque la voile n'a que trois pattes, il n'y a que deux branches de boulines; la première a les 25 centièmes de la chute totale, et la seconde les 37 centièmes de la même chute.

Jarretières. Ce sont des sangles en fil caret dont une des extrémités est garnie d'une boucle en fer de la forme d'un D, et l'autre est suivie d'une queue en quarantainier. Le quarantainier passe dans la ralingue d'envergure de dessous en dessus, de manière que la sangle reste à la face arrière de la voile.

Les jarretières sont posées à la distance d'un mètre l'une de l'autre.

Rabans d'empointure. Ce sont des bouts de quarantainier d'une longueur égale aux deux tiers environ de la chute totale du hunier, épissés en double jusqu'au tiers de leur longueur et frappés sur les cosses d'empointures.

Rabans d'envergure. Ce sont des bouts de bitord frappés sur les œillets d'envergure et servant à enverguer la voile.

Le travail d'assemblage, de la pose des renforts, doublages et autres accessoires étant à peu près le même dans toutes les voiles carrées, dans ce qui va suivre, nous ne reviendrons pas sur ce que nous avons déjà dit, et nous nous bornerons à faire connaître le nombre et la grandeur des pièces supplémentaires nécessaires à chaque voile en particulier.

GRANDE VOILE CARRÉE (*fig.* 17, Pl. IV).

Bandes de ris. Dans les grandes voiles de vaisseaux et frégates il y a généralement deux ris : le second à une distance de l'envergure égale aux 32 centièmes de la longueur de la chute to-

(1) La majeure partie des bâtiments de commerce ne portent plus de bouline.

tale, le premier partageant la distance comprise entre le second et l'envergure en deux parties égales.

Bande intermédiaire. Large d'une demi-laize, placée parallèlement aux bandes de ris et partageant en deux parties égales la distance comprise entre la dernière et le fond de la voile.

Renfort de couillard. Deux laizes allant de l'envergure au premier ris. La distance de l'envergure à l'œillet qui doit recevoir l'estrope égale aux 9 centièmes de la chute totale.

Renfort de chapeau. Coupé de manière que la base du triangle total couvre le quart de la longueur de l'envergure et que sa hauteur se termine à la première bande de ris.

Renfort de palanquin. Un sur chaque côté et pour chaque ris; on leur donne une laize de largeur sur 2,50 de longueur pour les vaisseaux et frégates, et 2 mètres seulement pour les bâtiments inférieurs. Le renfort du bas ris est dirigé vers le point d'écoute opposé, et a son centre au-dessous du bord inférieur de la bande de ce ris à une distance de 0,80 centimètres pour les vaisseaux et frégates, et 0,60 centimètres seulement pour les bâtiments inférieurs. Le renfort correspondant au premier ris a pareillement son centre au-dessous du bord inférieur de la bande de ce ris, à une distance égale à 0,80 centimètres pour les vaisseaux et frégates et 0,60 centimètres pour les bâtiments inférieurs. Sa direction est parallèle à celle du renfort du bas ris. On arrête le bout inférieur de chacun de ces renforts sur une des coutures de la voile.

Renforts d'œillets de fond. Quatre divisant la longueur de la bordure en cinq parties égales.

Doublages. Une laize dans tout le périmètre de la voile. Pour les vaisseaux et frégates, on place intérieurement à la première laize du coté, une deuxième laize qui va du fond jusqu'à la hauteur du bas ris.

Œillets. Ceux du fond et pour pattes à cosse sont à queue; ceux des ris et de l'envergure sont à bagues simples et percés comme dans les huniers.

Pattes. Celles de boulines sont au nombre de quatre ou de trois suivant la grandeur de la voile, la plus haute au milieu de la chute; les autres partageant la distance de la première au point d'écoute, en parties égales. Celles d'envergure placées comme celles des huniers.

Ralingues. Deux de grosseur différentes; la plus grosse prolonge la bordure, des deux côtés, et vient s'épisser avec celle de l'envergure à une distance de chaque empointure égale à la valeur de deux laizes environ.

Le reste s'exécute comme il a été dit pour les huniers.

MISAINES CARRÉES.

Mêmes règles que pour les grandes voiles.

PERROQUETS (*fig.* 18, Pl. IV).

Tablier. C'est un triangle isocèle, dont la base est égale au tiers de la bordure et la hauteur aux 6 dixièmes de la chute au milieu. La laize du milieu se prolongejusqu'à l'envergure.

Triangle de chapeau. Il a pour base le tiers de la longueur de l'envergure et pour hauteur le dixième de la chute totale.

Couillard. L'œillet sera percé au-dessous de l'envergure à une distance égale aux 85 millièmes de la chute totale.

Doublages. Largeur de demi-laize tout autour de la voile, excepté la partie occupée par le tablier.

Œillets de fond. Deux divisant la longueur de la bordure en trois parties égales.

Œillets d'envergure. Un et deux par laize.

Ralingues. Quatre, comme dans les huniers, et appliquées de la même manière ; seulement l'amarrage en portugaise est supprimé dans les points d'écoute.

Pattes d'envergure. Une seule au milieu.

Pattes de boulines. Trois ; la plus haute au milieu de la chute, les deux autres divisant la distance comprise entre la première et le point d'écoute en trois parties égales.

CACATOIS (*fig.* 19, Pl. IV).

Doublages. Quatre, posés aux angles de la voile.

Chapeau. C'est un trapèze qui a pour base supérieure le tiers de la longueur de l'envergure, pour base inférieure, largeur de laize et pour hauteur le dixième environ de la chute totale.

Couillard. L'œillet percé au-dessous de l'envergure à une distance égale aux 85 millièmes de la chute totale.

Ralingues. La ralingue de bordure embrasse généralement les côtés de chute et vient s'épisser avec celle de l'envergure à la distance d'une laize en dedans des empointures.

BONNETTES.

Il n'y a rien de particulier dans les détails de la confection de ces voiles; elles sont, comme nous l'avons dit, coupées planes et ont les coutures d'une largeur uniforme.

Les seuls renforts que l'on donne à ces sortes de voiles consistent en petits doublages placés à chacun de leurs angles.

La bonnette de misaine porte ordinairement un ris horizontal au haut de la voile, et d'une hauteur égale à celle de l'un des ris de la basse voile correspondante.

Les œillets de ce ris sont percés sur les coutures, sans bande de renfort; il ne porte pas non plus ni filière ni garcettes.

Des œillets sont percés, un et deux par laize, à l'envergure et à la bordure.

La bonnette de hune porte aussi un ris au haut de la voilure d'une hauteur égale à celle de l'un des ris du hunier correspondant. Les œillets de ce ris sont aussi percés sur les coutures; et, comme dans la bonnette de misaine, il n'a ni bande de renfort, ni filière, ni garcettes. (Voyez la *fig*. 20 Pl. V.)

La bonnette de perroquet n'a pas de ris.

VOILES AURIQUES ET LATINES.

A cause du mou que l'on donne à ces sortes de voiles, le travail d'assemblage demande plus de soins que dans les voiles carrées; ce travail ne devra donc être confié qu'à des ouvriers capables afin que le mou soit parfaitement distribué, car le bon effet de la voile en dépend.

Nous avons dit que dans les focs et voiles latines le mou devait être appliqué aux trois quarts inférieurs de la couture. Cette précaution doit être prise dans les focs pour éviter que le haut de la chute faseie, et elle est motivée dans les voiles latines par la flexibilité des bouts de vergue. Dans les voiles auriques le contraire doit avoir lieu, c'est-à-dire que le mou doit être plutôt réparti dans le haut que dans le bas des coutures, afin de faciliter la décharge du vent par le haut de la chute arrière.

Dans les voiles auriques et latines la gaîne de chute arrière doit avoir une certaine analogie avec la première couture, c'est-à-dire qu'elle doit être plus large aux extrémités qu'au centre.

Quant à ce qui concerne les autres détails de confection, nous en parlerons en temps et lieu.

BRIGANTINES (*fig.* 21, Pl. V) (1).

Ris. Les brigantines dites de cape en ont ordinairement trois. Ils sont sans bandes, égaux en hauteur, et tels que le plus haut

(1) On doit se rappeler que dans le calcul de la coupe d'une brigantine, le but principal est de tendre la diagonale d'écoute, et de donner à la voile la forme la plus convenable pour faciliter la décharge du vent par la chute arrière. Si après avoir obtenu ce résultat, on le contrarie par la manœuvre, comme cela arrive malheureusement trop souvent, il est évident que la voile se déformera promptement et ne rendra pas le service que le voilier s'était proposé en la coupant. Ainsi, si la première fois qu'on établira une brigantine on prétend mettre le point d'écoute à bloc, il est clair qu'on ne pourra pas y parvenir, à moins de la déchirer; mais comme les efforts exercés sur l'écoute ne seront pas soutenus par la ralingue de bordure, on forcera la toile et l'on imprimera un commencement de déformation à la voile.

Le palan frappé quelquefois sur l'amure pour la haler en avant du mât d'artimon, est aussi une cause de déformation, parce que la voile n'est pas coupée pour que le point d'amure soit porté en avant du mât.

Les cargues, et particulièrement celle dite *étrangloir*, sont encore une cause permanente de déformation. En effet, les cargues étant appliquées à la chute arrière, l'entraînent, par leur poids, en dedans de la voile, et contrarient la coupe qui tend à la pousser en dehors. Elles n'affalent pas toujours d'une manière convenable, lorsqu'on borde la voile, et, il arrive qu'elles se mordent à la poulie avec la toile, pendant qu'on hale sur l'écoute; alors, la chute arrière étant roidie brusquement, reçoit tout d'un coup une secousse préjudiciable à la voile. Elles contribuent d'une manière bien plus sensible encore à sa déformation quand, en carguant la voile, on n'a pas la précaution de larguer l'amure et mollir un peu la arrive au milieu de la chute au mât; les garcettes sont généralement des bouts de lignes blanches passés dans les œillets percés sur les coutures. Ces ris sont tracés par des courbes semblables à celle de la bordure.

Doublages. Un au point d'écoute ayant largeur de laize et longeant la chute arrière jusqu'à 50 centimètres au-dessus du dernier ris; un d'empointure arrière, appliqué sur la chute arrière, large aussi d'une laize et long de 1 mètre à 1 mètre 50 centimètres, et un couvrant la chute au mât dans toute sa longueur. Ce dernier n'a généralement que demi-laize de largeur.

Œillets d'envergure. Placés un et deux par laize.

Œillets pour pattes à cosses. Ils sont tous à queue. Il y en a deux pour chaque patte de ris, placés un peu au-dessus de

---

drisse de pic, car la diagonale d'amure étant nécessairement plus courte que la somme des longueurs de l'envergure et de la chute au mât, pour que cette diagonale se rende à l'appel de l'étrangloir, il faut évidemment que la toile soit forcée. Il n'y a pas de détérioration plus nuisible que celle-là, puisqu'elle donne du sac à la position même où l'on avait apporté le plus grand soin pour tendre la toile.

Pour diminuer les causes des inconvénients que nous venons de signaler, il convient que la brigantine n'ait qu'une cargue très-légère, frappée sur la chute arrière en dessous de l'empointure, à une distance un peu plus grande que l'envergure de la corne et passée dans des poulies courantes, frappées sous sa mâchoire.

Lorsque la voile doit être bordée, il faut préalablement affaler la cargue de dessous le vent, haler l'écoute en douceur pour ne pas forcer la diagonale, et attendre que la voile ait assez travaillé dans son ensemble pour que le point d'écoute puisse arriver à bloc ou à peu près. Enfin, lorsqu'on carguera la voile, ne pas oublier de larguer l'amure et de choquer un peu la drisse de pic.

En agissant comme nous venons de le dire, la brigantine se conservera longtemps sans se déformer.

Quoique ce que nous venons d'exposer ne soit pas précisément du ressort du voilier, on voudra bien nous pardonner de l'avoir fait et nous permettre d'ajouter que souvent le bon effet qu'on pourrait attendre d'une voile aurique est détruit par la manière dont on l'établit.

Nous ajouterons que les causes de déformation que nous venons de signaler n'existeraient probablement pas, et la brigantine orienterait beaucoup mieux si, comme on a déjà tenté de le faire, on pouvait, par un moyen quelconque, fixer sur le gui la bordure de la voile dans toute sa longueur, en supprimant le rond de cette partie et la soutenant par une bonne ralingue.

Ne pourrait-on pas arriver à ce résultat au moyen d'un chemin de fer placé sur le gui, et de fortes crampes frappées dans toute la longueur de la bordure sur des œillets percés à cet effet?

la direction du ris correspondant; deux pour la patte du point d'écoute; un seulement, mais d'un plus grand diamètre, pour la patte d'amure, et un pour celle d'empointure arrière.

La cosse d'empointure de chute avant est dans la toile comme aux voiles carrées.

Pose des ralingues. La pose des ralingues doit être effectuée avec soin de la manière que nous allons expliquer : la ralingue d'envergure reçoit d'abord une forte tension et, pendant qu'elle est tendue, on la mesure égale à la longueur voulue; on y fixe l'envergure de la voile de distance en distance au moyen de fils carets, puis on largue le palan et l'on ralingue.

La ralingue de chute au mât doit être posée avec du tors et sans trop faire boire la toile, afin qu'elle ne contrarie pas l'allongement de cette partie de la voile. Cette ralingue contourne les angles d'amure et d'empointure de chute avant, et vient s'épisser par ses extrémités avec les ralingues d'envergure et de bordure.

La ralingue de bordure doit recevoir une bonne torsion et être posée en poussant en arrière, c'est-à-dire en la faisant boire, afin qu'elle ne gêne pas le développement du rond. Cette ralingue est la plus petite de toutes, puisqu'elle ne doit faire aucune force et qu'elle est posée dans cette partie de la voile seulement pour l'empêcher de se déchirer en faseyant.

La ralingue de chute arrière doit être posée juste avec une torsion suffisante pour ne pas gêner l'allongement de la toile et l'effet des mous. Cette ralingue contourne l'empointure de chute arrière et vient s'épisser avec celle d'envergure.

Dans toute la partie de la chute arrière occupée par les ris on applique une ralingue plus forte que les autres, destinée à supporter les pattes à cosses servant de points. Cette ralingue est épissée avec celle de chute arrière, contourne le point d'écoute, et se termine en queue de rat pour être épissée avec la ralingue de bordure.

Patte de chute au mât. Dans toute la longueur de la chute au mât, on applique des erseaux espacés de mètre en mètre pour recevoir le transfilage ou les cercles du mât.

VOILES GOËLETTES.

Ce qui distingue les voiles-goëlettes des brigantines, c'est que dans les voiles-goëlettes la bordure est généralement droite ou à peu près, et que, conséquemment, il faut que cette partie de la voile soit soutenue par une forte ralingue.

Lorsque les cornes ne peuvent pas amener, ce qui a lieu lorsqu'elles sont portées par un piton à douille, elles n'ont pas de ris ; mais elles en ont quelquefois plusieurs lorsqu'on les établit sur drisses. Quant à ce qui concerne les autres détails de confection, on peut prendre la brigantine pour type.

ARTIMON.

Cette voile remplace généralement la brigantine dans le gros temps ; elle envergue sur la corne et borde sur le couronnement ; la longueur de son envergure est ordinairement égale aux six dixièmes de l'envergure de la corne, et son point d'écoute est porté en avant du couronnement à la distance nécessaire au battant des poulies du palan qui lui sert d'écoute.

Sa confection n'a rien de particulier, si ce n'est que les ralingues sont relativement plus fortes que dans les autres voiles auriques.

FOCS (*fig.* 22, Pl. V).

Ces voiles ont un doublage à chacun de leurs angles. Celui du point de drisse couvre la coupe de la première laize, celui de l'amure couvre la première laize de l'amure, et quand cette laize n'a pas largeur entière, il couvre aussi la suivante.

Le doublage de l'écoute a largeur de laize et couvre la chute arrière sur une longueur de 1,50 à 2 mètres à partir du point d'écoute.

Les œillets d'envergure sont percés sur la gaîne à chaque couture, formés de bagues à queue et renforcés par de petits triangles de toile appelés *pièccettes* coulés sous la gaîne.

La ralingue d'envergure est posée comme celles des voiles auriques, c'est-à-dire qu'elle est préalablement tendue, pointée et ralinguée ensuite.

La ralingue de chute est posée juste.

Dans les focs de la première espèce la ralingue de bordure est faible et posée de manière qu'elle ne gêne pas le développement du rond. Ces focs ont de plus une ralingue de point d'écoute, posée dans le genre de celles des brigantines.

Dans les focs de la deuxième espèce, la ralingue de bordure est forte et posée en faisant boire un peu la toile.

VOILES LATINES DE TARTANES.

Mestre. La confection de cette voile, quoique triangulaire, n'a d'analogie avec celle du foc que dans le travail d'assemblage; tous les autres détails diffèrent et s'exécutent d'une manière particulière. Dans les focs, comme dans toute autre voile, on fait les gaînes avant de poser les ralingues. Dans les voiles latines le contraire a lieu : on pose d'abord les ralingues (1), puis on coud les gaînes. La pose des doublages et renforts divers se fait même avant l'assemblage des laizes.

Nous prendrons la voile coupée et nous nous occuperons des détails de confection.

Doublages. Ils sont au nombre de trois : un pour la penne, un pour l'écoute et un pour l'amure. Le premier et le second sont posés sur la laize de la chute arrière, et le troisième sur la laize de l'amure.

Renforts de ris. Ils sont posés sur la laize de la chute arrière, le premier de manière que son centre soit en dessous de la penne d'une quantité égale au cinquième de la longueur de la chute arrière, et le second, dont la pose n'a lieu que lorsque la voile doit avoir deux ris, est au-dessous du premier à une distance égale au cinquième de celle comprise entre ce premier et le point d'écoute.

Renforts de cargues. Ils sont aussi posés sur la laize de la chute arrière et de manière que le centre de chacun d'eux soit au-dessous de la penne, à une distance égale à celle comprise entre ce point et la poulie correspondante frappée sur la vergue.

Œillets. Au centre de chaque renfort de ris et de cargues, on fait un œillet à queue; les premiers sont pour les empointures de ris, et les seconds pour recevoir les dormants des cargues. Nous

---

(1) Nous disons ralingues; mais c'est généralement du *filin en quatre*, bien moins susceptible d'allonger que les ralingues que l'on emploie.

allons maintenant prendre la voile assemblée et nous occuper des autres détails de confection.

Ris. La mestre porte ordinairement un ris tracé par une courbe semblable à celle de l'envergure ; ce ris part de l'amure et se termine à la chute arrière au centre du premier renfort. Les œillets sont percés sur les coutures et au centre de chaque laize ; ils sont renforcés par un petit carré de toile. On ne met pas de bande de renfort, pour ne pas contrarier le développement de la voile.

Lorsque la voile a une grande surface, un deuxième ris est placé au-dessous du premier ; il part aussi de l'amure et se termine au centre du second renfort. Les œillets de ce ris sont percés et renforcés comme ceux du précédent.

Bande de chute. La ralingue de chute est remplacée, dans les voiles latines, par une bande en toile pliée en quatre doubles, enveloppant une ligne plus ou moins grosse, selon la grandeur de la voile, et posée sur la voile de la manière suivante : le lis arrière est frotté comme si l'on voulait faire une couture, et sur le pli qui en résulte la bande est cousue juste, à points debout.

La ligne placée dans l'intérieur est plus tard amarrée sur la corde de bordure et, comme elle est destinée à roidir ou mollir la chute arrière, suivant l'allure du bateau, on a soin, en posant la bande, de lui laisser une issue à 1 mètre ou 1 mètre 50 au-dessus du point d'écoute.

Ralingue d'envergure. — Dans les focs la ralingue est généralement plus courte que la toile, et conséquemment on fait boire celle-ci. Dans les voiles latines le contraire a lieu. Nous devons nous rappeler qu'en traçant le plan de coupe d'une voile latine, nous avons réduit l'envergure aux 0,93 de sa longueur ; si nous la laissions dans cet état, elle serait évidemment trop courte. Il faut donc la ramener à sa vraie grandeur.

Voici comment on opère pour arriver à ce résultat : La corde (1) étant choisie, on la met sur le palan et on lui fait subir une forte tension ; on la mesure égale à la longueur voulue, c'est-à-dire à celle de l'envergure de la voile, avant réduction, et l'on fait des marques qui indiquent cette longueur. Cela fait, on tend un bitord que l'on amarre en dehors des marques, sans le roidir ; on capelle l'envergure de la voile sur ce bitord en lui faisant former un pli égal à la largeur de la gaîne, et l'on arrête solidement le point

(1) Cette corde est toujours plus petite que celle de la bordure. On emploie généralement du filin demi-usé, afin qu'il allonge le moins possible.

d'amure, sur une des marques au moyen de quelques points de suture. Après on tire sur la toile jusqu'à ce que l'empointure supérieure arrive à l'autre marque (1). Alors on la fixe sur toute la longueur de la corde par des points de suture espacés de 10 en 10 centimètres environ, et en ayant soin que la toile capelée sur le bitord forme toujours un pli égal à la largeur de la gaîne.

On comprend que, dans cette opération, le bitord est placé pour soutenir la toile, et que l'on doit piquer l'aiguille en dessous pour que le fil puisse le souquer contre la corde.

Ralingue de bordure. La pose de la corde de bordure s'effectue comme celle de l'envergure.

Dans les voiles d'une grande surface la bordure a deux cordes : une petite et une grosse ; la petite est mise en contact avec le bord de la voile et reçoit les points de suture ; la grosse est liée avec la petite au moyen d'un merlinage.

Œils, épissures, etc. Dans les mestres de petites dimensions, la corde de bordure forme généralement un œil d'un diamètre assez grand pour capeler sur le car de l'antenne. Cet œil est plus petit et garni d'une cosse, dans les voiles de grandes dimensions. Dans les deux cas, le bout inférieur de la corde d'envergure est épissé dans l'œil formé par la corde de bordure.

On laisse au bout supérieur une longueur de 2 ou 3 mètres en dehors de l'empointure supérieure. Cette longueur sert de fouet pour fixer l'empointure sur la penne.

Le bout supérieur de la bande de chute est engagé dans les torons de la partie extérieure de la corde d'envergure, puis on limande et l'on fourre par-dessus. Il en est de même du bout inférieur par rapport à la partie extérieure de la corde de bordure. Cette partie est généralement égale à la longueur de la bordure de la voile, et sert d'écoute.

Quelquefois l'écoute est formé d'un autre filin ; alors on ne laisse à la partie extérieure de la corde de bordure qu'une longueur de 50 à 60 centimètres. Cette partie est limandée et fourrée, puis recourbée sur elle-même pour former un œil ; elle est enfin assujettie au moyen de deux ou trois amarrages.

L'écoute est arrêtée dans cet œil par un cul-de-porc à tête d'alouette. Ce dernier procédé doit être préféré parce qu'il faut

---

(1) Cette opération se fait ordinairement au moyen d'un petit palan à croc ; la *fig.* 23, Pl. V en donne une idée.

quelquefois changer l'écoute que le frottement use plus vite que la corde de bordure.

FOC.

La confection du foc s'exécute comme celle de la mestre ; seulement, comme il n'y a pas de draille pour le soutenir, la corde d'envergure est beaucoup plus forte afin qu'elle puisse résister à la traction du palan qui lui sert de drisse.

L'amure est toujours terminée par un œil assez grand pour être capelé à l'extrémité du berthelot.

COUPE ET CONFECTION DES MANCHES A VENT (*fig.* 24, Pl. VI).

On confectionne aujourd'hui de nouvelles manches à vent dites à double effet, c'est-à-dire pouvant s'orienter seules, sans le secours de *bras*. C'est là, du moins, le motif qui les a fait adopter; mais l'expérience prouve tous les jours que l'application de bras est aussi indispensable que dans les anciennes, si l'on ne veut pas les voir se rouler. Il résulte de cette innovation, des manches de formes bien moins gracieuses que celles des anciennes, et présentant les mêmes inconvénients, et même un de plus : celui d'être beaucoup plus difficiles à loger une fois serrées, à cause de la vergue nécessaire à leur installation.

Nous ne parlerons pas de ces manches et nous reviendrons aux anciennes, que nous ferons plus légères que par le passé, en supprimant le plateau en bois qu'on mettait d'habitude à l'extrémité supérieure, et en donnant à cette partie la forme conique d'un capot de cheminée à base circulaire.

Nous supprimerons pareillement le plateau qu'on plaçait à l'extrémité inférieure, et nous le remplacerons par une patte d'oie en quatre branches. Cette partie de la manche restera ainsi ouverte à l'évacuation du vent,

Nous diviserons ces manches en trois grandeurs principales, et nous prendrons pour base des dimensions de leurs parties hautes le diamètre du corps de la manche. En modifiant ensuite la longueur de ce corps, nous formerons trois autres grandeurs. Nous établirons ainsi six grandeurs dont les titres seront les suivants :

1re grandeur.	N° 1. . . .	Pour vaisseaux à trois ponts.
	N° 2. . . .	Pour vaisseaux à deux ponts.
2e grandeur.	N° 1. . . .	Pour frégates.
	N° 2. . . .	Pour corvettes à gaillards.
3e grandeur.	N° 1. . . .	Pour corvettes sans gaillard.
	N° 2. . . .	Pour brics.

Les dimensions des parties hautes seront déterminées par les rapports suivants :

D, étant le diamètre GH du corps GLMH de la manche on aura :

Longueur des laizes de la cloche ABC, égale à.	1,25 × D
Longueur des laizes de la guérite BEFC, égale à.	5 × D
Diamètre de la guérite égal à.	1,75 × D
Longueur des laizes de l'entonnoir EGHF, égale à.	1,10 × D

La longueur du corps de la manche ou plutôt celle des laizes qui doivent le composer sera déterminée d'après la grandeur de la manche et le rang du bâtiment.

Si donc, les diamètres des corps des trois grandeurs principales sont :

1re grandeur.	0,60
2e grandeur.	0,50
3e grandeur.	0,40

nous en déduirons les dimensions suivantes :

1re grandeur.	Longueur des laizes de la cloche. . .	1,25 × 0,60 = 0,75
	Longueur des laizes de la guérite. . .	5 × 0,60 = 3,00
	Diamètre de la guérite.	1,75 × 0,60 = 1,05
	Longueur des laizes de l'entonnoir. .	1,10 × 0,60 = 0,66
2e grandeur.	Longueur des laizes de la cloche. . .	1,25 × 0,50 = 0,625
	Longueur des laizes de la guérite. . .	5 × 0,50 = 2,50
	Diamètre de la guérite.	1,75 × 0,50 = 0,875
	Longueur des laizes de l'entonnoir. .	1,10 × 0,50 = 0,55
3e grandeur.	Longueur des laizes de la cloche. . .	1,25 × 0,40 = 0,50
	Longueur des laizes de la guérite. . .	5 × 0,40 = 2,00
	Diamètre de la guérite.	1,75 × 0,40 = 0,70
	Longueur des laizes de l'entonnoir. .	1,10 × 0,40 = 0,44

Enfin, en remarquant que les laizes de la guérite ne doivent embrasser que les deux tiers de sa circonférence, et combinant les dimensions ci-dessus, nous aurons dans les deux tableaux suivants, le détail et la grandeur des différentes parties qui doivent composer ces manches.

Tableau présentant, par grandeur, le nombre de laizes devant composer la cloche, la guérite, l'entonnoir et le corps de chaque manche à vent.

		N° 1.				N° 2.			
				LARGEUR				LARGEUR	
		NOMBRE de laizes.	LONGUEUR.	au bout supé-rieur.	au bout inférieur.	NOMBRE de laizes.	LONGUEUR.	au bout supé-rieur.	au bout inférieur.
1re grandeur.	Cloche.	12	0,75	0,03	0,30	12	0,75	0,03	0,30
	Guérite.	3,5	3,20	0,65	0,65	3,5	3,20	0,65	0,65
	Entonnoir.	12	0,66	0,30	0,18	12	0,66	0,30	0,18
	Corps.	3	15,00	0,65	0,55	3	13,00	0,65	0,55
2e grandeur.	Cloche.	10	0,63	0,03	0,30	10	0,63	0,03	0,30
	Guérite.	3	2,70	0,65	0,65	3	2,70	0,65	0,65
	Entonnoir.	10	0,55	0,30	0,18	10	0,55	0,30	0,18
	Corps.	2,5	11,00	0,65	0,55	2,5	10,00	0·65	0,55
3e grandeur.	Cloche.	8	0,50	0,03	0,30	8	0,50	0,03	0,30
	Guérite.	2,3	2,20	0,65	0,65	2,3	2,20	0,65	0,65
	Entonnoir.	8	0,44	0,30	0,18	8	0,44	0,30	0,18
	Corps.	2	8,20	0,65	0,55	2	7,50	0,65	0,55

Pour donner une forme ronde à la guérite, un cercle devant être placé à chacune de ses extrémités, nous avons augmenté de 20 centimètres la longueur des laizes de cette partie de la manche, afin de pouvoir faire une gaîne de 10 centimètres à la position de chaque cercle, pour renforcer ces positions.

Les laizes de la guérite ne devant embrasser que les deux tiers de la circonférence des cercles, le tiers qui restera vide, entre les deux ailes, sera rempli haut et bas par des bouts de laize de 20 centimètres. Ces bouts de laize seront ensuite réduits à 10 centres de hauteur, par la formation des gaînes et, dans cet état, ils recevront le tiers de la circonférence de chaque cercle.

Les ailes BDE et CFO, sont semblables dans toutes les manches, et la grandeur de chacune est proportionnée à celle de la manche correspondante.

Le tableau ci-dessous donne, pour chaque grandeur, le nombre des laizes qui doivent composer une aile, ainsi que la longueur et la coupe de chacune de ces laizes.

GRANDEURS	1re grandeur.					2e grandeur.				3e grandeur.		
NUMÉROS DES LAIZES	1	2	3	4	5	1	2	3	4	1	2	3
Lis intérieurs	3,00	2,40	1,80	1,20	0,60	2,50	1,90	1,30	0,70	2,00	1,40	0,80
Coupes. supérieures.	0,90	0,90	0,90	0,90	0,90	0,90	0,90	0,90	0,90	0,90	0,90	0,90
Coupes. inférieures.	—0,30	—0,30	—0,30	—0,30	—0,30	—0,30	—0,30	—0,30	—0,30	—0,30	—0,30	—0,30
Somme à retrancher	0,60	0,60	0,60	0,60	0,60	0,60	0,60	0,60	0,60	0,60	0,60	0,60
Lis extérieurs	2,40	1,80	1,20	0,60	0,00	1,90	1,30	0,70	0,10	1,40	0,80	0,20

Dans la deuxième grandeur il reste un lis extérieur du 10 centimètres à la quatrième laize, et dans la troisième grandeur, il en reste un de 20 centimètres ; mais ces quantités disparaîtront dans les gaînes des ailes.

La partie supérieure de la cloche sera terminée par une cosse estropée au moyen de deux bouts de ligne assez longs, pour que les parties qui n'entoureront pas la cosse puissent être formées en tresses et cousues intérieurement dans toute la longueur des laizes de la cloche.

L'extrémité inférieure de la cloche sera cousue à points debout avec l'extrémité supérieure de la guérite. Il en sera de même de l'extrémité inférieure de cette dernière avec l'extrémité supérieure de l'entonnoir.

L'extrémité inférieure de l'entonnoir sera cousue à son tour de la même manière, avec l'extrémité supérieure du corps de manche.

Enfin, le bout inférieur du corps de manche sera entouré d'une petite ralingue qui recevra quatre erseaux diamétralement opposés et dans lesquels seront épissées les branches de la patte d'oie dont nous avons parlé.

Les côtés extérieurs des ailes seront aussi entourés d'une ralingue formant œil à chaque extrémité.

En outre des cercles placés aux extrémités de la guérite, il y en aura aussi dans toute la longueur du corps de la manche, espacés de 2 à 3 mètres.

Indépendamment de ce que la suppression des plateaux rendra les manches plus légères, elle diminuera aussi leur volume qui pourrait l'être encore davantage par la substitution de cercles en fer zingué aux cercles en bois en usage actuellement.

RÉPARATION.

La réparation a pour but de fortifier une voile fatiguée et d'en remplacer les parties mauvaises.

Lorsque les avaries sont légères, on peut les réparer sur la voile en vergue et même pendant qu'elle est établie.

Ainsi on peut poser des placards, refaire quelques pattes, reprendre la basane ou en changer une partie usée, etc...; mais lorsque l'avarie est de quelque importance, il convient de faire déverguer la voile, pour exécuter la réparation d'une manière convenable.

La réparation à faire pouvant se présenter sous plusieurs formes différentes, nous ne pouvons pas donner, pour ce genre de travail, des règles aussi précises que celles que nous avons données pour la confection. Nous nous bornerons donc à étudier les cas qui se présentent le plus souvent.

1° **Voiles dont les coutures sont fatiguées.** Une voile quoique bonne encore présente quelquefois de nombreuses clairières dans ses coutures; lorsque les clairières existent dans le corps même de la voile, cela vient généralement de ce que dans le travail d'assemblage on s'est servi d'aiguilles dont les arêtes trop vives ont coupé les fils de la toile; le remède consiste à appliquer des galons sur ces coutures, ou bien des bandes transversales dans le sens des droits fils, en ayant soin de piquer ces bandes aux milieux des laizes et des coutures. Si les clairières ne se montrent qu'aux approches des côtés d'envergure et de bordure, cela vient toujours de ce que les ralingues sont devenues plus longues que la toile, parce que dans le principe on n'a pas suffisamment fait boire cette dernière; il faut alors déralinguer, placer une bande de renfort sur la partie avariée, si c'est nécessaire, et ralinguer à nouveau en ayant soin d'enlever l'excédant des ralingues en faisant boire convenablement la toile;

2° **Voiles dont certaines parties doivent être remplacées.** Lorsque par suite d'usure, de brûlure, ou de toute autre cause certaines parties d'une voile doivent être changées, on enlève les doublages et renforts de la partie avariée, puis on coupe les laizes en échelettes, afin que les écarts ne se rencontrent pas, et les morceaux ainsi enlevés servent de types pour couper ceux qui doivent les remplacer, en ajoutant à leur longueur la quantité nécessaire aux écarts. Lorsqu'il arrive que plusieurs bouts de laizes contiguës doivent être changés en même temps, et que les écarts peuvent être recouverts par un renfort, on coupe alors les laizes suivant un même droit fil en dessous de ce renfort, et on en fait les écarts à points debout. Dans les voiles carrées et notamment dans les huniers on remplace souvent toute la toile ou une grande partie de la toile du premier ris de cette manière; on dit alors qu'on enlève et qu'on remplace la *parelle*. Pour faire cette opération le plus promptement possible aussi bien que pour l'économie des matières; lorsque les œillets de l'envergure ne sont pas détériorés, on coupe les laizes qui doivent être remplacées au-dessous de ces œillets et en dedans de la gaîne. On agit de la même manière, dans les voiles carrées, qui n'ont pas de ris, telles que perroquets et cacatois, lorsque le haut des laizes doit être changé, les écarts du bas seuls sont coupés en échelettes.

Voiles dont une partie a été enlevée. — Lorsque la réparation d'une voile est nécessitée par le remplacement d'une partie enlevée, par un accident quelconque, on trace la voile en vraie grandeur, sur le plancher de l'atelier, on étend les parties restantes sur le plan, puis on coupe en place les morceaux qui doivent remplir le vide. Si l'on ne dispose pas d'un emplacement convenable pour tracer la voile en vraie grandeur, on a recours au tableau de coupe qui donne la longueur exacte de chaque laize et, par conséquent, le moyen de connaître ce qu'il faut ajouter à chacune d'elles.

MODIFICATION.

La modification comprend les retouches simples et les grandes retouches.

Les retouches simples ont pour but de ramener à ses vraies dimensions une voile qui n'y serait pas, par erreur de coupe, ou qui n'y serait plus par suite d'un long service. Elles ne changent pas sensiblement la forme de la voile, et l'addition de toile qu'elles peuvent nécessiter dans certains cas, est toujours d'une faible quantité. Les grandes retouches changent la forme de la voile et augmentent ou diminuent sensiblement sa surface. Elles ont généralement pour but d'utiliser ou d'employer une voile à la formation d'une autre, et ont ainsi une certaine analogie avec la confection.

Quelleque soit la nature de la modification, elle appartient exclusivement à l'expérience de celui qui est appelé à l'opérer. Aussi nous ne prétendrons pas donner des règles précises pour agir, car ce n'est qu'à l'aspect de la voile à modifier et par suite de la comparaison des dimensions de cette voile avec celles de la voile à produire, que la pratique fait connaître la marche à suivre. Cette opération ne sera jamais difficile pour l'ouvrier qui se sera bien pénétré de ce que nous avons exposé dans le cours de cet ouvrage, et, conséquemment, nous ne nous amuserons pas à donner des exemples dont l'application n'aurait, peut-être, jamais lieu dans les mêmes conditions. Cependant nous nous proposerons de faire connaître une simplification dans un cas qui se produit assez souvent.

Nous avons dit qu'il est d'habitude, dans la marine militaire, de donner aux voiles la plus grande surface possible. Nous avons dit aussi que la toile allonge beaucoup dans le sens de la chaîne et que, par suite de cet allongement, il arrive que la chute des voiles carrées devient trop longue et qu'il faut la diminuer. Dans les huniers cette diminution a lieu généralement sous le bas ris, et c'est dans la manière de couper la toile que consiste la simplification dont nous avons parlé. Nous avons remarqué, dans les voiles qui nous arrivent journellement à l'atelier pour être réparées, que la diminution en question est généralement faite par deux coupes parallèles AB et CD (*fig.* 25), pratiquées dans toute la largeur de la voile. Cette manière d'opérer entraîne nécessairement le démontage des ralingues et doublages des côtés depuis le bas ris jusqu'aux points d'écoute, celui des pattes de palanquins et de tout ce qui constitue les renforts de ces pattes, ainsi que la mise en place de ces mêmes objets. Or, la mise en place des renforts de palanquins nécessitant un travail assez compliqué, il est bon de l'éviter toutes les fois qu'il sera possible.

Voici la marche qu'on pourra suivre pour arriver à ce résultat.

On commence par déralinguer le côté et démonter le doublage depuis le point d'écoute jusqu'au bord inférieur du renfort de palanquin seulement, et sans toucher à la patte (1); puis on découd la couture EF, sur laquelle vient aboutir le bout intérieur du renfort de palanquin jusqu'au point F, distant, du bord inférieur de ce renfort, d'une quantité à peu près égale à celle dont la longueur de la chute doit être diminuée. On découd pareillement le bord inférieur de la bande de ris dans toute sa longueur comprise entre la couture EF et la couture correspondante du côté opposé.

La voile étant ainsi préparée, on enlève l'excédant en chute par deux coupes parallèles A et C, pratiquées entre la couture EF et la couture correspondante du côté opposé, et par des écarts en échelettes, marqués sur la figure, par les lignes et points mêlés, dans les laizes des côtés. Ce travail terminé, on rapproche les bords séparés; on réunit par une couture à points debout, les laizes de la partie centrale, et, par des écarts à couture plate, celles des côtés. Nous croyons inutile de dire ce qui reste à faire pour terminer.

Cette manière d'opérer qui, comme on peut s'en rendre compte, abrége sensiblement le travail, trouve son application dans une foule de cas.

Lorsque c'est une voile aurique ou latine qui doit être modifiée, on trace la toile en vraie grandeur sur le plancher de l'atelier, puis on applique la voile à modifier sur le plan, de manière que les chutes arrière se confondent. On combine et on voit alors ce qu'il y a de mieux à faire.

Lorsqu'on ne dispose pas d'un emplacement convenable pour

---

(1) Ce que nous disons pour un côté a également lieu pour l'autre.

tracer la voile en vraie grandeur, on trace, sur du papier un peu fort, au moyen d'une même échelle, la voile à produire et celle à modifier. Si la surface de la voile à produire doit être plus grande que celle de la voile à modifier, on découpe celle-ci et on l'applique sur le plan de la voile à produire. Dans le cas contraire, l'inverse a lieu. Dans les deux cas on reconnaît et on prend le parti le plus avantageux.

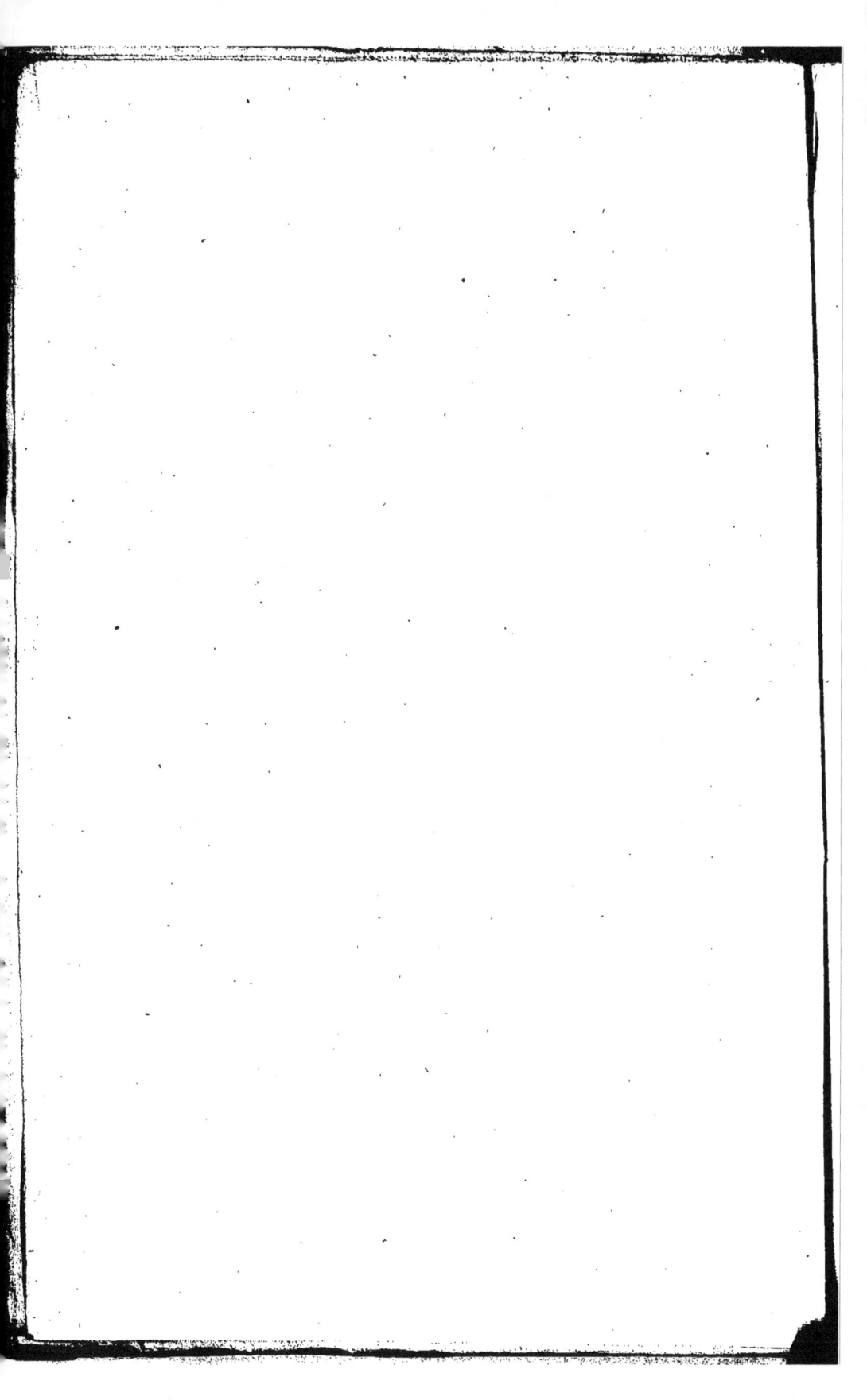

Tableau des toiles à employer pour la voilure des bâtiments.

DÉSIGNATION DES VOILES.	BATIMENTS ayant au-dessus de 24 mètres d'envergure de grande voile.	BATIMENTS ayant de 20 à 24 mètres d'envergure de grande voile.	BATIMENTS ayant de 18 à 20 mètres d'envergure de grande voile.	BATIMENTS ayant de 16 à 18 mètres d'envergure de grande voile.	BATIMENTS ayant de 13 à 16 mètres d'envergure de grande voile.	BATIMENTS ayant au-dessous de 13 mètres d'envergure de grande voile.
	TOILES DE MANUFACTURE PAR NUMÉROS.					
Artimon.	1	2	3	4	4	4
Brigantine grande.	4	4	4	5	5	6
Grande voile carrée.	1	2	3	4	4	5
Grande voile à goëlette.	4	4	4	4	4	4
Misaine carrée.	1	2	3	3	4	4
Misaine à goëlette.	4	4	4	4	4	4
Grand et petit hunier.	2	3	4	4	4	5
Perroquet de fougue.	3	4	5	5	5	5
Grand et petit perroquet.	5	5	6	6	7	7
Perruche.	6	7	7	7	7	7
Cacatois.	7	8	8	8	8	8
Grand et faux foc.	5	5	5	6	6	7
Trinquette et petit foc.	1	2	3	3	4	4
Clin-foc et flèche-en-cul.	7	7	7	7	8	8
Bonnettes de misaine.	6	6	6	6	7	7
Bonnettes de huniers.	6	6	6	6	7	7
Bonnettes de perroquets.	7	7	8	8	8	8
Pouillouse et foc d'artimon de cape.	1	2	3	3	4	4
Rideau de tente.	7	7	7	7	7	7
Tentes.	5	5	5	5	5	5
Tauds.	3	3	3	3	3	3
Voile et tente de chaloupe.	7	8	8	8	8	8
Voile et tente d'autres embarcations.	8	8	8	8	8	8

Manches à eau et de pompe.	en toile n° 1.
Prélarts divers. / Capots divers.	en toile à prélart et rurale, 6 fils.
Etuis de voiles en soute.	en toile rurale 6 fils et à 4 fils.
Etuis de voiles en vergue.	en toile rurale 4 fils et mélis double.
Etuis de bonnettes, de goëlettes, de brigantines et de focs.	en toile n° 6.
Etuis d'embarcations.	en toile rurale mélis double et à étuis.
Etuis de voiles d'embarcations.	en toile à étuis.
Pantalons et vareuses.	en toile à étuis et en fourrure.
Hamacs à double fond.	en toile 4 fils pour hamac. / en toile fonçure pour hamac.

Tableau présentant la grosseur des ralingues qu'on pourrait employer à la confection des voiles.

DÉSIGNATION DES VOILES.	POUR BATIMENTS DONT L'ENVERGURE DE LA GRANDE VOILE EST AU-DESSUS DE 26 MÈTRES.					
	Envergure.	Bordure.	Chute aux côtés.	Chute avant.	Chute arrière.	Point d'écoute.
	mill.	mill.	mill.	mill.	mill.	mill.
Grandes voiles et misaines carrées.	81	156	156	»	»	»
Grands et petits huniers.	74	149	123	»	»	»
Perroquets de fougue.	65	129	102	»	»	»
Grands et petits perroquets.	54	102	81	»	»	»
Perruches.	47	74	65	»	»	»
Grands et petits cacatois.	34	54	54	»	»	»
Cacatois d'artimon.	27	47	47	»	»	»
Bonnettes basses.	68	81	81	»	»	»
Bonnettes de huniers.	47	81	»	81	65	81
Bonnettes de perroquets.	41	65	»	65	47	65
Artimons.	68	115	»	95	74	115
Brigantines.	68	54	»	90	68	108
Voiles à goëlettes.	68	102	»	90	68	102
Trinquettes et petits focs.	95	108	»	»	65	108
Grands focs.	95	108	»	»	65	108
Clins-focs.	68	34	»	»	54	74
Faux focs.	95	108	»	»	65	108
Pouillouses.	95	108	»	»	65	108
Focs d'artimon de cape.	90	102	»	»	65	102

Tableau présentant la grosseur des ralingues qu'on pourrait employer à la confection des voiles. (*Suite.*)

DÉSIGNATION DES VOILES.	POUR BATIMENTS DONT L'ENVERGURE DE LA GRANDE VOILE EST DE 24 A 26 MÈTRES.					
	Enver-gure.	Bordure.	Chute aux côtés.	Chute avant.	Chute arrière.	Point d'écoute.
	mill.	mill.	mill.	mill.	mill.	mill.
Grandes voiles et misaines carrées.	74	149	149	»	»	»
Grands et petits huniers	68	142	115	»	»	»
Perroquets de fougue	65	123	95	»	»	»
Grands et petits perroquets.	54	95	74	»	»	»
Perruches	41	68	54	»	»	»
Grands et petits cacatois.	27	47	47	»	»	»
Cacatois d'artimon.	27	41	41	»	»	»
Bonnettes basses.	68	81	81	»	»	»
Bonnettes de huniers	41	74	»	74	54	74
Bonnettes de perroquets.	34	54	»	54	41	54
Artimons	68	115	»	90	68	115
Brigantines.	68	54	»	90	65	108
Voiles à goëlettes.	68	102	»	90	68	102
Trinquettes et petits focs.	95	108	»	»	65	108
Grands focs.	95	108	»	»	65	108
Clins-focs	68	34	»	»	54	74
Faux focs	95	108	»	»	65	108
Pouillouses.	95	108	»	»	65	108
Focs d'artimon de cape.	90	102	»	»	65	102

Tableau présentant la grosseur des ralingues qu'on pourrait employer à la confection des voiles. *(Suite.)*

DÉSIGNATION DES VOILES.	POUR BATIMENTS DONT L'ENVERGURE DE LA GRANDE VOILE EST DE 20 A 24 MÈTRES.					
	Envergure.	Bordure.	Chute aux côtés.	Chute avant.	Chute arrière.	Point d'écoute.
	mill.	mill.	mill.	mill.	mill.	mill.
Grandes voiles et misaines carrées.	68	135	135	»	»	»
Grands et petits huniers	65	135	108	»	»	»
Perroquets de fougue	65	115	90	»	»	»
Grands et petits perroquets	47	90	68	»	»	»
Perruches	34	65	47	»	»	»
Grands et petits cacatois	27	47	47	»	»	»
Cacatois d'artimon	27	41	41	»	»	»
Bonnettes basses	54	68	68	»	»	»
Bonnettes de huniers	34	68	»	68	47	68
nnettes de perroquets.	27	47	»	47	34	47
Artimons	65	108	»	81	65	108
Brigantines.	65	47	»	81	65	102
Voiles à goëlettes.	65	95	»	81	65	95
Trinquettes et petits focs.	90	102	»	»	65	102
Grands focs	90	102	»	»	65	102
Clins-focs	65	34	»	»	47	68
Faux foc.	90	102	»	»	65	102
Pouillouse.	90	102	»	»	65	102
Foc d'artimon de cape	81	95	»	»	65	95

Tableau présentant la grosseur des ralingues qu'on pourrait employer à la confection des voiles. (*Suite.*)

DÉSIGNATION DES VOILES.	POUR BATIMENTS DONT L'ENVERGURE DE LA GRANDE VOILE EST DE 18 A 20 MÈTRES.					
	Enver-gure.	Bordure.	Chute aux côtés.	Chute avant.	Chute arrière.	Point d'écoute.
	mill.	mill.	mill.	mill.	mill.	mill.
Grandes voiles et misaines carrées.	65	129	129	»	»	»
Grands et petits huniers.	65	129	102	»	»	»
Perroquets de fougue.	65	108	81	»	»	»
Grands et petits perroquets.	41	81	65	»	»	»
Perruches.	34	65	47	»	»	»
Grands et petits cacatois.	27	41	41	»	»	»
Cacatois d'artimon.	27	34	34	»	»	»
Bonnettes basses.	47	65	65	»	»	»
Bonnettes de huniers	34	65	»	65	41	65
Bonnettes de perroquets.	27	41	»	41	34	41
Artimons.	65	102	»	74	65	102
Brigantines.	65	47	»	81	54	95
Voiles à goëlettes.	65	90	»	81	65	90
Trinquettes et petits focs.	81	95	»	»	65	90
Grands focs.	81	90	»	»	65	90
Clins-focs.	65	34	»	»	47	68
Faux focs.	81	90	»	»	65	90
Pouillouses.	81	95	»	»	65	95
Focs d'artimon de cape.	74	90	»	»	65	90

Tableau présentant la grosseur des ralingues qu'on pourrait employer à la confection des voiles. (*Suite.*)

DÉSIGNATION DES VOILES.	POUR BATIMENTS DONT L'ENVERGURE DE LA GRANDE VOILE EST DE 20 A 24 MÈTRES.					
	Envergure.	Bordure.	Chute aux côtés.	Chute avant.	Chute arrière.	Point d'écoute.
	mill.	mill.	mill.	mill.	mill.	mill.
Grandes voiles et misaines carrées.	68	135	135	»	»	»
Grands et petits huniers	65	135	108	»	»	»
Perroquets de fougue	65	115	90	»	»	»
Grands et petits perroquets	47	90	68	»	»	»
Perruches	34	65	47	»	»	»
Grands et petits cacatois	27	47	47	»	»	»
Cacatois d'artimon	27	41	41	»	»	»
Bonnettes basses	54	68	68	»	»	»
Bonnettes de huniers	34	68	»	68	47	68
› nnettes de perroquets	27	47	»	47	34	47
Artimons	65	108	»	81	65	108
Brigantines	65	47	»	81	65	102
Voiles à goëlettes	65	95	»	81	65	95
Trinquettes et petits focs	90	102	»	»	65	102
Grands focs	90	102	»	»	65	102
Clins-focs	65	34	»	»	47	68
Faux foc	90	102	»	»	65	102
Pouillouse	90	102	»	»	65	102
Foc d'artimon de cape	81	95	»	»	65	95

Tableau présentant la grosseur des ralingues qu'on pourrait employer à la confection des voiles. (*Suite.*)

DÉSIGNATION DES VOILES.	POUR BATIMENTS DONT L'ENVERGURE DE LA GRANDE VOILE EST DE 18 A 20 MÈTRES.					
	Envergure.	Bordure.	Chute aux côtés.	Chute avant.	Chute arrière.	Point d'écoute.
	mill.	mill.	mill.	mill.	mill.	mill.
Grandes voiles et misaines carrées.	65	129	129	»	»	»
Grands et petits huniers.	65	129	102	»	»	»
Perroquets de fougue.	65	108	81	»	»	»
Grands et petits perroquets.	41	81	65	»	»	»
Perruches.	34	65	47	»	»	»
Grands et petits cacatois.	27	41	41	»	»	»
Cacatois d'artimon.	27	34	34	»	»	»
Bonnettes basses.	47	65	65	»	»	»
Bonnettes de huniers	34	65	»	65	41	65
Bonnettes de perroquets.	27	41	»	41	34	41
Artimons.	65	102	»	74	65	102
Brigantines.	65	47	»	81	54	95
Voiles à goëlettes.	65	90	»	81	65	90
Trinquettes et petits focs.	81	95	»	»	65	90
Grands focs.	81	90	»	»	65	90
Clins-focs.	65	34	»	»	47	68
Faux focs.	81	90	»	»	65	90
Pouillouses.	81	95	»	»	65	95
Focs d'artimon de cape.	74	90	»	»	65	90

Tableau présentant la grosseur des ralingues qu'on pourrait employer à la confection des voiles. (*Suite.*)

DÉSIGNATION DES VOILES.	POUR BATIMENTS DONT L'ENVERGURE DE LA GRANDE VOILE EST DE 16 A 18 MÈTRES.					
	Enver-gure.	Bordure.	Chute aux côtés.	Chute avant.	Chute arrière.	Point d'écoute.
	mill.	mill.	mill.	mill.	mill.	mill.
Grandes voiles et misaines carrées.	65	123	123	»	»	»
Grands et petits huniers.	65	123	95	»	»	»
Perroquets de fougue.	65	102	81	»	»	»
Grands et petits perroquets.	34	74	54	»	»	»
Perruches.	34	54	47	»	»	»
Grands et petits cacatois.	27	41	41	»	»	»
Cacatois d'artimon.	27	34	34	»	»	»
Bonnettes basses.	47	65	65	»	»	»
Bonnettes de huniers.	34	65	»	65	41	65
Bonnettes de perroquets.	27	41	»	41	34	41
Artimons.	65	90	»	81	65	90
Brigantines.	54	41	»	74	54	90
Voiles à goëlettes.	65	81	»	74	65	81
Trinquettes et petits focs.	74	90	»	»	65	90
Grands focs.	74	90	»	»	65	90
Clins-focs.	65	34	»	»	41	65
Faux focs.	74	90	»	»	65	90
Pouillouses.	74	90	»	»	65	90
Focs d'artimon de cape.	68	81	»	»	65	81

Tableau présentant la grosseur des ralingues qu'on pourrait employer à la confection des voiles. (*Suite.*)

DÉSIGNATION DES VOILES.	POUR BATIMENTS DONT L'ENVERGURE DE LA GRANDE VOILE EST DE 13 A 16 MÈTRES.					
	Envergure.	Bordure.	Chute aux côtés.	Chute avant.	Chute arrière.	Point d'écoute.
	mill.	mill.	mill.	mill.	mill.	mill.
Grandes voiles et misaines carrées.	65	115	115	»	»	»
Grands et petits huniers.	65	108	90	»	»	»
Perroquets de fougue.	54	95	74	»	»	»
Grands et petits perroquets.	34	74	54	»	»	»
Perruches.	34	47	41	»	»	»
Grands et petits cacatois.	27	41	41	»	»	»
Cacatois d'artimon.	27	34	34	»	»	»
Bonnettes basses.	41	65	65	»	»	»
Bonnettes de huniers.	34	65	»	65	41	65
Bonnettes de perroquets.	27	41	»	41	34	41
Artimon.	54	81	»	74	65	81
Brigantines.	54	34	»	65	54	81
Voiles à goëlettes.	54	74	»	74	65	74
Trinquettes et petits focs.	68	81	»	»	54	81
Grands focs.	74	41	»	»	54	81
Clins-focs.	65	34	»	»	41	65
Faux focs.	74	81	»	»	54	81
Pouillouses.	68	81	»	»	65	81
Focs d'artimon de cape.	65	74	»	»	54	74
Flèches-en-cul.	27	34	»	54	34	47

Tableau présentant la grosseur des ralingues qu'on pourrait employer à la confection des voiles. (*Suite.*)

DÉSIGNATION DES VOILES.	POUR BATIMENTS DONT L'ENVERGURE DE LA GRANDE VOILE EST AU-DESSOUS DE 13 MÈTRES.					
	Envergure.	Bordure.	Chute aux côtés.	Chute avant.	Chute arrière.	Point d'écoute.
	mill.	mill.	mill.	mill.	mill.	mill.
Grandes voiles et misaines carrées.	65	102	102	»	»	»
Grands et petits huniers.	65	102	81	»	»	»
Grands et petits perroquets.	34	68	47	»	»	»
Grands et petits cacatois.	27	34	34	»	»	»
Bonnettes basses.	34	54	54	»	»	»
Bonnettes de huniers.	27	54	»	54	34	54
Bonnettes de perroquets.	27	41	»	41	34	41
Artimons.	54	74	»	74	65	74
Brigantines.	54	34	»	68	54	74
Voiles à goëlettes.	54	74	»	74	54	74
Trinquettes et petits focs.	65	74	»	»	54	74
Grands focs.	68	34	»	»	54	74
Clins-focs.	65	34	»	»	41	54
Faux focs.	68	74	»	»	54	74
Pouillouses.	65	74	»	»	54	74
Focs d'artimon de cape.	65	74	»	»	54	74
Flèches-en-cul.	27	34	»	47	54	65

FIN DU TRAITÉ PRATIQUE DE VOILURE.

DICTIONNAIRE.

VOCABULAIRE CONTENANT LES TERMES ET EXPRESSIONS NAUTIQUES
LES PLUSUSITÉS EN VOILURE.

A

Abord (en). — Mettre une chose en abord, c'est la placer le plus près possible de la face intérieure de la muraille d'un bâtiment.

Abrier, Abreyer. — Intercepter, lorsqu'il s'agit du vent relativement à un bâtiment sous voiles ; ainsi, un rocher élevé, un bloc de glace, un îlot peuvent abrier un bâtiment ou quelques-unes de ses voiles. — Il en est de même d'un navire qui se trouve près d'un autre et qui est au vent à lui. — On dit, pareillement, que les voiles des divers mâts d'un bâtiment s'abrient entre elles, en partie ou en totalité, quand on court grand largue, ou vent arrière, ou qu'on est masqué.

Adent. — C'est une sorte d'arrêt, ou de ressaut ou point-d'appui. Ainsi les *adents* ou taquets d'envergure sont les arrêts pratiqués au bout des vergues, et qui y servent à fixer les points, les têtières et les empointures des ris.

Adonner. — Synonyme d'allonger ; en parlant d'une toile à voile qui prend plus d'extension lorsqu'elle est tendue, on dit qu'elle *adonne*. La chaleur de la température contribue beaucoup à faire adonner les cordages et les toiles, surtout quand elle succède à la pluie.

Affaler. — Faire descendre, amener ; ainsi : on affale un voilier ou un gabier dans une chaise, c'est-à-dire qu'on les fait descendre, pour qu'ils puissent travailler à des réparations dans la voilure, le grément. — On s'affale soi-même, quand on se suspend ou se tient à une corde, pour descendre d'un point où l'on était.

Agui. — Sorte de nœud employé pour lier une chaise en sangle à un bout de corde qui sert à l'affaler, ainsi que le voilier, le gabier, le charpentier ou le calfat qu'il peut être nécessaire de placer dans cette chaise, pour des réparations concernant leur profession.

Aguiée, Aquiée. — Sangle ou ganse qui constitue la chaise qui vient d'être mentionnée au mot *Agui*.

Aiguille. — Les aiguilles à voiles sont cylindriques vers le *chas* (trou par lequel passe le fil), et triangulaires vers la pointe. Le carrelet de l'aiguille est cette partie triangulaire, dont les arêtes doivent être adoucies sous peine de couper les fils de la toile.

Il y a quatre espèces d'aiguilles à voiles : ce sont les aiguilles à coudre, à faire des œillets, à ralinguer, et enfin les aiguilles à merliner. Les aiguilles à coudre sont de trois grandeurs différentes : grandes, moyennes et petites. Les aiguilles à œillets proprement dites ne sont que d'une seule grandeur ; elles traînent quatre fils. On fait aussi des œillets à deux fils ; mais alors on se sert d'aiguilles à coudre. Les aiguilles à ralinguer sont de cinq grandeurs différentes ; elles traînent dix, huit, six, quatre et deux fils.

Enfin les aiguilles à merliner sont de deux grandeurs différentes : la plus grande sert à poser la basane sur les ralingues, et la seconde à merliner les points d'écoutes et autres.

Aile de Pigeon ou Papillon. — Voile qui s'installe au-dessus des cacatois. Elle n'est plus en usage sur les bâtiments de l'État.

Aileron. — Réunion des pointes de côté d'une voile carrée.

Allége. — Barque qui sert à recevoir une partie des objets composant le chargement où l'armement des bâtiments, afin que ceux-ci soient réduits, momentanément, à un moindre tirant d'eau. On peut alors remonter un fleuve, ou se réarrimer, ou se réparer, ou changer ses dispositions intérieures. Les *allèges* servent aussi à porter, à bord d'un navire, ce dont il peut avoir besoin pour prendre la mer. Leur service se borne, en général, à parcourir un port et la rade qui l'avoisine. Lorsqu'elles sont petites, elles vont à la remorque d'embarcations : dans de plus grandes dimensions, elles ont un ou deux mâts avec voiles ; il en est, même, qui naviguent le long des côtes. Elles peuvent porter jusqu'à 250 tonneaux, et leurs formes varient selon les pays.

Allure. — L'*allure* d'un bâtiment est la direction de sa route par rapport à celle du vent, et, comme conséquence, la disposition de voilure appropriée à cette route. Ainsi l'on dit qu'un navire tient l'allure ou est sous l'allure du plus près, lorsque la direction de la route est celle qui s'approche le plus près de celle du vent, en allant, autant que possible, à l'encontre de celui-ci, et que les voiles sont amurées, bordées, brassées et halées en bouline, autant qu'il est nécessaire pour que l'impulsion qu'elles reçoivent du vent dans cette position, ait la plus grande efficacité possible.

A bord des bâtiments dits *Traits-carrés*, les vergues font alors, avec la direction de la quille, un angle d'environ trois quarts ou 33° 45′ ; et l'angle de la direction du vent avec cette même quille est d'à peu près six quarts, de sorte que, sous l'allure du plus près, dont nous parlons, l'impulsion du vent sur les voiles s'effectue sous un angle qu'on peut évaluer à trois quarts.

Si le vent adonne, ou si le navire laisse arriver, l'allure change, et l'on change aussi la disposition des voiles en les fermant ou en les brassant au vent, et, cela, d'une quantité angulaire égale, en général, à la moitié de celle dont le vent a adonné, ou dont le navire a laissé arriver. En continuant ainsi, l'on parvient à voir le vent souffler directement de l'arrière, c'est-à-dire que sa direction se confond avec celle de la route, et que leurs vitesses sont dans le même sens. Alors les voiles sont brassées carré ; on peut porter les bonnettes des deux bords, et l'on est sous l'allure dite du vent arrière.

On voit donc qu'il y a autant d'allures qu'il peut exister de routes nécessitant un changement dans la position de la voilure ; toutefois, il n'en existe que quatre principales, dont deux sont déjà nommées ; les deux autres sont l'allure du grand largue et celle du largue. Quant aux dénominations des allures intermédiaires, elles participent des quatre principales ; ainsi, selon les cas, l'on dit qu'on est ou qu'on va à cinq quarts et demi, qu'on n'est pas tout à fait au plus près, qu'on a tel nombre de quarts de largue, qu'on est presque vent arrière, etc.

Sous l'allure du grand largue, la direction de la route fait un angle de douze quarts ou de 135° avec celle du vent ; conformément à ce qui précède, les voiles sont un peu ouvertes ; le point de grand-voile du vent est cargué, afin que le vent puisse parvenir à la misaine ; on porte les bonnettes du vent.

Enfin quand on tient l'allure du largue, la direction de la route est perpendiculaire à celle du vent ; les voiles sont plus ouvertes que pour le grand largue, et l'on porte aussi les bonnettes du vent.

Maintenant, sous l'allure du plus près, la lame vient presque de la direction de la proue, l'on y est exposé à beaucoup tanguer, à embarquer de l'eau par l'avant, à voir fatiguer le navire, la mâture, le gréement, et l'on a de la dérive.

Il y a généralement aussi de la dérive, mais de moins en moins, sous les allures comprises entre le plus près et le largue. Sous celle du vent arrière on éprouve des roulis quelquefois excessifs qui peuvent considérablement fatiguer ; la mer passe fréquemment au-dessus des hublots, ainsi que des sabords qu'il faut tenir fermés, et les voiles de l'arrière abrient et paralysent celles de l'avant. Le grand largue a beaucoup des inconvénients du vent arrière ; sous cette allure on n'installe des bonnettes que d'un bord ; cependant la presque totalité des voiles établies porte bien et la marche est accélérée. Il reste à parler de l'allure du largue sous laquelle, appuyé par l'effort latéral du vent, le bâtiment d'ordinaire roule peu, tangue peu, et a les diverses parties de ses voiles tant carrées, qu'auriques et latines, bien disposées pour recevoir toute l'impulsion possible du vent. C'est l'allure qui est, en général, la plus favorable sous tous les rapports. Cependant les bâtiments ne se comportent pas tous également bien sous toutes les allures, et chacun a ses qualités particulières, ainsi que son allure la plus avantageuse que la pratique fait connaître.

Au pluriel le mot *allures* prend encore la signification des mouvements ou de manières d'aller ; ce sont, en un mot, les qualités habituelles du navire à la mer. Ainsi un bâtiment a de belles ou bonnes allures quand il marche généralement bien, que les tangages ou les roulis en sont doux, qu'il n'a pas beaucoup de dérive, et qu'il embarque rarement de l'eau.

Allonge. — Réunion de deux, trois, quatre et cinq fils préparés d'avance pour servir à la confection des œillets et au ralingage.

Allongement. — C'est l'effet inévitable du premier travail que fait un cordage neuf. L'*allongement* est au contraire peu sensible dans les cordages qui ont servi. C'est pour cela qu'on emploie pour certaine ralingue des filins demi-usés, et que, lorsqu'on en emploie de neufs, il faut les faire allonger sous le palan, afin qu'une fois placés dans la voile ils n'y allongent plus.

Les toiles à voiles ont aussi leur allongement, qui a lieu en chaîne, à cause de leur mode de fabrication. Notre expérience nous porte à croire que cet allongement est d'environ 0,03 par mètre courant dans les toiles de la marine impériale.

Amarrage. — Ligature ou réunion étroite de cordages ou autres objets au moyen d'un petit cordage, comme ligne d'amarrage, merlin, luzin, quarantainier ou autre menu filin; tel est l'*amarrage* dit du voilier, fait à chaque point d'écoute des voiles, pour rapprocher deux ralingues au ras de la poulie d'écoute; tel est l'amarrage d'un taquet sur un hauban, après que ce hauban a embrassé son cap de mouton; de ceux-ci, le premier est dit *en étrives*, parce qu'il se pratique à la croisure des deux doubles du hauban, et les autres sont appelés *amarrages à plat;* ils réunissent le bout du hauban à son double qu'il prolonge.

Amener. — Abaisser, faire descendre.

A mi-mât. — Un hunier, un perroquet, un cacatois sont amenés *à mi-mât*, quand, pour soustraire une partie de ces voiles à l'effet du vent dans ces régions élevées, on amène leurs vergues jusqu'à moitié de la hauteur du mât qui les supporte. Cette hauteur se compte alors depuis le ton jusqu'au capelage. On peut aussi mettre ses voiles à mi-mât, pour ne pas s'éloigner d'un bâtiment avec lequel on navigue, ou pour soulager la mâture, ou pour tout autre but analogue.

Amure. — Cordage destiné à fixer le point inférieur qui se trouve au vent (et nommé alors *point d'amure*) d'une basse voile, soit carrée, soit à bourcet, et le point inférieur de l'avant d'une voile aurique ou latine. Pour les premières, l'amure est une manœuvre courante; pour les autres, l'amure est généralement à poste fixe. Quant aux bonnettes leur amure tient au point extérieur d'en bas de cette bonnette et c'est toujours une manœuvre courante; si l'amure est en patte d'oie, comme il arrive pour une bonnette basse non établie sur un tangon, et dont une partie de la ralingue d'en bas est enverguée, cette amure prend simplement le nom de patte d'oie.

Amurer. — Quand on parle d'une voile l'*amurer*, c'est la disposer pour l'allure du plus près. S'il s'agit du détail de l'opération, c'est haler sur l'amure, afin de tendre la voile par le point où cette manœuvre est fixée à la voile.

Anneau. — Cercle en fer, ou en bois, ou en corde, qui sert à divers usages du bord. On s'en sert pour enverguer les voiles à draille, pour garnir les œils de pie, etc. L'*anneau* reçoit encore le nom de *boucle* ou de *bague*.

Antennes. — Nom donné aux vergues des voiles latines. Ces vergues sont toujours longues, formées de plusieurs pièces d'assemblage, et assez minces aux deux bouts; l'un de ces bouts s'apique tout bas, et l'autre est relevé vers l'arrière du mât. C'est à peu près aux deux cinquièmes de l'*antenne* que la drisse est frappée; à partir de ce point le bout qui se relève est le plus long.

Apiquage. — L'*apiquage* d'une corne, ou la quantité dont une corne est apiquée est l'angle que fait cette corne avec l'horizon.

Apiquer. — Faire pencher ou incliner dans la direction du haut en bas. On *apique* ses vergues, en pesant l'une de leurs balancines plus que l'autre, et quelquefois autant que possible. Cette opération a pour but de diminuer l'espace occupé par un bâtiment dans un port, surtout quand il passe près d'un autre bâtiment, d'un quai, ou d'un obstacle quelconque. Le bout des vergues qui se trouve du côté de l'objet le plus gênant est celui qui doit être relevé.

Araignée. — Patte d'oie à un grand nombre de branches en menu filin que l'on installe sur la ralingue de faix des tentes ou des tauds pour les soutenir lorsqu'ils ont une forte longueur. Une *araignée* de hamacs est un réseau de petites lignes placé à chaque bout du hamac et qui lui donne, quand il est suspendu, la forme propre à recevoir un homme couché.

Ardent. — Un bâtiment est *ardent* quand il a de lui-même plus de tendance à venir au vent qu'à rester le cap en route. Cette tendance est une qualité quand elle est modérée; mais si elle exige une disposition gênante de voilure sur l'avant pour la combattre, ou l'obligation de mettre la barre du gouvernail trop au vent, c'est un défaut.

Arrière. — Portion d'un navire situé entre le centre de gravité de ce navire et le gouvernail. Le grand mât s'y trouve placé; aussi les vergues, les voiles, les manœuvres, etc., de ce mât et celles du mât d'artimon sont appelées voiles, vergues, manœuvres, etc., de l'*arrière* ou de *derrière*.

Artimon. — Voile aurique, appelée quelquefois voile d'*artimon*, qui s'envergue sur la corne, se lace au mât d'artimon, et se borde au couronnement. L'effet de cette voile est de contribuer à faire loffer un navire. On la cargue toutes les fois qu'il s'agit de faire une arrivée de quelque étendue, ou lorsqu'on est menacé d'un grain.

Artimon (mât d'). — C'est le plus petit des trois bas mâts verticaux d'un navire dit à trois mâts; il est situé sur l'arrière du grand mât à une distance de l'étambot égale en général au sixième de la longueur totale du navire. Ce mât est quelquefois un peu incliné vers l'arrière.

Assemblage. — *Assembler* des laizes.

Assembler. — Synonyme de coudre. *Assembler* des laizes, c'est les réunir par les coutures que comporte le genre de travail auquel elles sont destinées.

On dit vulgairement qu'une voile est assemblée lorsque toutes les laizes qui la composent sont réunies.

Attrapes. — On donne le nom d'*attrapes* à des bouts de lignes fixés de distance en distance entre l'envergure et les bas ris des voiles majeures. Ces bouts de ligne descendent verticalement et sont genopés sur toutes les filières. Ils servent à haler commodément les bandes de ris sur la vergue.

Au bout du bâton. — Se dit d'un grand foc, lorsque le rocambeau auquel son armure est fixée, est halé à l'extrémité du bout-dehors de beaupré, autrement nommé *bâton de foc.*

Au plus près ! Aussi près que possible ! — La première de ces expressions est un ordre donné au timonier de gouverner comme il convient pour l'allure du *plus près.* (Voyez *Allure.*) Un bâtiment dit *trait-carré* gouverne alors, en général, à six quarts de la direction du vent : il y en a de bien installés pour l'orientation de leurs voiles, dont le plus près est à cinq quarts et demi ; par la seconde de ces expressions, on prescrit de serrer le vent jusqu'au point où les voiles commenceraient à ne pas porter, de loffer à toutes les risées, à tous les changements inopinés du vent, de profiter enfin de toutes les chances favorables qui peuvent se présenter pour s'élever au vent.

Aurique (voile). — On qualifie du nom générique de *voiles auriques* toutes les voiles quadrangulaires dont l'amure a une position déterminée, et qui peuvent tourner autour d'un de leur côté comme charnière.

Avaler. — On fait *avaler* ou boire la toile, lorsque en cousant la ralingue d'une voile, on prend quelques plis sous la ralingue, afin que la voile soit moins exposée à se déchirer quand les efforts opérés sur la ralingue font allonger ou adonner celle-ci.

Avant. — Portion d'un navire située entre le centre de gravité de ce navire et sa figure. Le mât de misaine s'y trouve placé, aussi les voiles, les vergues, les manœuvres, etc., de ce mât et celles du mât de beaupré, sont appelées *voiles, vergues, manœuvres,* etc., de l'*avant* ou du *devant.*

Avarier. — On dit qu'une voile est *avariée* lorsqu'il y a un commencement de dégradation ou de détérioration dans la voile ou dans les ralingues.

Aviso. — Petit bâtiment ordinairement armé en guerre, et chargé de porter de la part d'une autorité ou d'un gouvernement, des paquets, des lettres, des ordres, etc. Le mot *aviso* est joint aujourd'hui aux mots *brig* et *corvette* pour désigner une espèce particulière de petits bâtiments de guerre. (Voyez *Brig-aviso* et *Corvette-aviso*.)

Axe. — En général, un *axe* est la ligne autour de laquelle on suppose que se meut une figure géométrique pour produire une surface de révolution; ainsi la surface de la sphère est engendrée par la rotation d'un cercle autour de son diamètre. Communément, on appelle encore *Axe* la ligne qui traverse un corps long dans son milieu, et dans le sens de sa longueur.

A bord d'un navire, on nomme *Axe* la ligne autour de laquelle on considère que les divers mouvements de rotation de ce navire s'effectuent, et l'on y compte trois axes principaux : l'axe principal, qui est la verticale, passant par le centre de gravité du bâtiment; l'axe diamétral ou longitudinal, qui est l'horizontale dans le sens de la longueur passant aussi par le centre de gravité, et l'axe latitudinal ou transversal, qui est l'horizontale dans le sens de la largeur, et qui, comme les deux autres, passe par le centre de gravité. Autour du premier de ces axes, le navire loffe, arrive, abat, évolue; autour du second, il roule et s'incline sur le côté; autour du troisième, il tangue et accule.

B

Bâbord. — Si l'on imagine un plan vertical passant par l'axe de la quille, toute construction navale sera partagée en deux parties ou moitiés longitudinales, par la section de ce plan. Celle qui est à gauche d'un spectateur regardant vers la proue s'appelle le côté de *bâbord* ou simplement bâbord; et, par suite. tous les objets placés ou situés dans cette partie sont dits être à bâbord. Pour les préséances, ce côté passe après l'autre, qui s'appelle *tribord;* toutefois, quand on est sous voile, c'est le côté du vent qui est celui d'honneur, et bâbord peut le devenir accidentellement.

Bâbord est encore la gauche d'un marin, ou le côté gauche de l'objet dont il parle.

Bague. — Synonyme d'anneau. On en emploie de beaucoup de sortes dans la voilerie. Des *bagues* en ligne servent à soutenir les œillets de ris d'envergure et autres.

Bague à queue. — *Bague* en filin dont les bouts ont été tressés de manière à former une *queue*, qui est ainsi très-fortement fixée à la bague elle-même et sert à la maintenir. Elle sert au montage des pattes à cosses, aux œillets de cargue-fond, aux attrapes du milieu des huniers, etc.

Baguer. — Placer des bagues où le besoin le requiert.

Balancine. — Cordage capelé, s'il est simple, vers chaque extrémité d'une vergue, s'il est double. Il se rend au haut du mât qui porte la vergue où passant dans une poulie placée vers cette même extrémité, il descend ensuite sur le pont; il s'arrête dans la hune s'il s'agit des vergues de perroquet ou de cacatois. Ce cordage est destiné à soutenir les extrémités des vergues, à dresser celles-ci, à les apiquer et à les manœuvrer, enfin, dans le sens de la hauteur, selon qu'il est nécessaire.

Baleinière. — Embarcation appropriée à la pêche de la baleine. Les *baleinières* ont été introduites à bord des bâtiments de la marine militaire, et elles paraissent destinées à remplacer les yoles avec avantage. Ce sont des embarcations de formes élancées, convenablement épaulées, s'élevant bien à la lame et marchant bien. Elles se tiennent très-bien dans de grosses mers. elles suivent leur navire à la traîne sans emplir. Leurs mouvements sont aidés par l'aviron de gouverne, qui est indispensable quand on s'en sert à la mer et à l'aide duquel elles évoluent parfaitement.

Balancelle. — Une *balancelle* est une embarcation employée dans la Méditerranée, surtout à Naples; elle est généralement pointue des deux bouts, elle grée une voile à antenne et arme une vingtaine d'avirons.

Ballon de signaux. — Grosse boule en toile noire qui est montée sur des cercles; ces *boules*, hissées à des mâts, à des vergues, à des potences ou bras, servent à faire des signaux, particulièrement sur les côtes. Il y a aussi des boules de signaux en toile, peintes en blanc. On confectionne aussi des boules d'une plus grande dimension appelée *boules de tir* et servant à exercer les canonniers.

Banc. — Le *banc* du voilier est un siége en bois léger d'à peu près 2 mètres, d'une largeur de 0,25 et d'une hauteur de 35 à 40 centimètres.

Banc de traction. — Outil d'atelier pour tendre sur place une partie de ralingue, amarrage, etc.

Il se compose de deux montants verticaux, maintenus à leur distance par deux traverses horizontales. Les deux montants et la traverse inférieure sont en bois dur; la tràverse du dessus peut être en sapin.

Sur un des montants, est un piton qui sert à faire le dormant de la corde qu'on veut roidir. Sur le montant opposé, est un fort massif en bois garni de plaques en fer et traversé par une vis à manivelle qui donne la tension.

Les dimensions des pièces principales sont les suivantes :

Longueur totale	1,80
Largeur des montants	0,20
Épaisseur des montants	0,07
Épaisseur de la traverse supérieure	0,06
Épaisseur de la traverse inférieure	0,05
Hauteur totale	0,85
Épaisseur du massif	0,15
Longueur de la vis	0,70
Diamètre de la vis	0,04
Longueur de l'émérillon	0,08
Diamètre de l'émérillon	0,06
Rayon de la manivelle	0,25

La figure 26, planche V, représente un de ces *bancs.*

Des bancs de cette espèce, et d'une plus grande dimension, seraient d'une grande utilité dans un atelier : en outre de ce qu'ils serviraient pour souquer un amarrage quelconque, on pourrait encore s'en servir pour fourrer les points de toute espèce de voiles, et, il en résulterait une grande économie de temps.

Bande. — Une *bande* de ris est le renfort en toile cousu sur la ligne dans laquelle sont placés les œils de pie et où se passent les filières qui servent à prendre les ris.

Une bande est encore une fraction de laize de toile à voile coupée en travers ou suivant le fil de trame; on entend aussi par bande, la chute arrière d'une voile latine.

Bander. — En parlant d'une voile, c'est la fortifier par des bandes de toile diagonales, ou en doublant les renforts des ralingues.

Barre. — La *barre* d'arcasse, ou pièce de construction qui est placée en travers sur la tête de l'étambot, et la barre d'hourdi, qui est au-dessous. Les barres de hune, celles de perroquet appelées souvent et simplement barres, et les barres de cacatois qui sont de forts châssis en bois ou même en fer, installés sur les jottereaux ou sur les noix de ces mâts pour recevoir les hunes, porter les mâts supérieurs, et donner de l'épatement aux haubans.

Barrée (vergue). — Nom donné à la basse vergue du mât d'artimon : on l'appelle aussi *vergue sèche*, et ces derniers mots s'appliquent, en général, aux vergues qui, quoique encroix n'ont pas pour destination habituelle d'avoir une voile enverguée. Telle est aussi la vergue de civadière lorsqu'il y en a une sous le beaupré.

Basane. — Peau séchée et préparée qu'on emploie généralement au même usage que le cuir mou. Elle sert dans les ateliers de voilerie à garnir les ralingues pour les garantir contre le ragage des étais et autres manœuvres.

Bastingages. — Caissons en bois ou en filets, montés ordinairement sur le haut des murailles du navire pour loger les hamacs, ou dans le faux pont pour loger les sacs d'équipage.

Les *toiles de bastingage* sont peintes et elles sont doublées d'un autre toile qu'on ne peint jamais parce qu'elle porte sur les hamacs. A l'extérieur du navire les toiles de bastingage sont fixées sur le haut des caissons au moyen de lattes clouées. A l'intérieur elles portent des œillets et sont transfilées sur pitons.

Bâtard. — Ce mot signifie de même dimension. On dit que deux voiles sont *bâtardes* lorsque, placées sur des mâts différents, elles ont mêmes dimensions.

Ainsi dans les petits navires, par exemple, le grand et le petit hunier ont souvent même dimension, et l'on dit alors qu'ils sont bâtards.

Bateau. — Nom générique pour les constructions flottantes de petites dimensions, généralement employées sur les côtes, l s rades, les fleuves, les rivières, les lacs et dans les ports.

Bâtiment. — Nom générique pour les constructions flottantes de grandes dimensions, disposées pour naviguer en pleine mer. On les distingue entre elles par les dénominations de bâtiments à voiles, à vapeur, mixtes et à rames.

Bâton. — Le *bâton* de foc, le bâton de clin foc sont des noms donnés, par abréviation, au bout-dehors de foc ou de beaupré, et à celui du clin foc.

Battre. — On *bat* les œillets de ris d'une voile, on bat les coutures d'une voile lorsqu'on les aplatit par des chocs réitérés ; c'est généralement la couture à point debout.

Baïonnette. — Nom que l'on donne quelquefois à un bout-dehors de clin foc et à un mât de bôme.

Beaupré. — Le mât de *beaupré* ou simplement le beaupré est un mât incliné qui sort de l'avant du navire. Le beaupré et son bout-dehors servent d'appui inférieur aux focs et aux étais des mâts qui surmontent le mât de misaine.

Benjamine. — Voile installée sur une corne. Synonyme de grande voile à goëlette.

Berthelot. — Flèche en bois, ou prolongement établi sur l'avant de certains navires, tels que tartane ou pinques, pour y placer les focs et les éloigner ainsi de la proue.

Bidot, Bideau (A). — Aller à bidots, faire un bidot, c'est, sur un bâtiment latin, courir la bordée où les voiles sont au vent du mât, et portent dessus. Une voile latine est donc à bidot quand elle est masquée.

Biquette. — Petit morceau de bois d'environ 20 centimètres de long sur lequel les voiliers graduent des coches qui servent de mesures pour leur travail ; ils s'en servent pour marquer les largeurs des coutures, des gaînes, et la distance des œillets de ris.

Bitord. — Petit cordage grossièrement commis avec deux ou trois fils de caret de second brin ; il y a le *bitord goudronné* et le *bitord blanc*. L'écheveau se nomme *manoque de bitord*.

Blin. — Cercle en fer servant de chouquet pour les mâts et sur les vergues servant à porter les bouts-dehors. Sur les basses vergues il y en a deux de chaque bord, un au bout et un second plus en dedans, qui est à charnières.

Bloc (A). — Expression adverbiale qui signifie à joindre ; ainsi un hunier est hissé à *bloc*, quand ses poulies de drisse de sus-vergue et celles du capelage se touchent : on dit alors aussi que ces poulies sont à bloc, et même bloc à bloc.

Boire. — Verbe en usage parmi les voiliers. Lorsqu'ils cousent deux laizes de toile ensemble, les faire boire, c'est réduire à zéro la différence de longueur que peuvent avoir ou doivent avoir ces deux laizes, en faisant froncer, par la couture, la plus longue sur la plus courte. C'est encore mettre, entre les torons d'une ralingue, la toile nécessaire à l'allongement que prendra la ralingue; sans cela la toile se déchirerait à l'usage.

Bois mort. — Partie d'un mât ou d'une vergue sur laquelle on n'établit pas de voiles. Bouts des vergues en dehors des empointures des voiles.

Boisson. — C'est la quantité de ralingue ou de toile qu'on fait disparaître en *buvant* dans la couture, autrement dit la différence de longueur entre les deux côtés d'une couture.

Bôme, Baume. — Sorte de vergue qui s'appuie, par un bout terminé en croissant, sur la partie inférieure du mât d'artimon : sur l'autre bout qui saille en dehors du couronnement, se borde la voile nommée brigantine qui est lacée au mât d'artimon et enverguée sur la corne. On dit indifféremment *bôme* ou *gui*.

Bon. — Un navire *bon* voilier est celui qui marche bien à la voile. Une ralingue est appliquée à la bonne main quand elle est cousue sans interruption de gauche à droite dans toute son étendue. La coupe positive est aussi appelée coupe à la bonne main. Aller *bon* pas exprime qu'un ouvrier coud avec vivacité.

Bonnette. — Voiles légères qu'on établit en dehors des voiles majeures dans les routes largues. Il y a des *bonnettes basses*, *bon-*

nettes de hune et *bonnettes de perroquet*, leur nom venant de celui des voiles auxquelles on les ajoute.

On appelle aussi *bonnette* ou *bonnette maillée*, la partie inférieure de certaines voiles auriques ou latines, quand cette partie inférieure est détachée ou rattachée à volonté, au moyen de ganses maillées. Une voile aurique confectionnée dans ces conditions oriente rarement bien, parce qu'elle est toujours bridée à la position de la jonction de la bonnette maillée avec la voile principale.

Bordant d'une voile. — Largeur d'une voile prise d'une écoute à l'autre, ou de l'amure à l'écoute.

Border. — C'est tendre la partie inférieure d'une voile en halant sur les écoutes. Une voile *borde* plat lorsque son écoute ou ses écoutes sont bien roidies.

Bordure. — La *bordure* d'une voile en est le côté inférieur; quand la bordure est droite ou qu'elle doit être échancrée, sa ralingue est plus forte que les autres. Quand au contraire la bordure est ronde, sa ralingue est faible et légère. La ralingue qui y est appliquée s'appelle bordure.

Bouée de sauvetage. — Corps flottant de forme circulaire et plate. Cette bouée est ordinairement faite avec des planches de liége; elle est surmontée d'un mâtereau et d'un petit pavillon qui doit être facilement aperçu; elle est recouverte en toile et garnie de bouts de cordage à nœuds qui tombent ou traînent dans l'eau, pour que l'on puisse s'y accrocher quand il y a lieu.

Bouge. — Arc, convexité qu'on donne à diverses pièces de construction, telles que baux, barrots, etc., afin d'imprimer aux bordages qui les recouvriront la forme ou les contours exigés par le devis. Le *bouge* des baux sert à l'écoulement des eaux des ponts, à borner le recul des bouches à feu, et à faciliter leur retour au sabord.

Bouline. — Manœuvre frappée sur des ralingues de côté d'une voile carrée ou sur la ralingue de l'avant d'une voile à bourcet, à l'effet d'ouvrir cette voile quand il y a lieu, en halant le milieu de la ralingue sur l'avant, lorsqu'on est sur la route du plus près, ou qu'on s'en approche, et d'autant plus qu'on établit davantage sous cette allure. Les *boulines* sont fixées à des branches en cordage qui elles-mêmes aboutissent à des pattes épissées sur les ralingues, de manière que la bouline tenant à la grande branche par une cosse susceptible de monter ou de descendre le long de cette branche, fait couler le bord de la voile vers l'avant sur plusieurs points de sa hauteur, et facilite l'impulsion plus directe d'un vent oblique sur la surface postérieure de la voile.

Les boulines sont généralement supprimées sur les voiles des bâtiments du commerce.

Bouquet. — Nom donné à la réunion des poulies d'amure, d'écoute et de cargue-point, qui a lieu aux angles inférieurs des basses voiles des bâtiments dits à traits carrés.

Bourcet. — Terme générique d'une sorte de voile quadrangulaire qui, comme on le voit sur les lougres et les chasse-marées a la drisse frappée au tiers de la vergue vers l'avant. Aussi dit-on indifféremment voile à *bourcet* ou au *tiers.*

Bourrelet. — Le *bourrelet* d'une voile en est la partie de la couture roulée sur elle-même. On le dit aussi du volume de toile placé sur les genoux de l'ouvrier pendant le battage des ris.

Bout-dehors. — Les *bouts-dehors* sont des sortes de petites vergues supplémentaires, placées sur l'avant des vergues principales où elles sont susceptibles de glisser le long en dehors de ces vergues, afin d'augmenter momentanément l'envergure, et qui s'installent dans cette position où elles sont assujetties par divers cordages, lorsqu'il y a lieu à soumettre à l'action du vent les voiles légères nommées bonnettes, que ces bouts-dehors servent à établir. Chaque bout-dehors porte la qualification de la voile ou de la vergue à laquelle il appartient.

Braie. — Morceau de toile goudronnée qu'on fixe à divers endroits, comme aux étambrais des mâts et des pompes, à la jaumière du gouvernail, afin d'empêcher l'introduction de l'eau en ces endroits.

Branches. — Ce mot s'applique, en général, à divers cordages qui se divisent pour agir sur plusieurs points d'un même objet et qui se réunissent en un seul cordage susceptible de communiquer l'effort total ou de le recevoir; ainsi, les *branches de bouline.* (Voyez *Bouline.*) Les branches d'araignée sont les petits cordages qui composent une araignée.

Brider. — *Serrer* étroitement, *étrangler* deux ou plusieurs cordages ou tours de cordage tendus parallèlement ou à peu près, et de manière à les rapprocher par le milieu, avec un cordage ou avec le bout même du cordage principal, c'est le *brider;* on procure, par là, plus de tension à ces cordages en tours, et ils travaillent mieux ensemble.

Brig, Brick, Bric. — Le *brig* est une sorte de bâtiment provenant du *brigantin* qui est plus petit. Le brig a deux mâts (grand mât et mât de misaine) portant hunes et gréant des cacatois et des bonnettes.

Brigantin. — Nom d'une sorte de bâtiment à deux mâts qui ne grée des perroquets que volants.

Brigantine. — Voile aurique, quelquefois volante, le plus souvent à poste fixe, que l'on assujettit, par deux de ses ralingues, sous la corne et contre le mât qui porte cette corne, et qui est le mât d'artimon pour un trois-mâts et le grand mât pour un brig ou autre navire à deux mâts. La *brigantine* se borde sur le bout de la bôme; c'est la voile distinctive du brigantin, dont elle est la grande voile ou la voile principale.

La brigantine, tout en contribuant au sillage, est très-utile pour la manœuvre : placée, en effet, à l'extrémité arrière du navire, on s'en sert très-efficacement pour le faire venir au vent ou pour contre-balancer la voilure de l'avant. Les moyens d'installation solide qu'on est parvenu, d'ailleurs, à donner à cette voile, l'ont généralement fait adopter sur tous les bâtiments gréant un artimon qui est une voile au même effet, mais beaucoup plus petite et moins avantageuse. Toutefois, ces deux voiles y subsistent ensemble aujourd'hui; mais l'artimon ne sert que lorsque le mauvais temps empêche de déployer la brigantine.

Brig-goëlette. — Le *brig-goëlette* est une sorte de navire dont le mât de misaine a une hune et est gréé comme celui d'un brig, tandis que le grand mât n'en a pas et est gréé comme celui d'une goëlette.

Brin. — Mot qui sert à désigner les qualités du chanvre d'un cordage. Ce cordage est du premier brin, quand il n'y entre que les filaments les plus longs, les plus purs; ce qui reste sur la carde, qui sert à peigner le chanvre et à faire la séparation, est peigné une seconde fois, et fournit des éléments inférieurs en qualité, dont on confectionne les cordages dits du *second brin*. Le reste, qu'on appelle aussi *troisième brin*, n'est propre qu'à faire des cordages de très-peu de valeur qu'on ne peut pas employer dans les gréements.

Bûchette. — Petite règle en bois sur laquelle les anciens voiliers portaient les coupes des différentes laizes qui devaient produire un rond ou une échancrure.

Burin. — *Gros épissoir droit*, en bois, qui a la forme d'un cône, qui sert à ouvrir et à élargir les pattes, les bagues et les estropes.

Buriner. — *Agrandir avec le burin* l'ouverture d'une patte, d'une bague ou d'une estrope.

C

Cabillot. — Les *cabillots* employés dans la voilure sont en bois tourné, et portent au milieu de leur longueur une petite rainure circulaire qui sert à les estroper et à les fixer.

On met des cabillots sur les œillets de cargue-fond afin que les cargues puissent être frappées et défrappées très-promptement dans les changements de voiles.

Cacatois. — Petite voile carrée qui surmonte les voiles de perroquet et de perruche, et forme ordinairement le haut de la voilure carrée. Celui du grand mât s'appelle *grand cacatois*, celui du mât de misaine *petit cacatois* et celui du mât d'artimon *cacatois de perruche* ou *cacatois d'artimon*.

Cadre. — Sorte de caisse en toile, ouverte par un seul côté, qui sert de lit pour les officiers, pour les maîtres qui n'ont pas de couchette et aussi pour les malades. Le fond du cadre est maintenu par un châssis en bois appelé *carré du cadre*, dont l'intérieur est garni d'une toile transfilée à la carrée; cette toile est nommée *fonçure de cadre*.

La longueur du cadre est de 1,80, sa largeur 0,54 et sa hauteur 0,50.

On les appelle aussi *cadre à l'anglaise* ou *hamac à l'anglaise*.

Cagnard. — *Abri* que l'on forme sur le pont avec une forte toile peinte, pour préserver les matelots de quart quand il fait mauvais temps.

Calcet. — Les mâts qui portent une antenne ont le ton de forme quadrangulaire : ce ton, qui est le plus souvent une pièce de rapport en bois d'orme, se nomme *calcet*, et le mât qui le porte *mât de calcet;* on dit, en conséquence, *calcet de mestre*, *calcet de trinquet*. Le calcet est percé d'une mortaise dans sa partie supérieure, et de deux ou plusieurs dans l'inférieure, afin de recevoir autant de rouets. Les rouets inférieurs sont tous sur le même essieu.

Canot. — *Petite construction flottante*, destinée à servir de moyen de communication ou de transport entre le rivage et les bâtiments à l'ancre.

Selon leur grandeur et leur destination, les canots du même navire ont des noms qui servent à les désigner entre eux. Ainsi, le *grand canot* est celui qui sert pour les transports, le *petit canot* est employé pour le même usage, mais sur une plus petite échelle.

Le *canot du commandant* est spécialement affecté au commandant, et le *canot major* est celui qui est spécialement affecté à l'état-major.

Capelage. — Ensemble des boucles des cordages qui embrassent à demeure la tête d'un mât ou l'extrémité d'une vergue, pour que les branches de ces mêmes cordages puissent maintenir ce mât ou cette vergue en place voulue, tels sont les haubans pour un mât et les balanciers pour une vergue.

Capot. — Couverture en toile qu'on établit au-dessus des dômes, panneaux, claires-voies, roues de gouvernail, pompes à incendie, habitacles, axiomètres, cabestans, cheminées, etc.

Cargue. — Corde ou manœuvre qui sert à retrousser une voile sur elle-même, quand on veut la soustraire à l'action du vent, ou qu'il s'agit de la serrer.

Tels sont *cargues-points*, *cargues-fonds*, *cargues-boulines*, etc...

Carnal, Carneau, Car. — Partie inférieure d'une antenne. C'est aussi l'empointure inférieure d'une voile portée par une antenne.

Carré. — L'adjectif *carré* s'applique aux voiles qui se fixent aux vergues installées en croix : ces voiles ne sont cependant pas rigoureusement de forme carrée, car le côté supérieur, excepté pour la misaine, en est moins long que l'inférieur; mais cette dénomination prévaut. On donne aussi le nom de *carré* aux laizes coupées à droit fil qui composent la partie centrale d'une voile carrée.

Carrée. — *Laize coupée à droit fil*, c'est-à-dire en suivant un fil de trame.

La carrée est aussi le nom donné au châssis qui occupe le fond d'un cadre.

Centre. — Le *centre de voilure* est le *centre de gravité* de toutes les voiles supposées sur leurs mâts respectifs, ouvertes et déployées dans le sens longitudinal; on l'appelle aussi *point vélique* : sur un vaisseau de premier rang, le centre de voilure se trouve placé à $29^m,20$ environ au-dessus du plan de la flottaison moyenne en charge et sur la verticale parallèle à l'axe du grand mât, et distante de celui-ci de $7^m,15$ vers l'avant.

Cercle. — Lien, entourage en bois, en métal, ou même en corde. On voit à bord une infinité de *cercles* : tels sont les *cercles des mâts*, les *cercles de bouts-dehors*, etc.

Chaîne. — La *chaîne* d'une toile à voile est la réunion des fils qui parcourent l'étendue des laizes de cette toile dans le sens de sa longueur.

Chaise. — Tresses, sangles, cordages disposés pour recevoir un gabier, un voilier assis. Au moyen d'un cartahu, on affale et maintient la chaîne à l'endroit nécessaire pour qu'on puisse y travailler.

Chaloupe. — La *chaloupe* est la plus grande embarcation d'un navire; elle est destinée aux travaux de force, ainsi qu'aux corvées les plus pénibles.

Chambrière, — Sorte de raban de ferlage pour les voiles à corne ou auriques; on donne ce même non à l'estrope qui reçoit le bout inférieur d'une livarde.

Chapeau. — Triangle isocèle en forte toile bordée de sangle, pour serrer contre une vergue les fonds de la voile qu'elle porte; d'où il suit que serrer une voile en chapeau, c'est rassembler et lier au moyen du *chapeau* les fonds de cette voile sur l'avant et au-dessus du milieu de cette vergue : ce procédé ne s'applique qu'aux voiles carrées.

Aujourd'hui le chapeau est remplacé par le couillard. Quel que soit celui qu'on emploie, il est toujours relevé au moyen d'un cartahu qui supporte le poids et qu'on nomme *cartahu de chapeau.*

Chasse-marée. — Bateau des côtes de la Bretagne, solidement construit, le plus souvent ponté, et parfaitement approprié à la navigation de ces parages; il porte deux mâts inclinés sur l'arrière et souvent un troisième dit de tape-cul : ses voiles sont à bourcet ou au tiers. La voilure des chasse-marées est la voilure réglementaire des embarcations de l'État.

Chébec. — Petit bâtiment de la Méditerranée, très-fin, naviguant à la voile et à l'aviron. Les uns sont gréés de voiles carrées portées par une mâture à pible, d'autres ont des voiles latines enverguées sur antenne.

Chemise. — Partie d'une voile qui lui sert d'enveloppe lorsqu'elle est serrée.

Chiquet. — *Fraction de laize en pointe* qui sert à compléter une étendue déterminée.

Chaumard. — Bloc en bois garni de forts réas généralement en fonte, solidement fixé sur le pont d'où il s'élève comme un montant de bitte, ou qui s'enchâsse dans le vibord, et à l'effet de recevoir divers cordages, pour des opérations à effectuer ou des efforts à exercer.

Chouquet, Choucq. — Billot quadrangulaire en chêne ou en orme, cerclé en fer et solidement fixé au tenon du sommet d'un mât par une entaille de forme carrée ; sur l'avant de cette entaille, s'en trouve une seconde qui est circulaire, pour donner passage au mât qui doit s'élever, d'abord le long, puis au-dessus de celui qui porte le chouquet, et faire, en quelque sorte le prolongement de ce mât.

Chute. — Dans une voile carrée, on distingue, la *chute totale*, et la *chute au milieu* ou au mât. La chute totale est la longueur de la perpendiculaire abaissée de l'envergure sur la ligne droite de la bordure, c'est-à-dire sur la ligne droite qui unit les deux points d'écoute.

La chute au milieu ou au mât est la distance mesurée à partir du milieu de l'envergure au fond de la voile ; cette chute est égale à la chute totale, diminuée de la hauteur de l'échancrure de la voile. Dans une voile aurique, on appelle *chute au point* ou *chute arrière*, la longueur comprise entre le point d'écoute et l'angle d'empointure supérieure.

La *chute au mât* ou *chute avant* est la distance comprise entre l'empointure inférieure et le point d'amure. Dans une bonnette de hunier ou de perroquet, on appelle *chute d'en dehors* la distance comprise entre l'empointure extérieure et le point d'amure, et la *chute d'en dedans* est la distance comprise entre l'empointure intérieure et le point d'écoute. Enfin, dans un foc, la distance entre le point de drisse et celui d'écoute est appelée *chute arrière* ou *chute au point.*

Clef. — Les *clefs* de mât sont des boulons carrés en fer (ou en bois pour les très-petits mâts) qui traversent la caisse des mâts guindés, et qui, reposant sur les élongis des mâts inférieurs, empêchent les premiers de retomber sur eux-mêmes.

Clan. — Lorsqu'un réa tourne dans une mortaise pratiquée dans le bord, dans une vergue ou un mât, on appelle cette machine *clan.*

Clin-foc. — *Foc très-léger* qui s'amure sur un bout-dehors poussé en avant du bout-dehors de beaupré.

Cloche. — Partie supérieure d'un manche à vent.

Coiffe. — Toile goudronnée en forme de capot que l'on place sur les capelages ou en d'autres endroits qu'on veut garantir de l'humidité; il y en a de petites pour les surliures, pour les bouts de haubans, etc.

Congréer. — *Congréer un cordage*, c'est en remplir les hélices, dans toute leur longueur, avec du petit filin proportionné à la profondeur de ces hélices. Cette opération a pour but d'arrondir le filin avant de le fourrer.

Contre-coupe. — Terme de voilerie, par lequel on entend une coupe en sens contraire de la coupe totale d'une voile effectuée sur une ou plusieurs laizes d'un côté, quand celui-ci a du rond. La *contre-coupe* peut être positive ou négative suivant que la coupe totale est négative ou positive.

Contre-pointe. — *Laize en pointe renversée*, qui donne à une voile plus d'envergure que de bordure.

Cordage. — Ce mot signifie un assemblage de fils de caret réunis par la torsion.

Corne. — *Sorte de vergue* dont un bout s'appuie par un croissant sur l'arrière d'un mât, et dont l'autre bout est soulevé obliquement en l'air, par des cordages qui appellent du haut de ce mât.

Corvettes. — Ce sont des bâtiments à trois mâts, qui portent aujourd'hui de 30 à 20 bouches à feu.

Cosse. — Anneau de fer cannelé dans sa circonférence extérieure, et qui présente ainsi un canal circulaire propre à recevoir et à maintenir un cordage.

Côté. — Le *côté d'une voile* se dit principalement d'un des *côtés verticaux de cette voile ;* les autre se désignent par les noms de *côté d'envergure* et *côté de bordure ;* un *côté droit* est celui dont la forme est droite; un *côté échancré*, celui dont la forme est courbe, mais creusée à l'intérieur de la voile.

Cotonnée. — Une voile est dite *cotonnée* ou se *cotonner*, lorsqu'elle est usée ou qu'elle a commencé à s'user par le frottement. Le lin *cotonne* beaucoup plus que le chanvre.

Cotre, cutter. — Petit bâtiment à un mât, fin dans ses formes de l'arrière, fortement épaulé et portant bien la voile.

Coude. — Changement brusque dans une courbe, synonyme d'angle.

Coudre. — L'action d'assembler des laizes ou tout autre travail qui se fait au moyen de l'aiguille, s'appelle *coudre.* Ainsi l'on dit *coudre la ralingue, coudre les bandes de ris,* etc.

Couillard. — Triangle en tresse plate, qu'on coud sur l'avant des voiles carrées pour en soutenir le fond quand elles sont serrées.

Couillon. — Tampons d'étoupe qu'on place et qu'on amarre dans la toile d'une voile, de manière à former des boutons.

Coulant. — Sorte de *nœud qui se serre* lorsqu'on fait effort sur le bout (qu'on tient à la main) du cordage qui a servi à faire ce nœud.

Coupe. — Ce mot a plusieurs acceptions en voilerie.

Dans un sens, la *coupe* est la science de tailler les voiles, c'est-à-dire de déterminer leurs dimensions et leurs laizes d'après la grandeur des mâts et vergues qui doivent les porter.

La *coupe* signifie aussi l'action de tailler les voiles ; quand on entend la *coupe* en ce sens-là, il y en a trois sortes : la *coupe à l'échelle*, la *coupe à la main*, la *coupe au piquet.*

La coupe à l'échelle, où chaque laize est déterminée séparément sur plan, ou par le calcul, est très-supérieure à la coupe à la main, parce que les dimensions de chaque laize y sont obtenues indépendamment de toutes les autres, de sorte qu'une erreur, si l'on en commet, ne se répète pas, et est sans influence aucune sur la coupe des autres laizes.

Dans la coupe à la main, la première laize coupée sert de mesure pour la suivante, celle-ci pour la troisième, et ainsi de suite. Les erreurs s'accumulent donc, et il n'est pas rare d'en voir faire de considérables.

La coupe au piquet, qui consiste à recouvrir de toile un plan de la surface à voiler, tracé en vraie grandeur, ne peut guère s'employer que pour les voiles de petites dimensions, celles des canots, par exemple : elle exige un local assez vaste, mais elle donne de bons résultats.

La coupe se fait toujours au couteau. La direction que suit le couteau en séparant la laize de la pièce, porte encore le nom de *coupe*. Si donc le couteau est dirigé suivant un fil de trame, la coupe est dite au droit fil. Dans tous les autres cas, elle est dite coupe oblique, parce que sa direction est oblique aux fils de chaîne et de trame.

La coupe s'entend encore de l'effet d'une voile établie. On dit : cette voile a une bonne coupe, une coupe bien entendue, pour exprimer qu'elle établit bien.

Enfin on appelle salle de coupe, le local où s'effectue la coupe des voiles.

Courbe. — Forme de certains côtés des voiles. Quand la *courbe est convexe* à l'extérieur de la voile, elle s'appelle *rond*. Quand sa convexité est tournée vers l'intérieur de la voile, elle se nomme *échancrure*. Le rond augmente donc la surface de la voile ; l'échancrure, au contraire la diminue.

Coutelas. — Dans les bateaux mâtés latins, lorsque la direction du vent est telle que le foc serait abrié par la mestre, on amure le foc sur un bâton particulier et on l'oriente de manière qu'il reçoive l'action directe du vent, Cette opération s'appelle faire *coutelas*.

Couture. — Une *couture* est la réunion de deux laizes de toile à voile, et d'ailleurs le travail même de cette réunion.

Croc, Crochet. — Le *crochet* des voiliers se fixe au bout de leur banc par un petit bout de ligne fine de 20 à 30 centimètres ; il est à la droite du voilier, et il sert à contretenir la toile qui est sur ses genoux pendant qu'il coud cette toile.

Crochetée — Étendue ou longueur de couture que l'ouvrier fait sans reprendre le croc. Dans le travail ordinaire, la *crochetée* se reprend de gauche à droite ; dans le ralingage, elle se prend au contraire de droite à gauche.

Croix de Saint-André. — Renfort composé de deux bandes en toile posées sur les diagonales d'une vieille voile. Ces deux bandes formant la croix, on lui donne le nom de *croix de Saint-André.*

Cuir. — Peau de bœuf ou de vache tannée ou préparée pour être appropriée aux divers usages du bord. Les plus souples d'entre eux s'appellent *cuir mou* et servent pour garantir certaines parties des ralingues des voiles qui pourraient être raguées.

Cul, Cu. — *Cul-de-porc*, nœud ou entrelacement de torons qui présente une sorte de bouton à l'extrémité d'un cordage ; le cul-de-porc avec tête de mort est celui dans lequel les torons, après avoir donné naissance au bouton, s'entrelacent encore au-dessus pour former comme une couronne : c'est à peu près ce qu'on appelle tête d'allouette. L'estrope avec cosse qui soutient un capot de cheminée est terminée intérieurement par un cul-de-porc à tête d'alouette.

Lorsqu'un œillet est mal fait, que pour le garnir la toile a été piquée trop près de la bague, celle-ci saille et forme un bourrelet très-prononcé. Le voilier dit alors que cet œillet fait le *cul-de-poule.*

D

Dé. — Le *dé* de voilier est une plaque ronde en métal ayant de petites excavations, mais à mi-métal seulement, et fixée à une bande circulaire en cuir ; les voiliers passent la main dans l'intérieur de cette bande, et la plaque qui se trouve alors au milieu de la paume de la main, leur sert à pousser leur aiguille afin d'exécuter les coutures des voiles.

Décapeler. — *Décapeler* un mât, une vergue, c'est en retirer en enlever, en dégréer les cordages qui y avaient été précédemment capelés.

Déchirer. — Se dit d'une voile que le vent, une fausse manœuvre, une maladresse, font déchirer.

Découdre. — C'est *défaire une couture* quelconque pour réparer une voile ou pour tout autre motif.

Déferler. — *Démarrer*, détacher les rabans de ferlage, c'est-à-dire les rabans qui tiennent une voile serrée.

Défoncer. — Un vent violent qui fait crever le fond d'une voile, *défonce* cette voile.

Défourrer. — Enlever la fourrure, c'est-à-dire le bitord dont on avait enveloppé par tours serrés un cordage en certaines parties pour garantir ces parties du frottement d'autres cordages ou de corps exposés à le toucher.

Défense. — Petit sac en toile généralement de forme circulaire, rempli d'étoupe qu'on suspend en dehors des embarcations pour les garantir du frottement contre le bord des navires le long desquels ils sont accostés. On en fait aussi avec des tronçons de câble, voire même en bois.

Dégarnir. — *Dégarnir une voile*, c'est en enlever la garniture, c'est-à-dire les filières de ris, les moques, les poulies, les estropes, les cosses, etc.

Dégréer. — *Dégréer* un navire, c'est en retirer le gréement pour désarmer le navire ou pour en visiter le gréement.

Dehors. — Une voile est dehors lorsqu'elle est déferlée, déployée et disposée pour recevoir l'impulsion du vent ; on dit ainsi qu'un navire a ses huniers, sa misaine, ses basses voiles ou toutes ses voiles dehors.

Délivrer. — Enlever la mauvaise toile d'une voile pour être remplacée par de bonne toile.

Démarrer. — *Défaire* des nœuds ou des amarrages.

Démolir. — Expression consacrée dans la comptabilité des matières pour exprimer qu'on défait entièrement une voile et qu'on emploie sa toile à d'autres usages.

Déployer. — *Développer* en parlant d'une voile ; déployer une voile, c'est en larguer les rabans et les cargues pour la développer et être à même de l'établir.

Déralinguer. — *Enlever, retirer les ralingues* d'une voile ; par exemple : on déralingue une voile pour en réparer les ralingues ou pour les changer en tout ou en partie.

Dériveur. — Nom d'une voile de cape autrefois en usage ; espèce d'artimon raccourci.

Dérouler. — Défaire une voile serrée et amarrée en paquet.

Dessus. — On distingue les deux faces d'une voile par les mots *dessus* et *dedans;* le dessus est la face qui est tournée vers l'avant quand la vergue de la voile est brassée carré, en d'autres termes, c'est celle qui n'est pas frappée par le vent lorsque le navire fait route ; le *dedans* est la face qui est alors frappée par le vent.

Déverguer, Désenverguer. — Retirer une voile de sa vergue, de sa corne ou de sa draille, pour la mettre en soute ou en magasin pour la changer ou pour la réparer.

Dévider. — Défaire les écheveaux de fil.

Dévidoir. — Instrument qui sert à dévider le fil.

Devis. — Plan ou ensemble des plans approuvés par le ministre et d'après lesquels un navire doit être construit. On dit aussi le devis d'un travail pour exprimer un projet écrit et complet indiquant les conditions, la nature, le prix de ce travail.

Diagonale. — Ligne qui dans un polygone joint deux sommets opposés ; dans une voile quadrangulaire la *diagonale* qui joint l'empointure inférieure au point d'écoute s'appelle *diagonale d'écoute*, par opposition à l'autre diagonale qui joint l'empointure supérieure au point d'amure et qu'on nomme *diagonale d'amure.*

Diamétral. — Se dit du plan vertical passant par le milieu de la quille, de l'étrave, de l'étambot, et qui partage le bâtiment en deux moitiés longitudinales ; on l'appelle aussi plan longitudinal. C'est sur ce plan que dans les devis on marque les projections des parties latérales importantes du navire.

Dimanche. — Lorsqu'en exécutant le travail d'assemblage il arrive que l'aiguille passe dans une seule laize, on dit que l'ouvrier a fait un *dimanche.*

On appelle aussi *dimanche*, lorsqu'en fourrant la partie de la ralingue qui doit former le point d'écoute d'une voile, on laisse une lacune entre deux tours de bitord consécutifs.

Doublage. — On appelle *doublage d'une voile*, les laizes ou morceaux de toile cousus sur diverses parties de cette voile, afin de la doubler ou fortifier en ces parties,

Double fond. — Toile simple cousue sur le hamac qui sert à recouvrir le matelas.

Dragon. — Voile d'étai légère en forme de triangle et dont l'amure est mobile, ce qui permet de faire courir le dragon à volonté sur son étai.

Draille. — Une *draille* est en général un cordage tendu, le long duquel une voile peut courir ou glisser par le moyen d'un transfilage ou plus fréquemment d'anneaux fixés sur l'un de ses côtés.

Drisse. — Manœuvre, quelquefois en simple, quelquefois en double ou en triple, selon l'effort qu'elle a à exercer; qui sert à hisser une corne, un pic, une vergue, une voile, afin de soulever ces corne, pic, vergue, et de pouvoir en développer et établir les voiles.

Droit fil. — Le *droit fil* d'une voile est la direction du fil de la trame de cette voile.

Dunette. — Logement formé à bord des grands bâtiments par un pont léger construit au-dessus du gaillard arrière, depuis le couronnement jusque sur l'avant du mât d'artimon.

Drôme. — Assemblage des pièces de mâture ou autres pour rechange, ou pour approvisionnement d'un navire, et qui ordinairement se place sur le pont en deux parties, l'une à bâbord, l'autre à tribord.

Dynamomètre. — Instrument qui sert à constater la force des toiles dans les épreuves de recette.

E

Écart. — Le mot *écart* est employé par les voiliers, lorsqu'il s'agit de laizes qui se rejoignent dans leur longueur, soit bout à bout, soit lorsqu'il y a lieu de remplacer de la toile.

Écarver. — Réunion au moyen d'un écart.

Échancrure. — L'*échancrure* d'une voile est l'arc rentrant que l'on voit au bas ou sur les côtés des voiles carrées et en vertu duquel les ralingues de ces parties, au lieu d'être en ligne droite, se courbent vers le milieu de la voile.

Échauffé. — Une voile ou un cordage est *échauffé*, lorsqu'il s'y déclare soit une fermentation sensible, soit un commencement de pourriture qui en affaiblissent nécessairement la qualité.

Échelette. — Nom donné à une laize de toile à voile, dont la tête ne correspond pas suivant le droit fil à la laize qui est au-dessus.

Échelle. — Construction graphique servant à mesurer des unités de longueur d'une dimension particulière. On donne aux *échelles* le nom de leur unité principale; ainsi *l'échelle métrique* est celle dont le mètre est l'unité; l'échelle de 2 centimètres par mètre, ou plus brièvement l'échelle de 0,02, est celle où chaque longueur de 2 centimètres est l'unité principale et correspond au mètre de l'échelle métrique. Ainsi des autres.

Échelle de coupe. — Dans la salle de coupe de chaque voilerie, et dans les autres salles dont la longueur le permet, il est établi des *échelles de coupe* destinées au mesurage des laizes au moment de la coupe. Chaque échelle est composée de deux lignes parallèles gravées au ciseau dans la plus grande longueur de l'atelier. Ces deux lignes principales, écartées de $0^m,60$, sont divisées de mètre en mètre par des perpendiculaires transversales. Les numéros des mètres sont gravés en caractères bien lisibles sur bois dur et incrustés dans le plancher. Autant que possible, on donne à ces échelles la longueur des plus grandes laizes qu'on ait à couper, 25 mètres par exemple.

Écoute.—Cordage destiné à tendre et à fixer le point inférieur qui se trouve sous le vent (et nommé alors *point d'écoute*) d'une basse voile soit carrée, soit à bourcet, et le point inférieur de l'arrière d'une voile aurique ou latine ; l'amure n'existe pas aux voiles carrées supérieures, et les points inférieurs en sont tous les deux appelés points d'écoute.

Égorgeoir. — Cargue provisoire dont l'objet principal est de servir à serrer une voile majeure ; cette cargue embrasse la voile en en faisant le tour, au lieu d'être frappée sur les ralingues comme les cargues ordinaires.

Élongis. — Pièces de bois en chêne, placées une de chaque côté, sur les jotteraux ou sur les noix des mâts dans le sens de la longueur du navire. Elles supportent les hunes et les barres du perroquet.

Embarcation. — Terme générique pour toutes les petites constructions flottantes dites à rames ou n'allant à la voile que lorsque le temps le permet.

Embraquer, Abraquer. — Embraquer un cordage, c'est haler dessus pour le tendre ou pour faire disparaître le mou.

Embu. — Lorsqu'on fait *boire* une toile à voile on dit qu'elle a de *l'embu.*

Empeser. — On *empèse* les voiles, lorsque, à l'aide de la pompe à incendie ou autrement, on les mouille pour en faire serrer momentanément le tissu, afin qu'elles retiennent mieux le vent.

Empilée. — Les voiles placées les unes sur les autres, dans les ateliers ou magasins sont dites *empilées.*

Empointure. — On appelle *empointures* les angles supérieurs d'une voile carrée ; s'il s'agit de bandes de ris, les empointures en sont les extrémités, et l'on donne aussi ce nom aux pattes placées sur les ralingues de côté de ces voiles, à la hauteur des bandes de ris. On trouve aux empointures d'une voile garnie, des rabans dits d'empointure qui servent, quand il y a lieu, à les fixer à la vergue, soit quand on en envergue la voile, soit quand on y prend des ris.

Emporte-pièce. — Instrument en fer servant à pratiquer des trous dans la basane destinée à recouvrir les ralingues. On s'en sert aussi lorsqu'il y a plusieurs doubles de toile à couper, les œillets des huniers et les œillets des côtés des tauds, lorsqu'ils sont sur les coutures.

En dessous. — Ce mot se dit d'une voile, et il en signifie la face qui, lorsque cette voile est enverguée, est tournée vers l'arrière du navire.

En dessus. — Ce mot se dit d'une voile, et il en signifie la face qui, lorsque cette voile est enverguée, est tournée vers l'avant du navire.

Entonnoir. — Partie supérieure d'une manche à eau, ou à vin, ou à pompe. C'est aussi la partie par où l'air descend dans le corps des manches à vent, après avoir frappé dans la guérite.

Enverguer. — *Enverguer* une voile, c'est la fixer à une vergue, à une corne, à une draille, par celle de ses ralingues qui est disposée à cet effet et qu'on appelle *ralingue d'envergure.*

Envergure. — Partie supérieure d'une voile, qu'elle soit enverguée sur vergue, sur corne, etc.

Épisser. — Faire une épissure.

Épissoir. — Outil en forme de fuseau, en bois dur ou en fer qui sert pour la confection des épissures.

Épissure. — Jonction, réunion de deux cordages ou de deux bouts d'un même cordage ou enfin d'un cordage replié sur lui-même qui s'opère en en decommettant les torons et en les entrelaçant soit les uns dans les autres, soit dans le cordage lui-même, sur une longueur suffisante pour qu'il ne puisse pas y avoir séparation. L'*épissure* du voilier est dite ronde, tandis que l'*épissure* du gabier est dite carrée.

Équerre. — L'*équerre* est un petit morceau de planche en bois ou en fer ayant la forme d'un triangle rectangle, et qui sert à tracer des angles droits, ou même des parallèles en faisant glisser l'un de ses côtés le long d'une règle.

Erse, Erseau, Ersiau. — Cordage formant une sorte de demi-cercle dont les deux bouts sont épissés dans une ralingue, tels qu'on en voit sur les côtés des tentes, sur les côtés des voiles carrées pour retenir les boulines, etc.

Espars. — Mâtereau, bout de mât.

Estrope. — Ceinture, lien en cordage fourré, épissé par les deux bouts; elle est ordinairement congréée et limandée, elle entoure et presse les poulies, moques, cosses, margouillets, et s'applique à cet effet dans des cannelures qui y sont pratiquées pour recevoir ces *estropes*.

Estroper. — C'est faire une estrope; *estroper* une poulie ,une moque, etc., c'est les garnir d'une estrope.

Établir. — *Établir* une voile, c'est la disposer convenablement, pour faire route d'après l'allure sous laquelle on navigue. On dit aussi qu'une voile établit bien lorsqu'elle est bien faite, et qu'elle établit mal lorsqu'elle est mal faite.

État. — Gros cordage qui sert à tenir les mâts dans le sens de l'avant.

Etambot. — Pièce de construction de même largeur que la quille, qui s'élève, selon le plan diamétral du navire, sur l'extrémité arrière de celle-ci, en faisant avec elle un angle rectiligne quelquefois droit, mais plus souvent obtus, qu'on appelle quête de l'étambot.

Étambrai. — En général, le nom d'*étambrai* se donne à l'ensemble des pièces de bois qui, réunies, laissent un trou circulaire pour le passage des mâts, pompes ou cabestans.

Etarque. — Se dit d'une voile qui a été hissée et tendue le plus possible.

Étarquer. — *Etarquer une voile*, c'est la hisser de manière que toutes ses parties soient tendues.

Étrangler. — S'applique à une voile lorsqu'on agit sur cette voile à l'aide de cargues nommées *étrangloir*, à l'effet de l'étouffer.

On se sert aussi du mot *étrangler* en parlant de tours de cordage dont on rapproche les cordons vers le milieu, par une bridure, afin de leur procurer plus de tension et de les faire travailler avec plus d'ensemble.

Etrangloir. — Cargues pour étrangler les voiles.

Étrave. — Pièce courbante et saillante de construction, de même largeur que la quille, qu'on élève selon le plan diamétral sur l'extrémité avant du brion, lequel forme la liaison de l'étrave avec la quille.

Étripé. — Se dit d'un cordage qui se détord, se lâche, s'ouvre et se détériore ; il y a généralement alors rupture partielle de ses fils ou torons.

Étrive. — Amarrage fait sur deux cordages ou sur deux bouts d'un même cordage, ou sur un bout de cordage replié sur lui-même, à l'endroit où ils se croisent : cet amarrage s'appelle en étrive.

Étui. — C'est une sorte de sac ou d'enveloppe en toile pour serrer et conserver les voiles et autres objets, tels que canots, tentes, mâts, vergues, etc.

Éventrer. — *Éventrer* une voile, c'est la crever, la défoncer, la percer ou fendre à coups de couteau, quand, par un grand vent, son action compromet la mâture.

F

Faix. — La ralingue de *faix* d'une tente est celle de son milieu, et sur laquelle on la serre dans le sens de la longueur du bâtiment.

Farder. — On dit qu'une voile *farde* bien lorsqu'elle est bien coupée, bien installée, bien orientée, et que, remplie par le vent, elle a un coup d'œil satisfaisant.

Fargues. — Bordages légers, souvent mobiles, qu'on monte par-dessus le plat-bord des petits navires et des embarcations pour les garantir contre la lame.

Faseyer, fasier, fasiller. — Une voile *faseie* lorsque le vent la frappant dans la direction de celle de ses ralingues de chute qui est au vent, elle se trouve ce qu'on appelle en ralingue, c'est-à-dire qu'elle n'est ni pleine ni masquée et qu'elle ne fait que battre.

Faufiler. — Fixer provisoirement des toiles par une couture à points très-longs.

Faux foc. — Foc dont le point d'amure est sur un rocambeau qui embrasse le bout-dehors de beaupré. Le faux foc remplace le grand foc quand il vente trop.

Faux point. — Ralingue jointe à un autre pour fortifier les points d'écoute lorsque ceux-ci commencent à manquer.

Felouque. — La felouque est un bâtiment de la Méditerranée long, léger et étroit; il va à la voile et à l'aviron, sa voilure consiste en deux voiles à antennes, portées par des mâts inclinés sur l'avant.

Ferler. — *Ferler une voile*, c'est la relever pli par pli, tout le long et un peu au dessus d'une vergue sur l'avant : on la fixe ainsi avec des rubans dits de ferlage.

Fermer. — Fermer une voile, c'est la brasser au vent, c'est-à-dire de sorte que sa vergue ait, vers l'avant une direction plus éloignée qu'auparavant de celle du plan vertical passant par l'axe de la quille.

Fil à voile. — Le fil à voile est en chanvre épuré; d'une manière spéciale et très-fin, il est commis en deux, et il ne doit présenter aucune sinuosité afin d'être glissant et peu exposé aux ruptures. Pour le conserver dans les coutures des voiles où il est souvent exposé à l'humidité, on l'enduit de goudron; mais il ne faut pas le faire longtemps d'avance, sans quoi le fil s'échauffe et casse quand on l'emploie. Grâce au goudronnage, la couture acquiert une telle force que fréquemment il arrive dans la séparation d'une voile de couper tous les points de couture et de ne pouvoir séparer les deux toiles sans les déchirer.

Filet. — Les voiliers appellent *filet* le fil de couleur qu'on trouve au bord des laizes des toiles à voiles, et qui sert de guide pour faire la couture ordinaire.

Filière. — On donne ce nom à des cordes tendues horizontalement pour des usages quelconques. Les *filières de ris* sont les cordes tendues sur les ris des voiles carrées, passant d'un œillet à l'autre, et qui servent à prendre les ris à la Belleguic. Les *filières d'envergure* sont des filins tendus le long et sur l'avant des vergues sur lesquels on envergue les voiles carrées. Il y a aussi les *filières de tentes* qui servent à établir les tentes.

Filin. — Terme générique pour les cordages autres que câbles et grelins.

Fin. — Un bâtiment est qualifié de *fin voilier* lorsqu'il marche bien, surtout au plus près.

Flèche. — On nomme *flèche* le plus grand écartement d'une courbe et de sa corde.

On nomme aussi *flèche*, par abréviation de *flèche-en-cul*, la voile aurique légère qu'on porte en dessus des brigantines et goëlettes.

Enfin on nomme *flèche* la seconde partie d'un mât qui a deux ou trois capelages. Les mâts à trois capelages sont rares, mais il y en a, et, dans ce cas, la troisième partie du mât s'appelle *contre-*

flèche. On donne quelquefois aussi le nom de contre-flèche au bois mort des mâts de cacatois. Les flèches des mâts portent généralement le nom de la voile qu'on y établit; ainsi on dit flèche de grand cacatois, de grand perroquet quand c'est le mât de hune qui est à flèche; bâton de flèche quand le bout dehors de clin-foc ne fait qu'un avec le bout-dehors de grand foc. Enfin on appelle *mâts de flèche* les mâts qui ne portent que des flèches-en-cul.

Flèche-en-cul. —Voile légère qu'on établit au-dessus des brigantines ou des voiles à goëlettes; elle est quelquefois triangulaire, mais le plus souvent à bourcet, et alors enverguée sur une vergue tiercée au mât et parallèle à la corne de la voile inférieure.

Flottaison. — Partie de la coque d'un bâtiment où, lorsque ce bâtiment est droit et chargé ou armé, il est atteint par la surface d'une eau tranquille.

Foc. —Nom générique des voiles triangulaires non enverguées, plus spécialement applicable à celles qui amurent sur le beaupré. Pour les distinguer entre eux, les focs ont des noms particuliers. Ce sont : 1° le *clin-foc*, le plus en dehors de tous, et dont la draille part du capelage du petit perroquet; 2° le *grand foc*, dont la draille part des barres de petit perroquet; 3° le *petit foc*, dont la draille part aussi des barres, mais dont l'amure est sur le bas mât de beaupré; 4° la *trinquette*, dont la draille part du capelage de misaine, et dont l'amure sur les bâtiments gréés carrés est au tiers extérieur de la saillie de beaupré; dans les autres bâtiments, elle est généralement sur l'étrave; 5° le *faux foc*, qui remplace ordinairement le grand foc lorsqu'on porte deux ris dans les huniers et dont l'amure est quelquefois à mi-bâton. On appelle aussi *foc d'artimon* une voile d'étai qui s'installe entre le grand mât et le mât d'artimon. Le sommet de sa draille part du capelage du mât de perroquet de fougue.

Fond. — Le *fond* d'une voile est en général la partie centrale de cette voile qui s'arrondit lorsqu'elle est établie et gonflée par le vent; la ralingue de fond ou de bordure est celle du côté inférieur de la voile. Les cargues qui sont fixées sur cette ralingue s'appellent *cargue-fonds*.

Forcée (Couture). — C'est une couture plus large que

les autres, où les toiles se doublent plus que dans le reste de la voile.

Fortune (Voile de). — C'est le nom de la misaine carrée des côtres, des goëlettes, des avisos, etc., quand elle n'est pas enverguée à demeure. Si on l'envergue, elle prend le nom de *misaine carrée.*

Fouet. — Les poulies des palans dont se servent les voiliers pour tendre les ralingues, sont généralement suivies d'un bout de corde d'environ 2 mètres de longueur qu'on nomme *fouet* et qu'on entortille sur la ralingue.

Le bout de la corde d'envergure d'une voile latine, qui sert à fixer l'empointure sur la penne, s'appelle aussi *fouet.*

Fougue (Perroquet de). — Nom du hunier d'artimon.

Foule. — Espèce de livarde; c'est une sorte de perche qui est employée, sur les navires ayant des voiles à bourcet sans boulines, à pousser la ralingue du vent vers l'avant pour ouvrir la voile afin qu'elle porte au plus près. Dans les canots ou embarcations, on se sert de la gaffe pour cet objet.

Fourrer. — Enrouler autour d'un cordage des tours réguliers de bitord, afin de le préserver par là des effets du frottement de corps avec lesquels il est exposé à entrer en contact. On place souvent une limande goudronnée sur le congréage, et l'on fourre avec du bitord ou merlin par-dessus.

Fourrure. — La fourrure d'un cordage est l'enveloppe avec laquelle ce cordage est fourré.

Enfin on appelle *fourrure* de la vieille toile provenant des démolitions et qu'on emploie à bord à divers objets, ou qui sert d'enveloppe ou de garniture.

Frapper. — *Amarrer, lier,* mais s'entend plus particulièrement d'un amarrage momentané, comme d'un palan sur une ralingue.

Frégate. — Bâtiment à trois mâts, qui porte aujourd'hui de 60 à 40 bouches à feu.

Fronteau. — Rideau en toile qu'on place devant la dunette, devant les panneaux. On l'appelle *frônteau de dunette, fronteau de panneau;* il y a encore le *fronteau d'hôpital*.

Frotter. — C'est, en terme de voilerie, former un pli très-distinct sur la toile : on *frotte* les coutures d'une voile, les gaînes.

Frottoir. — Outil dont les ouvriers voiliers se servent pour y aplanir les coutures à point debout; il est taillé en sifflet à une extrémité, l'autre est arrondie à la poignée.

Fune. — Ralingue de faix fixée au milieu des tentes et terminée à chaque bout par un fouet qui sert à les roidir d'un mât à l'autre.

G

Gabarre. — Sorte de bâtiment de charge et de transport.

Gaillard. — C'est une des parties extrêmes du pont supérieur d'un navire; celle qui se trouve sur l'arrière du grand mât s'appelle *gaillard d'arrière;* celle qui se trouve sur l'avant du hauban de misaine le plus en arrière s'appelle *gaillard d'avant*.

Gaîne. — *Ourlet* large et plat fait autour d'une voile en repliant la toile sur elle-même pour la fortifier.

Gaîner. — Faire une *gaîne*.

Galet. — Angle d'empointure inférieure d'une voile aurique.

Galon. — Bande de toile que l'on fixe sur des coutures de voile, afin de les fortifier lorsqu'il est à craindre qu'elles ne manquent.

Galonner. — Coudre des *galons*.

Gambier. — En parlant des voiles à bourcet, ce mot, lors du virement de bord, s'emploie pour changer.

Ganse. — On appelle *ganse* une patte renversée qu'on voit au point de drisse des focs.

Garant. — Nom donné à un cordage lorsqu'il est employé, ou destiné à être employé pour agir au moyen de palans, et qui, par conséquent, passe ou doit passer sur les réas de ces palans en allant de l'un à l'autre.

Garcette. — Sorte de cordage court, fait en tresse de 3, 5, 7 ou même 9 branches, et à la main. La *garcette* sert à prendre les ris à l'ancienne; celle-ci est tenue dans les œillets de ris de la voile par un nœud de chaque côté de la toile.

Garde-corps. — On appelle *garde-corps* des lisses en bois ou en fer, portées par des chandeliers de fer qu'on plaçait et qu'on place même encore sur le bord des navires, aux gaillards, dunettes et passe-avant, pour empêcher de tomber à la mer.

Garnir. — On appelle *garnir une voile* lorsqu'on y place les filières de ris, les empointures, les moques, etc. Tous ces accessoires font partie de la *garniture.*

Garniture. — La *garniture* d'une voile se compose de tout ce qui est nécessaire à sa mise en vergue et à son établissement, le pouliage, branches de bouline, etc.

Genope. — Sorte d'amarrage qui consiste à presser deux cordages l'un contre l'autre par des tours de ligne qui les empêchent de glisser.

Genoper. — Faire une *genope.*

Glène. — Cordage ou portion de cordage ployée en rond sur elle-même.

Goëlette. — Petit bâtiment à deux mâts.

Gorge (Point de). — Angle d'empointure inférieure des voiles auriques, c'est-à-dire celle qui est fixée sous la mâchoire de la corne (synonyme de galet).

Goudron. — Matière résineuse qui découle de certains arbres, particulièrement des pins, des sapins et des mélèzes, lorsque après avoir fait une entaille à leur pied on les soumet à l'action du feu; c'est alors le *goudron* dit *végétal.*

Goudronner. — Étendre du goudron sur un objet quelconque, comme sur une limande qui sert à fourrer. *Goudronner* le fil à voile, c'est en imprégner le fil, etc.

Goujure. — Cannelure telle que celle qui se trouve autour des poulies à l'effet de recevoir les estropes.

Grand foc. — Voile triangulaire. (Voyez au mot *Foc*).

Grand mât. — *Bas mât* principal du navire.

Grande vergue. — *Vergue gréée* sur le grand mât.

Grand'voile. — Voile enverguée sur la grande vergue d'un navire gréé à traits carrés; cette voile elle-même est alors une voile dite carrée. A bord des côtres, goëlettes, on donne le nom de *grand'voile* à la voile principale du grand mât de ces navires; ainsi, à bord des goëlettes, la grand'voile est celle qui est portée par la corne du grand mât; elle est lacée à ce mât, ou y tient par des cercles; on l'appelle aussi goëlette de l'arrière ou *grande voile à goëlette.*

Grand'voile d'étai. — On donne quelquefois ce nom à la *voile d'étai de grand hunier.*

Gras. — On dit qu'une voile est *grasse* lorsque les dimensions de ses côtés sont un peu trop *grandes.*

Gréement. — Le gréement d'une voile, c'est sa garniture.

Gréer. — *Gréer* un navire, c'est établir à leur place, selon les règles adoptées, les cordages, les poulies de toutes sortes, et, en général, les parties diverses qui sont destinées à tenir, consolider ou établir les mâts, les vergues, les voiles d'un navire, etc.

En parlant en particulier d'un mât, d'une vergue, d'une voile, *gréer* est synonyme de *garnir.*

Guérite. — Dans une manche à vent, on appelle guérite la partie ouverte latéralement vers le haut, et par laquelle le vent s'y introduit.

Il y a aussi la guérite en toile, terminée par un plateau circulaire, qui repose sur le pont, et dont la partie supérieure en forme de cône est soutenue par un cartahu. Elle a à peu près 2,00 de hauteur et sert pour mettre à l'abri l'homme de faction.

Gui. — *Espars* sur lequel on borde certaines voiles auriques, notamment la brigantine.

Guigue. — Sorte de canot très-léger.

Guindant. — En parlant d'une voile, si elle est carrée ou aurique, le *guindant* en est la hauteur dans le sens du mât.

H

Hale-bas. — Petit cordage frappé au sommet des voiles enverguées sur drailles, comme les focs et certaines voiles d'étai, et qui, lorsqu'on en a largué la drisse, sert à les faire descendre ou replier sur elles-mêmes pour pouvoir les serrer.

Hale-breu. — Cordage employé à tirer, vers le sommet de la corne d'artimon, toutes les cargues de cette voile, lorsqu'on se propose de la déployer.

Haler. — *Roidir, faire force dessus*, quand il s'agit d'une manœuvre ou généralement de tout cordage dont la direction est à peu près horizontale.

Hamac. — Lit suspendu des matelots. C'est un sac en toile, à double fond, dans lequel on coule un matelas, et qu'on suspend, au moyen d'araignées, aux baux du navire.

Le hamac est composé de deux laizes de 0,57, coupées à la longueur de 2,03 environ et réduites par les gaînes à 1,85 de long sur 1,06 de large. On fait 18 œillets à chaque bout pour monter les branches d'araignées.

Hanet. — Bout de ligne qui remplace les garcettes dans les ris des voiles auriques et latines. On coud des *hanets* sur le côté des hamacs pour les serrer dans la longueur.

Hauban. — Les *haubans* sont de fortes manœuvres dormantes qui figurent parmi celles qui ont le plus d'importance, car elles servent, ainsi que les *galhaubans*, à soutenir, à assujettir les mâts par le travers et par l'arrière, comme les étais par l'avant.

Hisser. — *Élever*, faire monter.

Horizontal. — S'applique en général à tout plan et à toute ligne qui sont parallèles à l'horizon ou à la surface des eaux tranquilles.

Houari. — *Voilure* triangulaire, où les vergues portent deux blins qui courent sur les mâts, de sorte que les vergues étant hissées leur font suite.

Hourdi (Barre ou lisse d'). — Nom donné à la plus élevée des barres dites d'arcasse; ses deux faces extrêmes s'appliquent contre l'estain. Cette pièce a une double courbure, dont l'une prend le nom de bouge vertical et l'autre de bouge horizontal.

La *barre d'hourdi* a, sur l'arrière, une râblure pour recevoir l'extrémité arrière des bordages de la carène; le milieu de cette barre est assemblé avec l'extrémité supérieure de l'étambot; il s'ensuit qu'elle se trouve placée à la hauteur des seuillets de sabord de la première batterie, qu'elle marque la plus grande largeur de la poupe, et que c'est immédiatement au-dessus d'elle que sont établis les sabords dits d'arcasse. Enfin les écarts de l'estain et des allonges de cornière correspondent à la limite supérieure de la barre d'hourdi.

Hune. — Plate-forme que l'on établit sur les élongis des bas mâts des bâtiments à traits carrés.

Hunier. —Voile carrée portée sur les mâts de hune et bordant au bout des basses vergues. On les nomme du nom de leurs mâts : *grand hunier*, *petit hunier*, *hunier d'artimon;* ce dernier porte plus souvent le nom de *perroquet de fougue*.

I

Inclinaison. — On entend en général par ce mot, la quantité angulaire dont une ligne, une surface plane, un objet quelconque dévie d'une ligne ou d'un plan, soit vertical, soit horizontal, selon les cas.

Ingrate (toile). — On dit que la toile à voile est *ingrate*, lorsque le chanvre qui a servi à en former les fils a été mal épuré, ou bien encore lorsque la toile est imprégnée d'eau de mer, ce qui la rend difficile à coudre.

Intensité. — On donne, en particulier, le nom d'*intensité* à la force qui exerce une action constante sur un corps soumis à cette action.

Itague. — Cordage dont une extrémité porte palan. L'*itague simple* est celle qui passe dans une poulie fixe seulement, de sorte qu'en réalité elle est double. L'*itague double* est celle qui passe dans deux poulies, dont une mobile, et, par conséquent, elle est triple. Quand le filin qui porte palan sur l'un de ses bouts est lui-même passé plus qu'en triple, on ne le nomme plus itague, et l'on dit qu'on a fait palan sur garant.

Les huniers se hissent toujours sur itagues. On les a simples ou doubles, suivant la grandeur des voiles. A la mer, on fait itague ou drisse anglaise avec les drisses de perroquet.

Dans une embarcation bien gréée, les drisses sont à itagues simples, parce que, de cette manière, les voiles montant aussi haut que possible sur les mâts, ceux-ci peuvent être moins longs.

J

Jarretière. — Rubans plats tressés en forme de sangle et recouverts de toile peinte. Ils servent à retenir sur la vergue la toile des voiles quand elles sont serrées. Les *jarretières* peuvent être cousues sur la gaîne des voiles ou fixées sur la filière d'envergure. D'autres fois leur queue est passée dans les torons de la ralingue d'envergure. La distance qu'on laisse de l'une à l'autre est d'un mètre.

Il y a aussi des *jarretières* de hamac.

Jeu. — Un *jeu de voiles* est l'assortiment complet ou la collection de toutes les voiles enverguées d'un navire ou des voiles qui peuvent y être enverguées à la fois; on dit dans le même sens : un *jeu de basses voiles*, un *jeu de huniers*. Enfin on nomme *jeu de rechange*, un jeu incomplet, mais comprenant toutes les voiles dont les règlements prescrivent d'avoir un double. Ce sont les voiles majeures, focs, artimon et brigantine.

Jottereaux. — Pièces de bois en forme de consoles, solidement appliquées et chevillées, tribord et bâbord d'un bas mât, un peu au-dessous de l'endroit où commence le ton de ce mât; la saillie des consoles est sur l'avant et elle sert à supporter les élongis.

Juste. — Coudre une *voile juste*, la *ralinguer juste*, c'est coudre une voile ou une ralingue sans faire boire la toile.

L

Lacer. — Réunir deux bords de voiles en passant une ligne ou un petit raban dans les œillets de leurs gaînes.

Lâche (Toile). — Dont le tissu n'est pas assez serré.

Laize. — Toile à la pièce. Bande coupée dans la pièce et qu'on n'a ni rétrécie en la coupant ni élargie en la cousant à une autre. Pour les toiles à voiles, cette largeur est ordinairement de 0,57. Il y a une autre toile qui a 0,65 de largeur, mais elle est destinée aux prélarts de bastingage et autres divers objets.

Langue. —En langage de voilerie, une *langue* est un morceau triangulaire de toile qui sert de renfort, de fourrure, de garniture, de remplissage en quelques parties d'une voile.

Larder. — Passer l'aiguille dans les torons de la ralingue.

Mauvais travail qui manque quand on le met au palan. C'est aussi passer des fils dans une toile et les y laisser. On appelle *paillet lardé* celui dans lequel on a passé des bouts de fils de caret, qu'on ouvre ensuite en étoupe.

Largue. — Un cordage, une manœuvre sont *largues*, lorsqu'ils sont démarrés ou qu'ils n'ont pas été amarrés, et qu'ils ne fixent pas le point de l'objet auquel ils tiennent.

Larguer. — *Larguer* un objet quelconque et, en particulier, une manœuvre, un cordage amarrés, c'est les *laisser aller*, les *lâcher*, les *détacher* ou *démarrer*.

Latin, Latine. — On appelle bâtiment *latin*, celui qui grée principalement des *voiles latines* ou enverguées sur des *antennes*. On en voit particulièrement dans la mer Méditerrannée. Les mots *voiles latines* sont la dénomination générique des voiles triangulaires, et il y en a de deux sortes : celles à antennes ou enverguées sur des antennes, et celles à drailler, ou enverguées sur drailles comme les focs.

Latte. — On appelle *latte* la planche étroite qui est au milieu des tentes des embarcations dans le sens de la largeur.

Lève-nez. — Le *lève-nez* de la brigantine ou de l'artimon sert, comme le halebreu, à relever les cargues de ces voiles, jusqu'au point supérieur de la corne, à l'effet de les faire courir dans leurs poulies de conduite et de les affaler.

Ligne. — Petit cordage en trois, commis de gauche à droite, et qui sert à une infinité d'usages, notamment pour tous les amarrages solides, les rabans, les transfilages, bagues, etc. Il y en a de plusieurs grosseurs, de la goudronnée et de la blanche.

Ligner. — *Ligner* une voile, c'est la disposer, pli par pli, sur un de ses côtés, afin de la serrer convenablement.

Limande. — Bande de toile goudronnée que l'on place entre un cordage et sa fourrure.

Limander. — Limander un cordage, c'est y placer la *limande*.

Lis. — On appelle *lis* ou *lizeret* le bord de la laize d'une toile à voile.

Liure. — *Amarrage* qui a lieu en général au moyen de plusieurs tours de cordage serrés l'un contre l'autre.

Livarde. — Perche longue et légère qui sert à établir certaines voiles en roidissant leur diagonale. La *livarde* s'appuie sur une estrope fixée au mât. Les voiles qu'on établit ainsi s'appellent *voiles à livarde*, et sont lacées sur le mât par leur chute avant. C'est la voilure réglementaire des youyous de l'État, avec un foc amuré sur l'étrave.

Lizer. — Synonyme de *frotter*. On appelle aussi *lizer* l'action de mesurer deux toiles lis à lis.

Longitudinal. — Le plan vertical qui passe par l'axe de la quille, de l'étrave et de l'étambot, s'appelle indifféremment plan *longitudinal* ou plan diamétral.

Lougre. — Petit bâtiment de guerre, fin dans ses formes de l'arrière, renflé par l'avant, ayant un grand mât, un mât de misaine, un mât de tape-cul assez incliné sur l'arrière, et gréant des voiles à bourat.

Lusin, Luzin. — Petite ligne faite avec deux fils de 5 à 7 millimètres de circonférence, que l'on commet ensemble; on l'emploie à de petits amarrages et il ne diffère du merlin qu'en ce qu'il a un fil de moins.

M

Mâché. — Se dit d'un cordage, d'une portion de voile lorsqu'ils ont été détériorés par un choc violent ou par un frottement considérable.

Mâchoire. — Sorte de croissant en bois ayant la forme d'un demi-cercle, qu'on fait sur le bout intérieur des cornes de brigantine, guis, et de certains arcs-boutants, pour les faire appuyer sur le mât qui les porte et le leur faire embrasser.

Mailler. — Ce mot est synonyme de *lacer;* on l'applique par exemple à une bonnette que l'on *maille* ou qu'on lace au bas d'une voile pour en augmenter la surface, ou pour profiter de l'effet du vent qui passe au-dessous de cette voile. Les voiles doivent à cet effet être garnies d'œillets placés près de celles de leurs ralingues qui doivent être contiguës. Une bonnette maillée, ou que l'on ajoute à une voile, empêche celle-ci d'être bien établie, à moins qu'on ne soit vent arrière ou largue; aussi l'on n'emploie ce moyen, qui d'ailleurs est long et peut devenir un sujet d'embarras, que dans une chasse ou dans un cas urgent.

Maillet. — Le *maillet* est un marteau en bois avec lequel on fait pénétrer un épissoir entre les torons d'un gros cordage ou pour buriner une patte à cosse.

Mailloche. — Gros maillet dont la masse contient une cannelure dans le sens de la longueur, pour y loger le cordage qu'on veut fourrer, c'est-à-dire garnir d'une enveloppe de ligne ou de bitord. On en fait un ou deux tours sur le manche, autant sur la masse, et en faisant tourner la *mailloche* autour du cordage tendu horizontalement, le bitord enveloppe le cordage par tours pressés.

Main. — Dans le port de Toulon, les voiliers appellent main la part de couture que chacun d'eux est appelé à faire dans un assemblage.

Majeures (Voiles). — Les *voiles majeures* sont : les *basses voiles* et les *huniers.*

Manche. — Conduite, sorte de fourreau ou de canal en cuir ou en toile double, qu'on emploie pour recevoir l'eau que les pompes dégagent et la conduire jusqu'aux dalots où elle s'écoule à la mer par d'autres manches plates et courtes, nommées *manches* de *dalots* ou de *pompe.* On se sert de manches semblables, mais beaucoup plus longues, pour introduire l'eau, le vin, les liquides, dans les caisses, barriques ou barils arrimés à bord et destinés à loger ces liquides; elles s'appellent *manches à eau.* Il y a aussi de petites manches en toile où passent les itagues des mantelets de sabord, et qui empêchent l'eau de pénétrer à bord par les trous ou par les ouvertures que ces itagues traversent.

Une manche à vent est une longue conduite en toile à voile, à laquelle on donne une forme à peu près conique au moyen de cercles en bois ou en fer placés de distance en distance; on les suspend au-dessus du pont, où on les oriente avec deux bouts de corde appelés bras, de manière que le vent y pénètre par la partie supérieure, et en sorte par l'inférieure qui, par les écoutilles, arrive et débouche dans la cale, dans l'entrepont ou autres lieux inférieurs; les manches à vent servent à renouveler et à rafraîchir l'air dans ces parties. On obtient un plus grand effet en inclinant l'ouverture de ces manches qu'en les tenant verticales. On les appelle aussi trompes.

Manger. — Un cordage, une partie de voile, un objet exposé au frottement est *mangé* quand il est détérioré, usé, ragué par cette cause.

Maniable. — Une toile, une ralingue sont *maniables* quand ils sont *souples*.

Manille. — Fer rond en forme de fer à cheval, fermé par un boulon mobile et qui sert quelquefois, notamment, à mettre les bouquets dans les points de basses voiles.

Manoque. — L'*écheveau* de bitord, merlin, luzin, s'appelle *manoque*.

Margouillet. — Sorte d'anneau en bois ayant une cannelure pour recevoir une estrope, et qui sert de conduite à des cordages.

Mariage. — On dit qu'un voilier a fait un *mariage* lorsque, en faisant une couture quelconque, il pique avec l'aiguille la toile d'en dessous, qu'il n'aurait pas dû prendre.

Marquise. — *Tente supplémentaire* qu'on place un peu au-dessus d'une autre tente, pour mieux amortir l'action du soleil, et pour entretenir un courant d'air entre les deux.

Marsouin. — On appelle *marsouin* la tente qu'on établit au devant du mât de misaine.

Masque. — Petite voile qu'on installe sur le gaillard d'avant, et lorsqu'on est debout au vent, pour former un abri contre le même vent, et permettre à la fumée des cuisines de s'élever sans se coucher et se répandre sur le navire. Il y a aussi le *masque à charbon* qui sert pour l'embarquement du charbon.

Mât. — Longue pièce de bois que l'on établit en plus ou moins grand nombre sur un navire, pour recevoir les vergues, cornes ou drailles qui portent les voiles destinées à communiquer à ce navire l'action du vent, à l'effet de le faire marcher ou d'aider au gouvernail dans les évolutions.

Mâtereau. — Nom donné à un petit mât, à un diminutif de mât ou à un assez long morceau de mât. On donne aussi ce nom à un mât dit de barque

Mât de corde. — Gros cordage tendu le long d'un mât pour servir de guide ou d'appui à la voile.

Mejeane. — Nom donné anciennement à la voile de misaine.

Mélis. — Nom donné à une des sortes ou qualités de toiles à voiles. Il y a le *mélis simple* et le *mélis double.*

Menu. — Les *menues* voiles d'un bâtiment sont les perroquets ou autres plus petites, et de toile plus fine.

Merlin. — Petit cordage en trois fils de caret, qui sert à poser la basane, à merliner les points, et à faire de petits amarrages.

Merliner. — *Merliner* une voile avec la ralingue, c'est les coudre l'une à l'autre avec du merlin, et à l'aide d'aiguilles dites à *merliner.*

Mestre. — La *mestre* ou l'arbre de mestre était le grand mât des galères ; c'est aussi le nom donné au grand mât de certains navires du Levant.

On donne aussi le nom de *mestre* à la voile principale d'une *tartane.*

Mesurer. — Synonyme de *régler.* S'assurer qu'une voile a les dimensions voulues.

Mesures. — Déterminer la forme des voiles, au moyen de lignes tendues, s'appelle *prendre des mesures*.

Métrage. — Quantité de toile (en mètres courants) que renferme une surface quelconque.

Mètre. — Nom donné à une mesure en bois ou en métal en forme de règle droite ou pliante, de la longueur d'un mètre.

Minahouet. — Petite planche étroite percée au bout, et qui, pour un petit filin, remplace la mailloche à fourrer.

Minot. — Arc-boutant solidement fixé au bord, et qui sort de la poulaine en faisant un angle d'un peu plus de trois quarts ou rumbs avec le plan diamétral du navire ; la misaine s'amure au *minot*, lequel est appuyé par des sortes de haubans et de sous-barbes. On dit indifféremment *minot* ou *pistolet* (*d'amure*) et aussi *porte-lof*.

Misaine. — La voile de *misaine* est la voile enverguée sur la *vergue de misaine* d'un navire gréé à traits carrés.

A bord des bâtiments à voiles latines et auriques, ou autres analogues, on donne pareillement le nom de misaine à la voile principale du mât de misaine de ces navires; ainsi à bord des goëlettes, la misaine est la voile qui est portée par la corne du mât de misaine ; elle est lacée à ce mât ou y tient par des cercles. On l'appelle *misaine-goëlette*.

Misaine (mât de). — C'est celui des *bas mâts verticaux* qui est le plus en avant sur les bâtiments qui en ont plusieurs.

Mistic. — Espèce de chasse-marée à antennes.

Mollir. — *Mollir* une amarre, c'est la *larguer* ou *lâcher* un peu pour qu'il y ait moins de roideur ou de tension.

Moque. — Poulie d'une forme particulière qu'on place aux points des huniers dont l'écoute est double.

Mordre. — Synonyme de s'engager, se prendre. On dit que la toile se *mord*, ou qu'elle est *mordue*, quand elle s'engage dans le réa d'une poulie.

Mou. — *Différence* entre les longueurs des deux toiles qu'assemblera une même couture, ou entre la longueur d'une toile et celle de la ralingue qui la borde.

Moucher. — C'est couper en les arrondissant certains angles des voiles pour en faciliter le ralingage. C'est aussi couper carrément la toile de l'angle d'un point, lorsque la cosse ne doit pas être posée dans la toile, afin que l'œil soit le moins long possible.

Moustache. — C'est le nom que les voiliers de Toulon donnent à la bande de toile pliée en plusieurs doubles qui sert à renforcer la patte de palanquin d'un hunier.

N

Nerf. — Nom donné à un bout de ligne qui parcourt la bande de la chute arrière d'une voile latine.

Nœud. — *Entrelacement*, *lien*, *amarrage* faits avec des cordages ou des parties de ces cordages, et destinés à réunir ces mêmes cordages entre eux.

Noisette (casse-). Une ralingue fait *casse-noisette*, quand elle craque sous le palan. Cela prouve qu'on a trop souqué le point et pas assez mis de boisson, ou qu'on a lardé les torons de la ralingue.

Noix. — La *noix* d'un mât est l'excédant ou le renfort en bois qu'on laisse au commencement du ton de ce mât pour servir de support aux barres (ainsi que les jottereaux en servent aux bas mâts), ou pour servir d'arrêt au capelage comme dans les mâts dits à pible.

O

Oblique. — Une route *oblique* est en général celle que l'on parcourt lorsqu'on n'est pas sous l'allure du vent arrière, c'est-à-dire que le plan des voiles carrées est plus ou moins *oblique* par rapport au plan transversal du navire.

Œil. — Nom qu'on donne à une espèce de ganse que l'on fait avec la ralingue même aux extrémités de certains angles d'une voile ; il est généralement garni d'une cosse.

Œillet. — Petit anneau en ligne ou en corde qui sert à protéger le bord des trous que l'on perce dans les voiles pour y passer certaines cordes ou amarrages ; *œillet* s'entend aussi du trou lui-même, lorsqu'il est garni de son œillet et prêt à servir. Les *œillets* portent des noms divers, suivant leurs emplois : ainsi l'on dit *œillets d'envergure*, de *ris*, de *fond*, de *pattes de palanquins*, etc. Il y a l'*œillet à bague simple* et l'*œillet à bague à queue*.

Œil-de-Pie. — Synomyme d'*œillet*.

Œil-de-Bœuf. — Passe en rosace faite en fil à voiles et à demi-clefs. L'*œil-de-bœuf* sert à boucher les trous des œillets qu'on veut supprimer, et autres trous semblables.

Ourlet. — Synonyme de *gaîne* (petite gaîne n'excédant pas 3 centimètres,)

P

Palan. — Appareil funiculaire désigné, en mécanique, par le nom de moufle, et composé de deux poulies à un ou plusieurs réas et d'un cordage dit garant qui fait dormant sur une de ces poulies ; le garant s'enroule alternativement ensuite sur tous les réas, et c'est sur l'autre bout, c'est-à-dire sur le courant qui est libre, que l'on fait effort pour les besoins de la manœuvre, pour ceux du grément, pour enlever, embarquer, débarquer des objets, des fardeaux, ou pour tout autre objet analogue.

Palanquer. — Agir avec un ou plusieurs palans à l'effet de produire un effort. On *palanque* aussi les ralingues pour faire rendre la toile que l'ouvrier a fait boire.

Palanquin. — Un *palanquin* est, en général, un petit palan. Toutefois, on donne particulièrement ce nom aux palanquins dits *de ris*. Les palanquins de ris sont frappés sur une itague passant dans un clan à chaque bout d'une vergue de hune et fixée à l'empointure de la bande de ris la plus basse de la voile portée par cette vergue; en pesant sur eux, on rapproche le bord de cette bande de la vergue, afin de pouvoir prendre des ris à cette voile; ils sont le plus souvent simplement et purement appelés palanquins, et ils peuvent servir d'écoutes de perroquet.

Papillon. — Petite voile qui se place au-dessus des cacatois et qui est de même forme que ces dernières voiles. Les *papillons* ne sont point en usage dans les bâtiments de l'État.

Passavant, Passe-avant. — Partie du pont située entre les deux gaillards et de chaque côté le long du bord.

Passeresse. — C'est le nom que l'on donne au petit cordage qui passe en double dans les œillets du ris, quand le ris est à la Belleguic.

Patte. — Anneau en corde qu'on frappe en certains endroits des ralingues. On le fait avec un toron recordé sur lui-même. On en fait un grand usage en voilerie, et on les désigne par le nom de leur emploi. Ainsi l'on dit : *patte de ris*, de *palanquins*, d'*envergure*, de *bosse*, etc. Lorsque la patte est à la fois maintenue ouverte et protégée contre l'usure par une cosse intérieure en métal, dont elle devient alors l'estrope, on la nomme *patte à cosse*, Elle est formée par des torons qui passent dans des œillets confectionnés exprès dans la gaîne, même au-dessous de la ralingue.

Paumelle. — Espèce de gant pour la *paume de la main*, en basane, qui sert aux voiliers à pousser leurs aiguilles. La *paumelle* est pourvue d'une plaque en métal garnie de cavités et qui tient lieu de *dé*, qui se nomme *dé de voilier*.

Pavois. — Muraille légère et volante, en bois ou en toile. On en monte souvent au-dessus des plats-bords des petits bâtiments pour les garantir de la mer. Autrefois on garnissait la poulaine de *pavois* en toile peinte, appuyés sur un filet.

Pendant d'oreille. — Poulie aiguilletée au bout d'une vergue. Autrefois on en mettait au bout de celles de perroquet pour hisser leurs bonnettes; aujourd'hui on les fouette au capelage.

Penne. — *Extrémité supérieure* d'une antenne.

Pente. — Ce sont les parties d'une tente qui pendent de chaque côté, pour en cacher les drailles ainsi que les anneaux ou attaches des rideaux.

Perpendiculaire. — La *perpendiculaire* à la route est la ligne qui coupe à angles droits la direction de la route d'un navire ou celle de sa quille.

La perpendiculaire du vent est la ligne perpendiculaire à la direction du vent régnant.

Les *perpendiculaires* de l'étrave et de l'étambot sont des lignes abaissées des extrémités supérieures de l'étrave et de l'étambot sur le prolongement de la face intérieure de la quille.

Perroquet. — Voile carrée de toile légère qui surmonte les huniers. Il y a un *grand perroquet*, qui surmonte le grand hunier, un *petit perroquet* qui surmonte le petit hunier. Quant au perroquet qui surmonte le hunier d'artimon ou perroquet de fougue, il s'appelle, *perroquet d'artimon* ou *perruche.*

Perroquet de fougue. — Synonyme de *hunier d'artimon.*

Petit. — Ce mot s'applique en général aux mâts, vergues, voiles qui surmontent le mât de misaine. Il y a ainsi le *petit* mât de hune, le *petit* hunier, le *petit* mât de perroquet, le *petit* perroquet, la vergue du *petit* cacatois, etc.

Petit foc — Voyez au mot *Foc* .

Phare. — On donne le nom de *phare* à l'ensemble de la mâture, de la voilure et des vergues, y compris leur gréement, mais seulement quand le bâtiment est à traits carrés; le *phare* de devant se dit alors du mât de misaine et le *phare de derrière* du grand mât et du mât d'artimon.

Pible (mâture à). — On entend par *mâture à pible* ou par *mâts à pible*, celle ou ceux qui forment un tout continu depuis et y compris les bas mâts jusqu'à ceux qui sont les plus élevés, de manière à sembler ne faire qu'une seule pièce au moyen des assemblages qui les réunissent tous par leurs extrémités. Il n'y a ni hunes ni barres aux mâts à pible, mais seulemenl des noix ou renforts carrés pour servir d'arrêts au capelage. L'avantage de cette mâture est qu'au besoin les voiles hautes n'étant pas arrêtées par des barres ou des hunes, peuvent s'amener vivement sur l'avant des voiles inférieures et y trouver un prompt abri, sans qu'on soit obligé de les serrer.

Pic. — Partie de la corne d'artimon qui se trouve en dehors de la brigantine ou de l'artimon.

Pièce **tte.** — *Petit triangle* en toile qu'on coule sous la gaîne d'envergure des focs pour servir de renforts aux œillets de cette partie.

Pile. — Amas de voiles rangées les unes sur les autres. Dans un atelier on fait généralement une seule *pile* de toutes les voiles d'un même bâtiment, de laquelle on les retire successivement pour les mettre en réparation.

Piquée. — Une voile est *piquée* quand il s'y forme des taches noires qui en indiquent la détérioration. Les alternatives de la pluie et du soleil contribuent considérablement à *piquer* les voiles. Une toile piquée, même quand elle est neuve et qu'elle s'est piquée en magasin ou dans une soute, n'atteint pas au tiers de sa durée ordinaire. Une voile mouillée doit être exposée à un air sec avant d'être serrée; elle blanchit plus vite ainsi, mais il est préférable qu'elle soit blanche que piquée ou tachetée de noir.

Piquer. — Coudre à points plats en ligne droite. Le point *piqué* est moins exposé que les autres aux frottements des cargues.

Piquets (coupe aux). — Coupe d'une voile quand elle est faite à plat sur un plan de grandeur naturelle. Ce nom vient de ce qu'autrefois on figurait les voiles sur le sable avec des cordeaux tendus sur des piquets enfoncés à la place de leurs points, et l'on remplissait de toile cette surface.

Piqure. — Terme de voilerie par lequel on désigne tantôt la dégradation d'une voile piquée, tantôt une rangée de points de couture particulière.

Placard. — Morceau de toile qu'on applique sur les voiles pour recouvrir une partie avariée sans enlever cette partie.

Placarder. — Coudre des *placards*.

Plan. — Le mot *plan* signifie ici une figure, un dessin ; c'est ainsi que l'on dit le plan de la cale, le plan de l'arrimage, le plan de la voilure d'un bâtiment ; de même le plan d'un objet s'entend du dessin graphique ou linéaire représentant la projection horizontale d'un objet.

Planche. — Une voile fait *planche* quand sa surface est aussi plate que possible sous l'effort du vent. C'est une qualité nécessaire pour le plus près.

Plat. — Un amarrage *plat*, un nœud *plat* est celui qui est formé de deux bouts de cordage croisés d'abord entre eux et revenant ensuite sur eux-mêmes en se croisant ensuite de nouveau. Une voile est *plate*, lorsque ses côtés sont en ligne droite et que les coutures n'ont pas de différence de longueur.

Plat-bord. — Nom donné à l'ensemble des bordages horizontaux qui recouvrent la tête des allonges des couples tout autour d'un navire ou d'un bateau.

Pliant. — Siége sans dossier composé de deux sortes de châssis se repliant l'un sur l'autre quand on ne s'en sert pas et au moyen de deux boulons ; lorsque ces châssis sont écartés, ils développent dans leur partie supérieure un morceau de toile à voile qui y est cloué et sur lequel on peut s'asseoir.

Plus-près. — Le *plus-près* du vent est le nom de l'allure sous laquelle navigue un bâtiment lorsqu'il veut gagner ou s'élever dans la direction du vent ; ainsi courir, faire voile, faire route ou naviguer au plus près, c'est marcher sous l'allure du plus près. (Voyez au mot *Allure.*)

Poinçon. — Petit outil d'acier, ordinairement en forme de tige terminée en pointe et quelquefois en petite lame tranchante, il est garni d'un manche ; il y en a de différentes grosseurs. Celui qui est terminé en pointe sert quand on ralingue à écarter les torons pour livrer passage à l'aiguille, et l'autre à lame tranchante, sert à merliner et à faire des trous pour les œillets.

Point. Le *point vélique* d'un navire est le point où est censée appliquée la résultante de toutes les actions particulières du vent sur les voiles.

Le mot *point* est synonyme d'*angle* pour les voiles ; on l'entend principalement des angles inférieurs quand il s'agit d'une voile carrée, et alors il y a les points dits *d'amure* s'il est question d'une basse voile, et les points dits *d'écoute*, les points supérieurs ou les angles supérieurs s'appellent plus ordinairement *empointures*.

Les trois points d'une voile triangulaire reçoivent les qualifications de *points de drisse*, *d'amure* et *d'écoute*, selon celle de ses manœuvres qui est fixée à chacun de ses points.

Pointe. — Laize coupée en biais.

Pointer. — Assembler au moyen de points piqués de distance en distance deux toiles qu'on veut coudre. On *pointe* aussi une ralingue pour mieux égaliser la boisson.

Polacre. — On donne le nom de *polacre* à une voile latine gréée sur l'avant du bâtiment et qui tient lieu de trinquette sans draille. On en croche le point d'amure au bout du beaupré.

Pont. — Les *ponts* d'un bâtiment sont les planchers en bordage de chêne et de sapin, sur lesquels on marche dans les divers étages ou entreponts de ces bâtiments et au-dessus.

La *ligne du pont* est une ligne courbe qui suit la forme du pont ou qui marque sur un plan la courbure de ce pont de l'arrière à l'avant ; outre cette courbure nommée *tonture*, les ponts en ont une autre qui s'appelle *bouge*.

Portée. — La longueur de fil qu'on coupe sur l'écheveau ; elle se règle sur la longueur de la brassée. Longueur de couture qu'un ouvrier peut faire sans reprendre le croc.

Portugaise. — Nom d'un amarrage croisé où la ligne fait à chaque passe des tours alternatifs complets autour des deux filins qu'elle relie. La *portugaise* s'emploie dans les points coudés où la cosse est placée dans la toile.

Pouillouse. — Voile de cape triangulaire dont la draille part de la tête du grand mât au pied du mât de misaine.

Poulie. — Bloc en bois de forme oblongue et aplatie, traversé dans le sens de sa largeur par une ou plusieurs ouvertures mortaisées qui reçoivent autant de réas tournant autour d'un essieu. Le bloc qui s'appelle la caisse de la poulie, est garni d'une estrope qui la saisit par une cannelure pratiquée dans le sens de la longueur, fortifie la poulie et fournit le moyen de la fixer au point voulu.

Pratique. — *Pratique*, c'est la connaissance qu'on acquiert par l'habitude d'un travail quelconque, sur la manière de s'y prendre pour arriver directement au résultat.

Prélart, Prélat. — Couverture de toile peinte, quelquefois goudronnée pour être rendue imperméable et formée de laizes cousues ensemble. Elle sert à couvrir les bastingages, les panneaux, les drômes, câbles, marchandises, embarcations chargées de provisions et autres lieux ou objets que l'on veut garantir de la pluie ou de la lame.

On désigne les prélarts par les noms des objets qu'ils abritent; ainsi on dit : *prélart de bastingages*, *prélart de panneau*, etc.

Présenter. — Une voile *présente* bien ou est bien *présentée*, quand elle s'établit bien au plus-près ou qu'elle est bien orientée pour cette allure. *Présenter une voile*, c'est l'enverguer et l'établir pour vérifier si elle est bien taillée ou bien faite.

Presse à cosses. — Machine qui sert à introduire les cosses dans les pattes qui doivent en être garnies. C'est un plateau circulaire PP (*fig.* 27, Pl. VI) porté par trois pieds en fer *ppp*. Vers les extrémités d'un même diamètre de ce plateau sont placées deux vis de pression VV, terminées chacune par un pignon à engrenage. Les vis passent dans le plateau et dans une traverse en fer TT, agissant comme presse. Un arbre AA garni de deux pignons est porté et maintenu par deux montants en fer *mm*. Le plateau est percé à son centre d'un trou carré destiné à recevoir des plaques de même grandeur appelées à se remplacer et percées d'un trou circulaire en rapport avec la grandeur des cosses en usage.

Le burin B a son extrémité supérieure évasée pour recevoir la cosse CC; son extrémité inférieure passe à travers l'erseau EE posé sur le plateau et le trou rond pratiqué dans la plaque. Au-dessous de la traverse est adapté un petit tenon en fer qui passe dans un trou pratiqué dans la tête du burin et maintient celui-ci dans sa direction.

Quand tout est disposé comme on le voit dans la figure, on imprime un mouvement de rotation à l'arbre AA au moyen des manivelles MM. Les pignons de cet arbre transmettent ce mouvement à ceux des vis de pression; ceux-ci forcent la traverse à descendre en refoulant le burin qui élargit l'erseau. Ce mouvement continue jusqu'à ce que le burin soit rendu au bas de sa course, c'est-à-dire tel qu'on le voit dans la coupe suivant l'axe des vis de la figure. Alors la cosse est en place, le burin tombe, et l'opération est faite.

Cette machine, en usage depuis peu de temps, remplace avantageusement les ribots et maillets dont on se servait avant pour arriver au même résultat.

Q

Quarantainier. — Cordage formé de trois petits torons ayant chacun deux ou trois fils de caret fins: c'est le petit *quarantainier*. Le gros est composé de quatre ou cinq fils. Le quarantainier est ordinairement goudronné. Le quarantainier sert pour les empointures de voiles et pour les filières des ris des voiles des petits bâtiments.

Quête. — On appelle *quête* l'angle rectiligne, quelquefois droit, mais plus souvent obtus, que l'étambot forme avec la quille; cet angle est d'environ 100°.

Queue (Voile à queue). — Voile mal faite et où la différence entre la bordure et l'envergure n'est pas ce qu'elle doit être.

Queue de rat — *Diminution d'épaisseur* que l'on opère à l'extrémité des torons d'une ralingue pour qu'elle se *termine en pointe*.

On fait une *queue de rat* à l'extrémité d'une grosse ralingue, lorsqu'elle doit être épissée avec une autre d'une moindre grosseur.

Quille. — Longue pièce droite de construction, composée de pièces ajustées, avec écarts, par leurs extrémités, et qui sert de base à un bâtiment. Elle porte l'étambot à son arrière, l'étrave à son avant, et les couples sont montés sur elle et y trouvent leur appui.

Quinçonneau. — Synonyme de cabillot.

R

Raban. — Grosse ligne, tresse, menu filin ou quarantainier, que l'on emploie à saisir ou à amarrer divers objets ; on dit ainsi : *raban de ferlage*, ou pour saisir contre une vergue la voile que l'on serre ; *rabans d'envergure* servant à enverguer une voile ; *rabans d'empointures* et de croisure, ou pour prendre l'empointure d'un ris ; *raban de hamac*, ou pour suspendre et amarrer un hamac, etc.

Rabattre. — On *rabat* les coutures d'une voile en faisant simple la deuxième couture, qui avec la première, forme ainsi une couture plate.

Racage.—Sorte de collier, qui lie une vergue à un mât, en embrassant librement celui-ci, de sorte que lorsqu'on hisse ou qu'on amène la vergue, celle-ci glisse le long de ce mât sans s'en écarter.

Radoub. — S'applique à une voile que l'on *répare*.

Rafraîchir. — Lorsque, dans les voiles courbes, la coupe doit changer à chaque laize, et qu'une laize a été coupée, sa coupe se retrouve sur la partie restante de la toile ; alors on *modifie* cette coupe pour qu'elle serve à la laize suivante. C'est ce que le voilier appelle *rafraîchir la coupe*.

Ragure. — Usure dont le frottement est la cause.

Raguer. — Synonyme de *frotter*.

Raidir, Roidir. — *Raidir* un cordage, c'est agir dessus avec assez de force pour le *tendre*. Un cordage est *raide* quand il est peu possible de le *tendre* davantage sans avoir à craindre une rupture ou un accident.

Ralingue. — Cordage cousu autour des bords d'une voile pour la fortifier contre l'action du vent et contre celles des manœuvres, telles entre autres que les boulines qui sont frappées dessus. Les *ralingues* ne sont ordinairement commises qu'au quart, afin d'être plus faciles à coudre à la toile de la voile. La ralingue qui est fixée au côté de l'envergure de la voile s'appelle *ralingue d'envergure;* celle qui lui est opposée s'appelle *ralingue de bordure*, et celles qui réunissent la ralingue d'envergure à celle de bordure sont nommées *ralingues de chute.*

Ralinguer. — *Ralinguer une voile*, c'est y coudre les ralingues.

Réa, Ria. — On donne le nom de *réas* aux *rouets* des poulies, palans, clans et chaumards.

Rechange. — Les *rechanges* sont les objets accordés à un bâtiment pour remplacer ceux qui peuvent manquer ou s'user; il y a ainsi des voiles, des manœuvres, des mâts, etc.

Recouvrement. — Quantité dont une laize en double une autre pour la couture.

Dans certaines parties d'une couture, le *recouvrement* est forcé, quand la couture est forcée dans ces mêmes parties.

Redent. — Sorte d'*entaille*, d'*adent* ou d'*arrêt* de certaines pièces d'un mât ou d'une vergue.

Règle. — Les voiliers se servent de *règles* longues, plates, pliantes, et elles prennent telle courbure voulue; aussi peuvent-elles représenter la figure de toute courbe, dont quelques points seulement sont indiqués. Ces règles servent à modifier l'échancrure de bordure des voiles carrées, les ronds de bordure et d'envergure des voiles auriques ou latines.

Régler. — Lorsque toutes les laizes qui doivent composer une voile sont assemblées, on en vérifie les dimensions et on les modifie s'il y a lieu. Cette opération s'appelle *régler la voile.*

Rendre. — Un cordage *rend* ou *donne* ou *adonne*, quand il s'allonge sous l'effort qu'il subit.

Renfort. — Les ralingues et les bandes de toile qui doublent une voile en certaines parties sont les *renforts* de cette voile.

Renforcer. — Appliquer des *renforts*.

Réparer. — Quand il s'agit d'une voile avariée ou détériorée, c'est y travailler pour la remettre en état, pour tout établir, en un mot, autant que possible sur le pied primitif.

Reprendre. — *Reprendre* une ralingue, c'est la défaire pour en retirer le mou lorsqu'elle a trop adonné.

Reprise. — Petite réparation qu'on fait en passant des fils dans la toile pour la renforcer.

Retoucher. — *Rectifier* une voile mal faite, la remettre en dimensions.

Retour. — Le *retour* d'une manœuvre en est la partie sur laquelle on doit haler pour faire effort; et une poulie de retour est celle dans laquelle passe un cordage qui change de direction et revient, en quelque sorte, sur lui-même; enfin, prendre à retour, c'est faire un ou plusieurs tours, sur un taquet, avec un cordage qui fait force, et tenir à la main, après ces tours, pour pouvoir résister et filer à retour, c'est-à-dire en conservant ce nombre de tours, et en lâchant à la main, de manière à ne pas être gagné en filant.

Ribot. — Tronc de cône en bois, qui sert de point d'appui pour ouvrir au burin les pattes où l'on veut mettre une cosse.

Ridage. — Opération, action ayant pour objet de rider ou de tendre une manœuvre dormante, telle que hauban, galhauban, étai; c'est aussi le résultat de l'opération.

On dit aussi qu'un ris a du ridage, lorsque la longueur de la bande est moindre que la distance comprise entre les adents pratiqués sur la vergue; cette condition est nécessaire pour que la bande de ris soit bien tendue.

Rideau. — Toile légère façonnée pour s'établir verticalement et sur filières, tribord ou bâbord d'une tente, de manière à intercepter les rayons du soleil quand ils viennent de côté.

Rider. — Ce mot s'emploie quand il s'agit de tendre une manœuvre dormante, telle, particulièrement, que hauban, galhauban ou étai, à l'effet de procurer aux mâts auxquels ces cordages sont capelés, un appui suffisant contre les efforts exercés sur eux par le vent, par la voilure ou par les oscillations du navire et autres causes.

Ris. — Quantité dont la surface des voiles peut être diminuée dans le mauvais temps.

Il y a deux espèces de *ris* : ceux des voiles carrées, qui sont toujours à bandes, et ceux des voiles auriques ou latines, qui, le plus souvent, n'en ont pas.

Les *ris* des voiles carrées sont marqués sur leur surface, parallèlement à l'envergure, et renforcés d'une bande en toile, appelée *bande de ris*. La voile et la bande sont percées d'œillets, nommés œils-de-pie, qui servent à prendre les ris. Les extrémités de chaque ris sont garnies de cosses, appelées cosses d'empointures de ris, qui servent à fixer sur la vergue les extrémités du ris, lorsqu'on le prend.

Risée. — Augmentation spontanée du vent, mais qui, plus longue qu'une rafale, ne dure cependant pas longtemps.

Rocambeau. — Cercle en fer assez large pour courir librement sur le mât qu'il embrasse et qui porte un croc sur lequel on accroche une vergue ou un point de voile.

De cette manière, quelle que soit la partie du mât où l'on veut arrêter la voile, elle est maintenue près du mât par le cercle du *rocambeau*. Le bâton de grand foc porte un rocambeau, afin que le foc puisse être rentré à mi-bâton quand le vent est trop fort pour le porter au bout du bout-dehors. Toutes les voiles d'embarcations sont à rocambeau.

Rond. — Le *rond* d'une voile est la *courbure extérieure* que l'on donne à la bordure et à l'envergure de certaines voiles auriques, latines ou à bourcets, et à l'envergure et à la bordure des focs. Ainsi, le rond est une courbure en sens opposé à celle qui est désignée sous le nom d'échancrure.

Rouet. — Synonyme de *réa*.

Roussi. — Un morceau de toile est dit *roussi*, une voile elle-même est dite *roussie*, quand à l'usage la toile se cendre de blanc en dessous, comme il arrive, dans les colonies, aux tauds et aux tentes qui restent habituellement exposés aux alternatives du soleil, de la pluie ou du serein.

Rouster. — *Rouster* deux pièces de bois, c'est les réunir étroitement l'une à l'autre par des *roustures*.

Rousture. — Amarrage consistant en tours multipliés et serrés d'un filin qui sert à consolider ou à fortifier une ou plusieurs pièces de bois, un canot ou autre objet en bois.

S

Sabot. — Les *sabots*, les poulies dites à *sabot* sont des poulies dont l'essieu ainsi que le réa sont en métal.

Sac. — Le *sac* d'une voile en est le fond quand ce fond a trop d'ampleur; on dit alors que cette voile fait le *sac*, ou qu'elle fait trop le *sac*.

On confectionne aussi à l'atelier de la voilerie des sacs à charbon, qui ont 1,35 de long sur 2 laizes de 0,57 de large.

Sailler. — *Sailler* les boulines, c'est les *haler* avec force pour bien ouvrir les voiles.

Sangle. — Tresse plate de plusieurs largeurs, faite en bitord et qui sert pour les jarretières de voiles et à recouvrir certains filins. Autrefois les ralingues, au lieu d'être recouvertes de cuir, étaient recouvertes de *sangles*.

Scaphandre. — Sorte de vêtement ou d'appareil dont se revêtent les hommes qui veulent s'isoler dans l'eau pour s'y soutenir ou même plonger au-dessous de sa surface, afin d'y exécuter des travaux, et qui est garni de verres à la hauteur et en direction des yeux; il y a aussi des scaphandres qui communiquent avec l'air extérieur pour le renouvellement de la respiration. Les plongeurs se servent de ces sortes d'appareils.

Seau. — Vase en toile pour recevoir l'eau. Il y a les *grands seaux* de lavage qui contiennent 100 litres, les *petits seaux* de lavage qui contiennent 20 litres, et enfin les *seaux à incendie* qui contiennent 10 litres.

Sec. — Une *vergue sèche* est celle qui, quoique établie en croix, n'est pas destinée à avoir une voile enverguée: telle est la *vergue barrée*, ou *vergue du mât d'artimon.*

On dit substantivement mettre les voiles au sec : c'est les larguer et déployer sur leurs cargues quand il fait beau, pour les faire sécher lorsqu'elles ont été mouillées.

Sein. — Le *sein* d'une voile en est la partie la plus proéminente, lorsqu'elle est enflée par le vent.

Seneau. — Bâtiment à deux mâts gréé comme un carré, et ayant en outre un mât de tape-cul. Ce qui distingue les *seneaux*, c'est leur mât ou mâtereau nommé *baguette de seneau.*

Serrer. — *Serrer* une voile, c'est, quand elle a été carguée, la ramasser pli par pli et l'amarrer, ainsi, soit contre une vergue, le long d'un mât, etc.

Simple (en). — Sorte d'adverbe qu'on emploie en parlant d'une manœuvre qui arrive directement du point où elle fait effort, sans accroître sa puissance en embrassant une poulie; lorsqu'elle embrasse une poulie à un réa, elle présente deux cordons et elle est dite *en double.* Si, au moyen de poulies ou même de caps-de-mouton ou autres machines, elle présente trois, quatre cordons, on dit qu'elle est en triple, en quadruple, et ainsi de suite.

Souquer. — *Roidir, serrer fortement;* s'emploie surtout, en parlant de cordages ou des tours de cordages autour d'un objet.

Soute. — Synonyme de magasin, compartiments de la cale des navires, La *soute aux voiles* est le magasin où sont logés à bord les voiles de rechange et autres objets confectionnés de voilerie.

Suif. — Le *suif* pur et simple est très-employé dans les ateliers de voilerie et de garniture.

Suiver. — *Suiver un objet*, c'est le *frotter* ou le *garnir de suif*, pour rendre les mouvements plus faciles et plus doux.

Surlier. — *Surlier* l'extrémité d'un cordage, c'est y faire plusieurs tours bien serrés avec du fil à voile ou de la petite ligne, et les arrêter en faisant mordre les bouts du fil ou de la ligne sous ces mêmes tours.

Surliure. — C'est *surlier*.

Sur l'eau. — Lorsque après avoir visité une voile pour être réparée, le travail à faire est peu considérable, on met cette voile sur le plancher de manière qu'elle occupe le moins d'espace possible, en mettant le travail à faire en évidence, c'est-à-dire au-dessus. Le voilier dit alors que le travail est mis *sur l'eau.*

Suspente. — Chaîne ou fort cordage que l'on capèle sur la tête des bas mâts, qui passe sur l'avant du traversin et qui sert à porter les basses vergues par leur milieu après que ces vergues ont été hissées; on enlève alors, les drisses qui ont servi à hisser ces mêmes vergues.

Suture. — Synonyme de couture, mais on donne plus particulièrement ce nom, à l'opération qui a pour but de fixer sur une voile, une corde ou une ralingue, lorsque le fil traîné par l'aiguille entoure la corde ou la ralingue, au lieu de passer entre les torons; ainsi, les points qui fixent à une voile latine la corde de l'envergure et celle de la bordure sont dits *points de suture.*

T

Tablier. — Doublage en toile qui est cousu vers le bas et sur la partie arrière d'un hunier ou perroquet, pour garantir ces voiles du frottement à leur portage contre les hunes ou les barres.

Tailler. — C'est *couper* une voile.

Taillevent. — Nom d'une voile à bourcet dont on se sert dans un lougre ou un chasse-marée, lorsque le vent ne permet pas de porter la grande voile ordinaire, qui a ordinairement une surface double de celle du *taillevent*. Il est même des personnes qui donnent le nom de *taillevent* à cette grande voile ordinaire.

Tangon. — Les *tangons* sont des espars ou sortes de vergues, disposés et tenus en dehors du bâtiment par le travers à peu près du mât de misaine; l'extrémité inférieure tient au bord par un crochet ou par une grosse pointe en fer qui y est reçue dans un fort piton; l'autre extrémité est fixée et manœuvrée par des bras et des balanciers. Ces tangons servent en rade, à l'amarrage des embarcations par leurs bosses; à la mer on peut, à leur aide, établir la partie inférieure d'une bonnette basse, ou le point du vent d'une misaine fortune sur une goëlette, etc.

Tanner. — S'applique aux voiles et aux filets des pêcheurs, lorsqu'on les trempe dans une décoction d'écorce de chêne mêlée d'ocre rouge, pour leur procurer plus de durée.

Tape-cul. — Petite voile hissée à un petit *mât* appelé aussi le *tape-cul*, qui est installé tout à fait à l'arrière de certains navires et même de plusieurs embarcations; la voile se borde à l'extrémité d'un bout-dehors qui saille de l'arrière et qui s'appelle *bout-dehors de tape-cul.*

Taquet. — On appelle, en général *taquet*, un morceau de bois et même de fer, fixé ou placé en divers endroits du navire pour y amarrer des cordages ou des manœuvres.

Tartane. — Dans la Méditerranée, on donne généralement le nom de *tartane* aux bateaux pontés qui font les voyages de la côte. La voilure de ces bâtiments se compose ordinairement d'une grand'voile enverguée sur antenne et d'un foc; la grand'voile porte particulièrement le nom de *mestre;* quelquefois, il y a une voile de tape-cul de même forme que la mestre, et l'on hisse au haut du grand mât une voile de forme quadrangulaire, appelée *perroquet* et dont on se sert pour les allures larges.

Taud. — Tente en toile forte, en forme de toit, pour laisser couler les eaux de pluie. On établit des tauds sur le pont pour abriter les hommes.

Tauder. — C'est installer un *taud*.

Témoin. — Bout d'une pièce de toile où les fils de chaîne sont réunis en faisceaux, qu'on nomme portées. Le *témoin* sert à compter le nombre des fils dans les recettes.

Tente. — Vastes surfaces en toile qu'on étend horizontalement à une certaine hauteur au-dessus des ponts pour les garantir du soleil. Elles portent différents noms : le *marsouin* est la tente la plus de l'avant, la *grande tente* vient ensuite, entre le grand mât et le mât de misaine; on l'appelle aussi *tente des passavants*. La *tente du gaillard d'arrière* s'étend entre le grand mât et le mât d'artimon. La *tente de dunette* est la dernière. Les *tentes d'embarcations* et de *nage*, destinées à garantir les embarcations et les nageurs; elles sont en toile plus légère, et placées à un peu plus d'un mètre au-dessus du plat-bord.

Têtière. — On donne ce nom à la partie supérieure d'une voile carrée, la ralingue de *têtière* ou de *faix* borde la voile en cette partie.

Teugue. — Sorte de *petite dunette* qui ne s'étend vers l'avant, à partir du couronnement, qu'à moitié à peu près des dunettes ordinaires. On fait aujourd'hui peu de *teugues* à l'arrière, mais sur les bâtiments à avant fermé, on construit assez souvent une *teugue*, dite du gaillard d'avant, à l'extrémité avant de ce gaillard, et qui a de 2 à 3 mètres de long ; pendant le mauvais temps les hommes de quart se mettent à l'abri sous cette teugue.

Tiers (voile au). — Synonyme de voile à *bourcet*.

Tirant d'eau. — Quantité dont un navire s'enfonce verticalement dans l'eau, depuis le dessous de la quille jusqu'à la flottaison.

Toile à voiles. — Il s'en fabrique de différentes grosseurs, qu'on proportionne aux usages auxquels elles sont destinées. La *toile à voiles* proprement dite a une largeur uniforme de 57 centimètres en trame, et les pièces ont environ 60 mètres en chaîne.

Pour la voilure des embarcations, des toiles plus étroites sont préférables. Au contraire, pour des prélarts, capots, etc., des toiles plus larges sont avantageuses. On fait des *toiles en chanvre*, *en lin* et *en coton*. Celles de chanvre, quand elles sont bien faites, sont les meilleures de toutes; celles de lin viennent après, et peuvent aussi être très-bonnes; celles de coton ne valent jamais les autres, à beaucoup près.

Les conditions nécessaires pour qu'une toile à voile soit bonne sont la force, la légèreté, la souplesse et la résistance aux déformations. Pour les obtenir, il faut donner aux fils de chaîne et de trame un rapport convenable de force.

Ton. — Partie d'un mât, depuis ses jottereaux jusqu'à son extrémité supérieure, laquelle est terminée par un chouquet ou par une pomme, et qui, dans le premier cas, est destinée à être doublée par la partie inférieure du mât qui surmonte le premier.

Tonture. — *Courbure* que l'on donne aux ponts des navires en en relevant un peu les extrémités.

Toron. — *Cordon* formé de fils de caret qui, commis avec d'autres torons, constitue les cordages.

Torsion. — Action de *tordre* ou de *tortiller*, les uns avec les autres, les fils plus ou moins nombreux qui doivent composer un toron.

Tourmentin. — Synonyme de *trinquette*.

Tracer. — En général, en parlant d'un ouvrage d'art, c'est décrire les lignes droites et courbes qui en représentent les contours et la forme; il en est ainsi quand il s'agit d'un navire ou d'une voile, et en adoptant les divisions d'une échelle donnée, à l'aide de laquelle ces lignes sont figurées dans leurs proportions effectives.

Trait. — Ce mot est quelquefois synonyme de *voile*; c'est dans ce sens qu'on dit: un *trait carré*, c'est-à-dire un bâtiment dont les voiles principales sont carrées.

Trame. — La *trame* est le fil qui parcourt la largeur de la laize d'une toile à voile.

Transfilage. —Action, opération de transfiler. On donne aussi ce nom au cordage qui sert à faire cette opération.

Transfiler. — En parlant de deux morceaux de toile, tels, par exemple, que ceux du fond d'une carrée qui sont percés d'œillets, les *transfiler*, c'est les *lacer* ensemble à l'aide d'un bout de ligne, pour les rapprocher et les tendre.

Lorsqu'à bord d'un navire les tentes sont faites, on les rapproche l'une de l'autre, au moyen d'une ligne, passée dans des œillets pratiqués à cet effet; on dit alors que les tentes sont *transfilées*.

Transversal. — Se dit, en général, d'un plan vertical coupant le navire dans le sens de ses baux ou de sa largeur; en particulier, c'est celui qui passe par le milieu des branches du maître couple, et qui partage le navire en deux parties dans le sens de sa largeur; il est plus régulier de donner à ce dernier plan la qualification de *plan latitudinal.*

Traverser. — *Traverser* une voile, se dit des voiles latines, auriques ou à bourcet, lorsqu'on en hale la toile et l'écoute dessous le vent, afin que la voile ait plus d'effet pour faire tourner, quand il y a lieu, un navire ou une embarcation autour de son axe vertical.

Trélucher. — En parlant d'une voile d'antenne, la *trélucher*, c'est la changer pour la manœuvre du virement de bord vent arrière.

Quand la brise est assez forte, cette opération pourrait devenir dangereuse si l'on ne filait pas l'écoute, alors que le vent prend dans la voile, du côté opposé à celui où elle le reçoit en principe.

Tréou. — Voile carrée destinée à remplacer une voile latine pendant un gros temps; la vergue qui la porte s'appelle *vergue de tréou.*

Trésillon. — Petit levier ou cabillot qui sert à souquer ou serrer deux cordages.

Tresse. — Sorte de cordage plat tressé à la main, et composé de fil de caret ou de bitord.

Triangle des pointes. — Ce sont toutes les laizes qui composent la partie avant d'une voile aurique, comprise entre le point d'amure, et une parallèle à la chute arrière, menée par l'empointure de chute avant. Les parties restantes d'une voile carrée, après en avoir enlevé le rectangle déterminé par des perpendiculaires abaissées des empointures sur la ligne droite de la bordure, sont aussi appelées *triangles des pointes.*

Triangulaire..— Les voiles dites *triangulaires* ou n'ayant que trois côtés sont de deux sortes : celles à antennes ou envergués sur des antennes, et celles à drailles ou qui se hissent et s'amènent le long de drailles, comme sont les focs.

Tribord. — Si l'on imagine un plan vertical passant par l'axe de la quille, toute construction navale est partagée en deux parties ou moitiés longitudinales par la section de ce plan. Celle qui est à la droite d'un spectateur regardant vers la proue s'appelle le côté de *tribord* ou simplement *tribord*, et par suite tous les objets placés ou situés dans cette partie sont dits être à *tribord.*

Tribord est encore la droite d'un marin, ou le côté droit d'un objet dont on parle.

Trinques. — Nom donné aux *roustures* des antennes.

Trinquet. — Nom du mât de misaine des navires dits *latins* ou destinés à avoir leurs voiles envergués sur antennes. Ce mât est ordinairement incliné sur l'avant.

Trinquette. — Voyez au mot *Foc.*

Trois-Mâts. — Terme générique employé pour désigner ceux des navires dits à *traits carrés*, qui sont mâtés d'un grand mât, d'un mât de misaine et d'un mât d'artimon.

Trompe. — Synonyme de *manche à vent.*

Trou. — Le *trou* du chat est un passage pour arriver à la hune, qui se trouve près du capelage, entre les haubans et l'ouverture de la hune : ce passage dispense de monter par les gambes.

V

Vareuse. — Sorte de blouse en grosse toile, que les matelots portent pour être à leur aise ou pour préserver leurs vêtements.

Velette, Voilette. — Petite voile latine qu'on installe sur la vergue de mestre pendant un mauvais temps.

Vélique (Point). — Après avoir tracé le plan de la voilure d'un navire, et décomposé en triangles la surface de chaque voile, on marque le centre de gravité de tous ces triangles. Si actuellement on abaisse de chacun de ces centres une perpendiculaire sur le plan de flottaison, on peut relever la longueur de ces perpendiculaires, multiplier cette longueur par la surface du triangle correspondant, et faire la somme de tous ces produits ; c'est ce qu'on appelle la somme des moments : on divise ensuite cette somme par celle des surfaces des triangles qui est la surface totale de la voilure ; le quotient donne la hauteur du *centre de voilure* au-dessus de la flottaison, lequel, d'ailleurs, se trouve dans le plan longitudinal du navire. Prenant de même la somme des moments par rapport à la perpendiculaire d'étrave ou d'étambot, selon que l'on aura pris l'une ou l'autre pour y rapporter les moments, il ne faut plus alors que tracer sur le plan longitudinal une verticale à cette distance, et l'intersection de cette verticale avec l'horizontale qu'on fait passer par le point marquant la hauteur au-dessus de la flottaison du centre de voilure déjà trouvé, détermine la position du *centre de gravité de la voilure du navire*, *centre* qu'on appelle expressément *point vélique* ou *centre vélique*. Au résumé, c'est au centre vélique qu'est censée appliquée la résultante de toutes les actions partielles du vent sur les voiles. La distance du centre de voilure au centre de gravité du système du navire est le bras de levier avec lequel agit le poids représentant la pression exercée par le vent sur tout l'ensemble de la voilure. Cette pression, pour une vitesse de vent donnée, est proportionnelle à la surface totale de la voilure. Le moment est donc mesuré par le produit de la surface multipliée par la distance du point vélique au centre de gravité.

Ventrière. — Une *ventrière* sert à l'embarquement et au débarquement des chevaux : c'est une sangle en grosse toile terminée à ses extrémités par deux forts bâtons.

Vergue. — Les *vergues* sont de longues pièces de bois que l'on installe sur les mâts d'un navire, et qui en portent la plus grande partie des voiles : elles sont placées tantôt en croix sur l'avant des mâts, tantôt obliquement sur leur arrière ; dans le premier cas, elles ont des voiles carrées, d'où elles prennent quelquefois le nom de *vergues carrées ;* dans le second, elles ont des voiles auriques dites *à corne* ; on leur donne alors la dénomination spéciale de *cornes*, et aussi de *vergues auriques*. Il y a encore quelques sortes particulières de vergues, telles que les vergues des voiles au tiers ou à bourcet ; les antennes ou vergues latines destinées à recevoir des voiles latines ; les arcs-boutants des voiles à livarde ; les bômes ou guis pour border les brigantines ; les bouts-dehors pour l'établissement des bonnettes ; les tangons pour fixer les amures des bonnettes basses et des fortunes ; les *vergues de bonnettes* pour enverguer ces sortes de voiles ; les *vergues des flammes*, cornettes et girouettes, etc. La description de ces vergues ou voiles particulières étant donnée aux mots *Corne*, *Bourcet*, *Antenne*, *Livarde*, *Bôme*, *Bout-dehors*, *Tangon*, *Bâton*, etc., il ne reste plus à s'occuper ici des vergues destinées à porter des voiles carrées.

Ces vergues ont le plus de grosseur et même parfois un renfort à leur milieu ; leur section transversale est, soit un cercle, soit un octogone ; on voit, vers leurs extrémités, des adents nommés taquets de bouts de vergue, et ces mêmes extrémités, à partir des taquets, portent expressément le nom de bouts de vergues.

Les vergues se désignent généralement par le nom des voiles qui y sont enverguées ; on dit ainsi : *vergue de misaine*, de *perroquet de fougue*, de *grand hunier*, etc. Cependant, et par abréviation, on dit : *grand'vergue* pour *vergue de grand'voile*, *basses vergues* pour *vergue de grand'voile* et *vergue de misaine*, *vergues de hune* pour *vergues des huniers* (soit le grand hunier, le petit hunier et le perroquet de fougue), et *vergues de perroquet* ou de cacatois pour *vergues des voiles de perroquet* ou de cacatois. On appelle, d'ailleurs, *vergues sèches ou barrées*, celles qui ne portent pas de voiles enverguées ; telle est la *vergue du mât d'artimon* nommée spécialement *vergue barrée*.

Vertical. — A bord, le *plan vertical*, appelé aussi *plan dia-*

métral, est celui qui passe par l'axe de la quille, de l'étrave, de l'étambot, et qui est perpendiculaire au plan de flottaison.

Videlle. — On donne le nom de *videlle* à la reprise d'un accroc dans une voile lorsque cette reprise est faite à points croisés.

Visiter. — C'est examiner l'état d'une voile et prononcer sur son degré d'usure, c'est-à-dire la mettre à réparer ou à changer.

Voile. — Assemblage de laizes ou de portions de laizes de toile à voiles ou autres tissus, taillées suivant la destination de la voile, cousues ensemble et munies de leurs renforts, ralingues, bandes de ris, etc. L'opération par laquelle on taille ces laizes et les voiles, en général, s'appelle coupe ou taille de voiles; elle exige beaucoup d'expérience et de soin.

La destination des voiles est d'être enverguées, c'est-à-dire fixées par un ou quelquefois par deux de leurs côtés, aux vergues, cornes, drailles ou mâts du navire; elles sont ensuite déployées, tendues, orientées pour recevoir l'impulsion du vent et la lui communiquer, afin de lui donner un mouvement soit dans le sens de sa quille, soit latéralement, soit, enfin, autour de son axe vertical : dans le premier cas, les voiles servent à pousser le navire ou à le faire marcher vers l'avant ou vers l'arrière; dans le second, elles tendent à le faire dériver; dans le troisième, elles le font évoluer ou tourner autour de son axe vertical. Il en est de même des voiles des bateaux, barques, embarcations, canots, etc. Les voiles, quoique très-variées dans leur forme, peuvent être rangées en quatre catégories : 1° les *voiles carrées* ou *traits carrés*, qui s'enverguent à des vergues situées horizontalement, dont les côtés horizontaux sont parallèles, et dont les côtés latéraux s'écartent un peu de la verticale; 2° les *voiles auriques* qui s'enverguent tantôt sur des vergues ou des cornes, tantôt sur des drailles; telles sont : les *voiles au tiers* ou *à bourcet*, les *voiles à cornes*, les *voiles à livarde* ou *à balcston* et les *voiles d'étai*; 3° les *voiles triangulaires* ou *latines* qui s'enverguent, soit sur des antennes, soit sur des drailles : les *voiles auriques* et les *voiles latines* sont, quelquefois, désignées, ensemble, sous la dénomination de *voilesen pointes*; 4° les *bonnettes* ou voiles supplémentaires qui ne tiennent pas au corps de la mâture et qu'on y surajoute momentanément quand le temps le permet.

Le nom des voiles carrées participe ordinairement du nom du mât auquel elles appartiennent; ainsi, en général, pour le grand mât, il y a la *grand'voile;* pour le grand mât de hune, le *grand hunier;* pour le grand mât de perroquet, le *grand perroquet;* pour le grand mât de cacatois, le *grand cacatois;* pareillement, pour les autres mâts verticaux d'un trois mâts, il y a la *misaine*, le *petit hunier*, le *petit perroquet*, le *petit cacatois*, le *perroquet de fougue*, la *perruche* et le *cacatois de perruche*. On voit par cette nomenclature que le mât d'artimon n'a pas de basse voile; elle y est remplacée avantageusement par la *brigantine* ou par l'*artimon.*

Voiler. — *Voiler un navire*, c'est le garnir de ses voiles et les y enverguer. On dit qu'un navire est bien ou mal voilé selon que ses voiles sont plus ou moins bien disposées; un navire bien ou peu voilé est celui qui a une voilure d'une grande ou d'une petite surface.

On dit enfin d'un bâtiment qu'il est voilé ou gréé en trois mâts, en brig, en goëlette, etc., et d'une embarcation qu'elle est voilée ou gréée en chasse-marée, en côtre, etc., lorsque la voilure qui y est adaptée est celle d'un de ces navires.

Voilerie. — Atelier où l'on fait des voiles.

Voilier. — Ouvrier dont la profession est de tailler, coudre ensemble les laizes des voiles, d'y fixer leurs renforts, ralingues ou garnitures, et de réparer ces voiles.

Voilure. — Ensemble des voiles d'un bâtiment. C'est aussi l'ensemble des voiles sous lesquelles il navigue à un moment donné, mais alors on dit : le navire porte telle voilure, ou *quelle voilure* avez-vous? mais le mot *la voilure*, employé seul, indique la totalité des voiles qu'on peut porter.

On dit aussi qu'un bâtiment a une voilure de *brig*, de *goëlette*, etc., pour indiquer qu'il est gréé en brig ou en goëlette, ou qu'il a une voilure de *vaisseau*, de *frégate*, pour indiquer que la surface de sa voilure est la même que celle d'un vaisseau ou d'une frégate.

Volant. — S'applique à un objet provisoire, supplémentaire ou qui se déplace fréquemment ou avec facilité, comme *galhauban* volant, *foc volant*, etc.

Les *perroquets*, les *cacatois volants* sont ceux qu'on installe sur des flèches de mâts et de manière à pouvoir être mis ou amenés facilement en bas; aussi n'ont-ils, en général, ni balancines, ni boulines, ni cargue-fond, ni même quelquefois de bras.

Voûte. — Partie de la poupe comprise entre la lisse d'hourdi ou le bord inférieur des sabords de retraite et le pont immédiatement supérieur qui se prolonge vers l'arrière; le profil en est une surface courbe plus ou moins prononcée.

Y

Yacht. — On donne le nom de *yacht* à un bateau ou à un petit bâtiment de plaisance et même de cérémonie et d'apparât, fort usité en Angleterre et en Hollande.

Yole. — En général c'est un petit *canot élégant, très-léger*, et ordinairement bordé à clin.

Youyou. — Nom donné en France à une embarcation petite, courte, ayant un arrière large et qui n'est souvent armée que par des mousses. La voilure réglementaire des youyous est une voile à livarde et un foc amuré sur l'étrave.

FIN DU DICTIONNAIRE.

ERRATA.

Page 104, ligne 16, *au lieu de :* déterminée, *lisez :* diminuée.

Page 112, ligne 15, *au lieu de :* 12ᵉ laize. . . 0,252, *lisez :* 0,232.

Page 128, ligne 5, *au lieu de :* la figure de la planche G, *lisez :* fig. 3, Pl. I.

RENVOI AU TEXTE

Des figures insérées dans les planches.

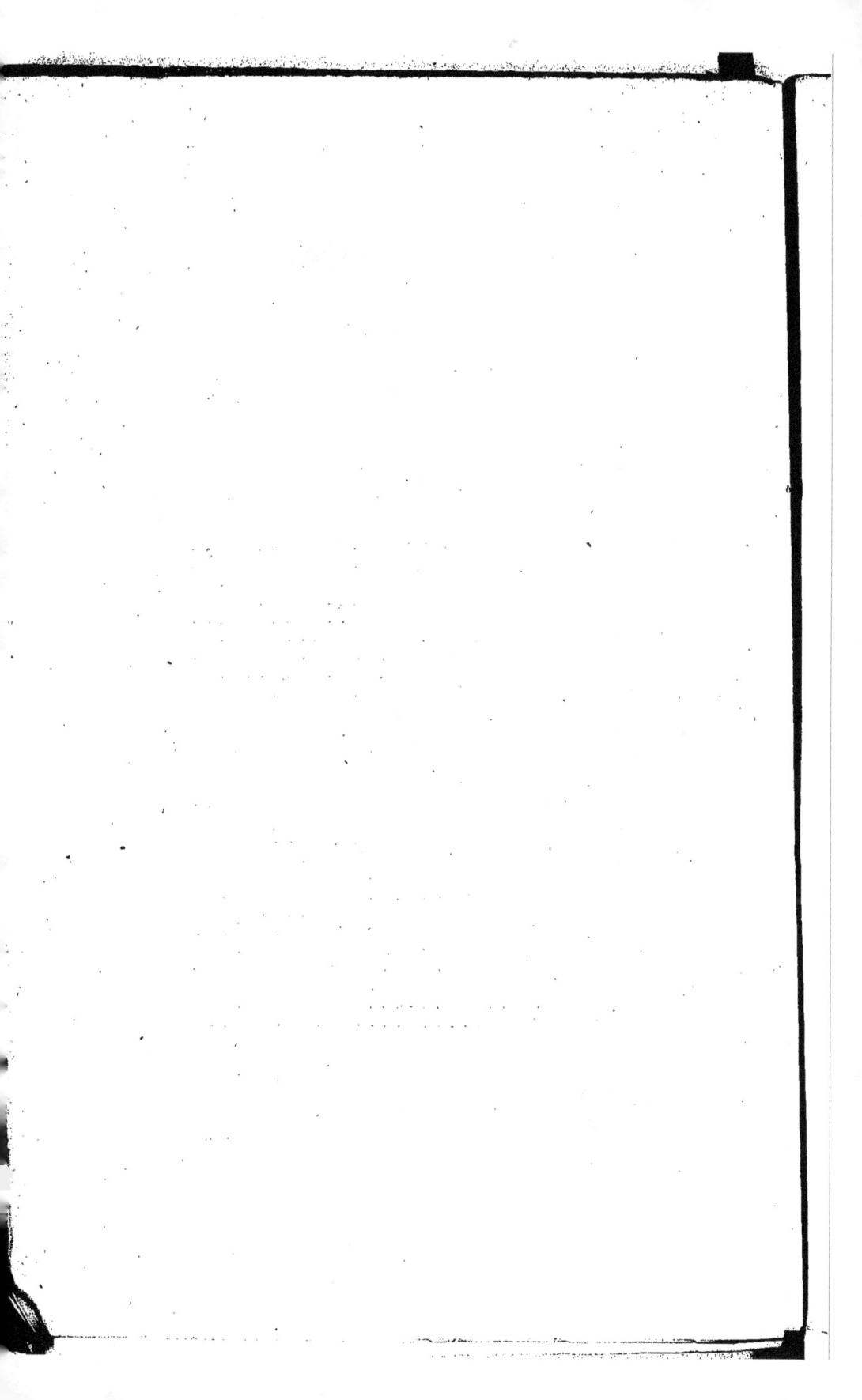

TABLE DES MATIÈRES.

NOTIONS PRÉLIMINAIRES.

DÉFINITIONS DE QUELQUES FIGURES GÉOMÉTRIQUES.

MANIÈRE DE TRACER LES LIGNES.

MESURE DES LIGNES ET DES ANGLES.

MESURE DES SURFACES.

INTRODUCTION.

PREMIÈRE PARTIE.

DU PLAN DE VOILURE.

DIMENSIONS NÉCESSAIRES POUR EXÉCUTER LE TRACÉ DES MATS.

POSITION DES EMPOINTURES DES VOILES CARRÉES EN GÉNÉRAL, DES POINTS D'ÉCOUTE DES HUNIERS, PERROQUETS ET CACATOIS ET DES POINTS D'AMURES DES BASSES VOILES.

DIMENSIONS DES VOILES CARRÉES.

TRACÉ DES CORNES DES VOILES-GOELETTES ET DIMENSIONS QU'ON POURRAIT DONNER A CES VOILES.

TRACÉ DES DRAILLES DES FOCS ET DIMENSIONS A DONNER A CES VOILES.

DU TRACÉ DES VERGUES ET DES BOUTS-DEHORS DES BONNETTES ET DIMENSIONS DE CES VOILES.

DU TRACÉ DES DRAILLES DES VOILES D'ÉTAIS ET DE LA FORME QU'IL CONVIENT DE DONNER A CES VOILES.

MANIÈRE DE PRENDRE LES DIMENSIONS DES VOILES A BORD DES BATIMENTS.

DEUXIÈME PARTIE.

DU TRACÉ ET DE LA COUPE DES VOILES.

DES VOILES CONSIDÉRÉES TERMINÉES PAR DES COTÉS EN LIGNES DROITES.

DES VOILES COURBES.

Pages.

DU CENTRE DE VOILURE.

TROISIÈME PARTIE.

CONFECTION, RÉPARATION ET MODIFICATION DES VOILES.

SOMMAIRE DES TRAVAUX A EXÉCUTER.

RENFORTS ET DOUBLAGES.

Pages.

VOILES LATINES DE TARTANE. — MESTRE.

FOC.

COUPE ET CONFECTION DES MANCHES A VENT.

RÉPARATION.

MODIFICATION.

TABLEAU DONNANT PAR NUMÉROS LES QUALITÉS DE TOILES QU'ON PEUT EMPLOYER A LA CONFECTION DES VOILES.

TABLEAUX DONNANT LES GROSSEURS DES RALINGUES QU'ON PEUT EMPLOYER A LA CONFECTION DES VOILES.

DICTIONNAIRE.

Paris. — Imprimé par E. Thunot et Cie, rue Racine, 26.

Fig. 1.

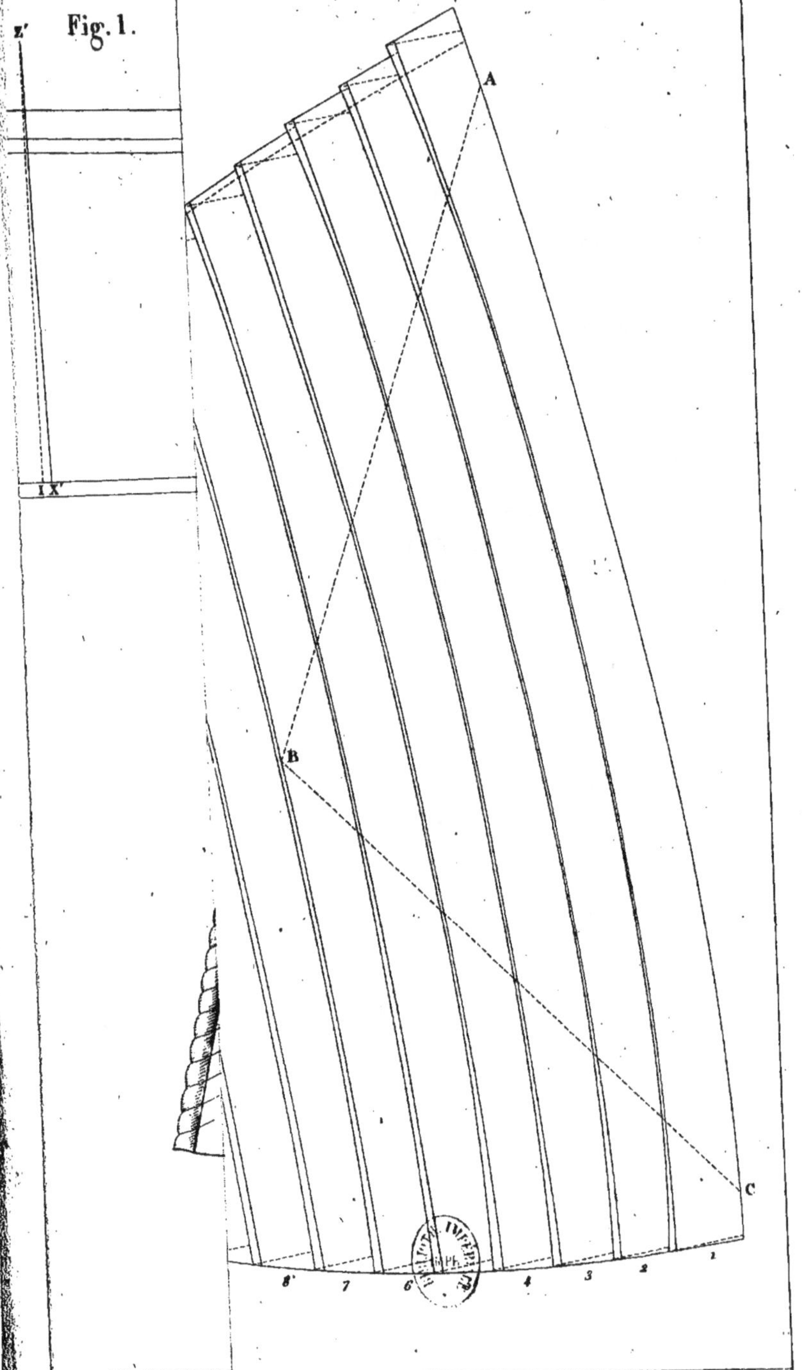

Paris-Imp. Becquet 37 R. des Noyers

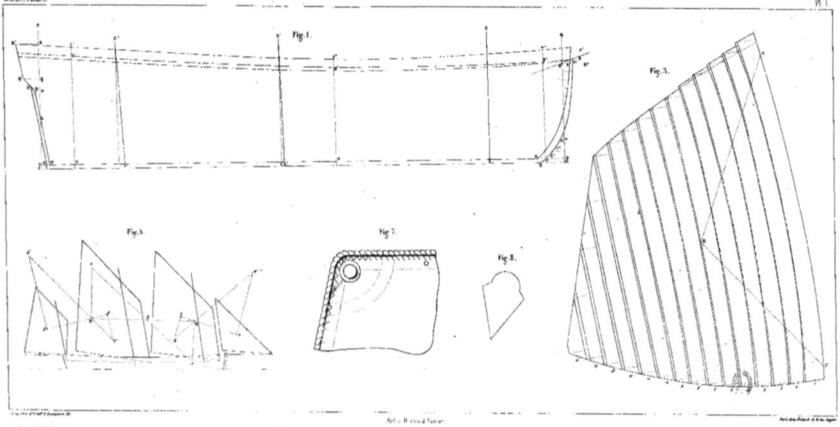
Fig. 1.
Fig. 3.
Fig. 5.
Fig. 7.
Fig. 8.

Fig. 2.

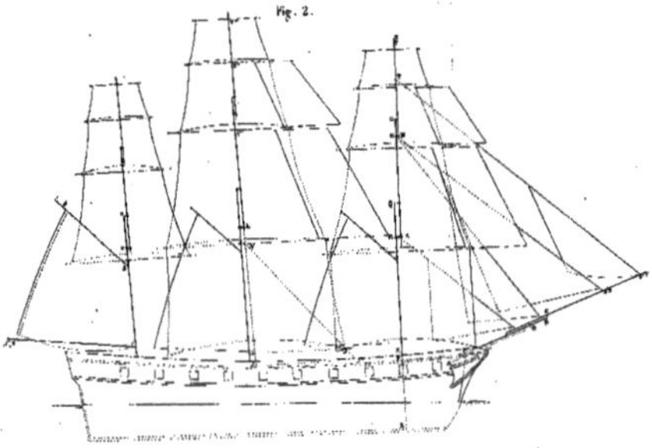

Fig. 4.

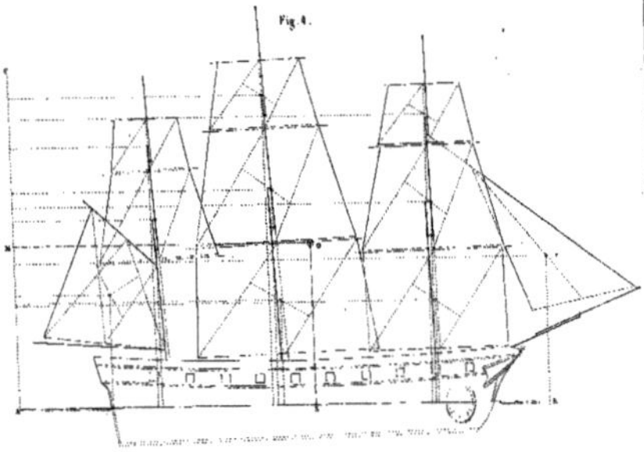

Merlin, voilure.

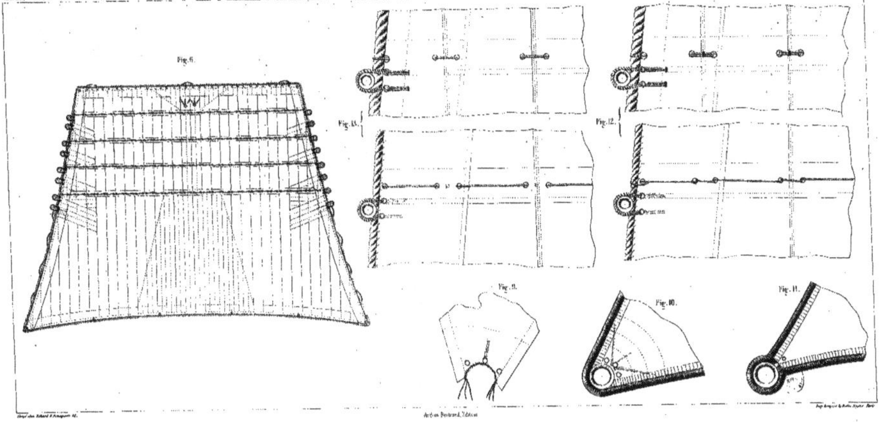

Arthus Bertrand, Editeur

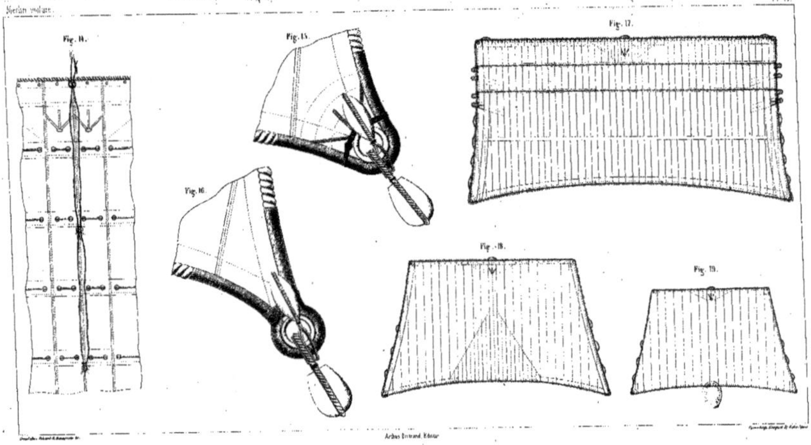

Arthus Bertrand, Éditeur

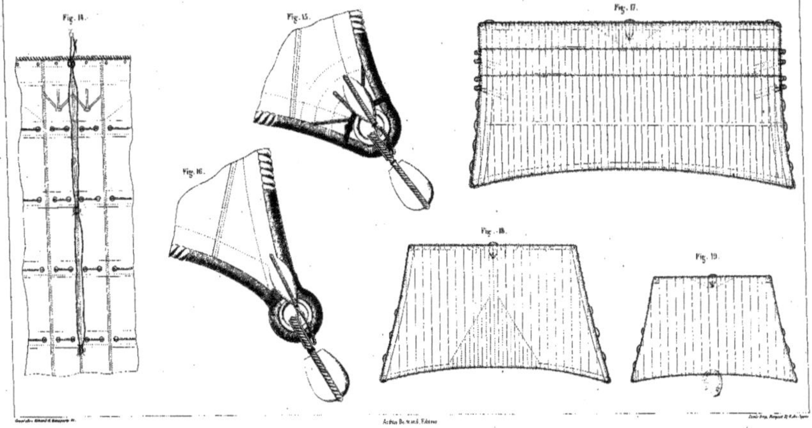

Arthus Bertrand, Éditeur

Fig. 20.

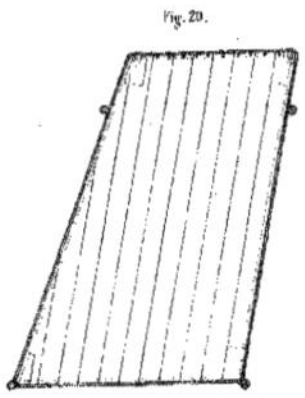

Fig. 21.

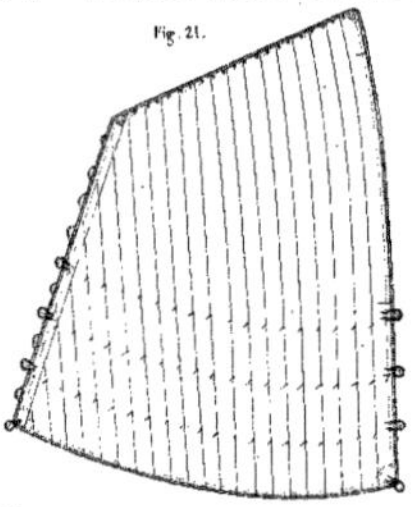

Fig. 22.

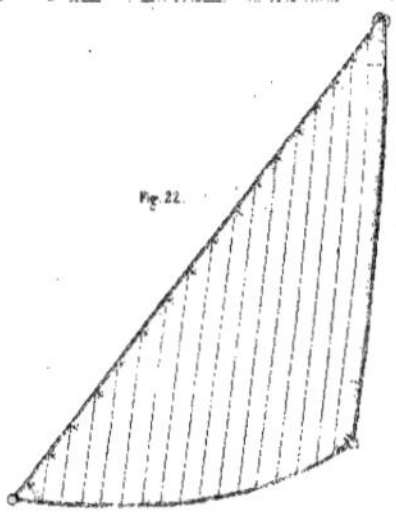

Fig. 23.

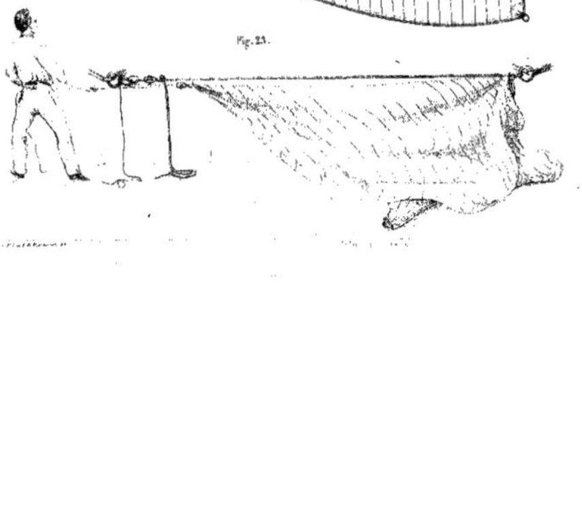

Fig. 26.

Fig. 27.

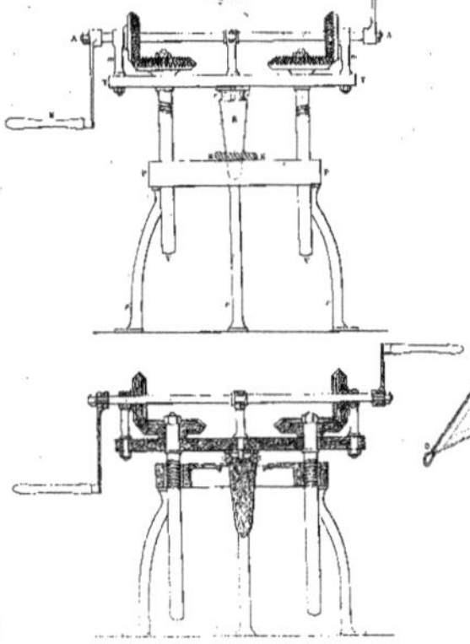

Fig. 24.

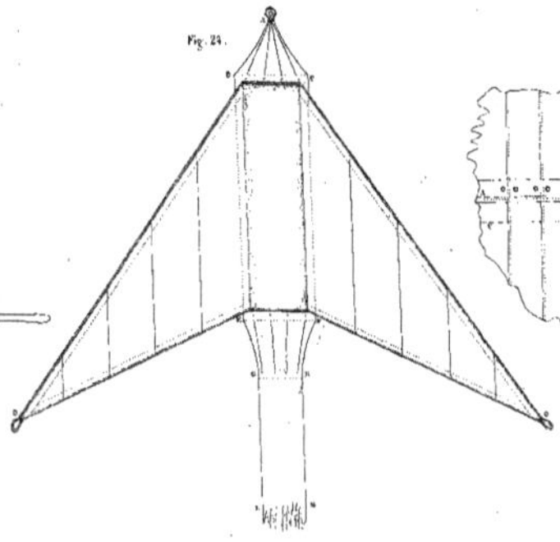

Fig. 25.

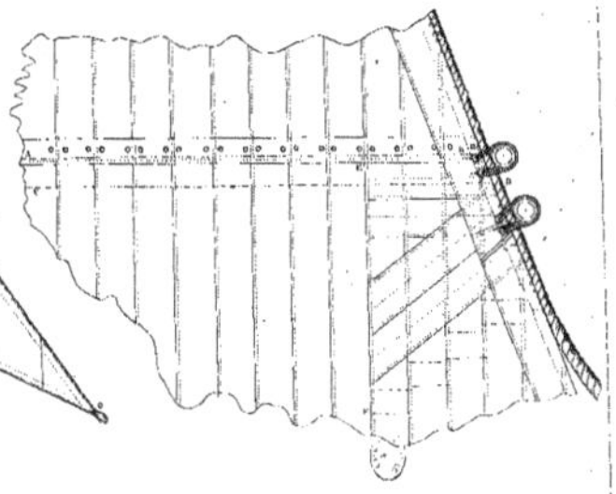

OUVRAGES SOUS PRESSE

DE FRÉMINVILLE, ingénieur de la marine, professeur à l'école du génie maritime. — **TRAITÉ PRATIQUE DE CONSTRUCTION NAVALE**, 2 vol. in-8 accompagnés de nombreuses figures dans le texte et de deux atlas grand in-folio, renfermant chacun 20 planches gravées.

Tome premier. — Tracé géométrique du navire. — Calculs de déplacement et de stabilité. — Étude sur les formes du navire appropriées à divers services. — Tracé à la salle du gabarit. — Étude sur la charpente des navires. — Constructions en bois. — Constructions en fer. — Constructions mixtes. — Étude sur les bois de construction.

Tome second. — Apparaux de lancement et de radoub. — Bassins. — Bateaux-porte. — Cales de halage. — Installation intérieure et apparaux de manœuvre. — Gouvernail. — Chaînes et ancres. — Cabestans. — Construction des mâts et de leurs accessoires. — Surface de voilure. — Gréement fixe. — Principales manœuvres relatives aux voiles.

LEWAL, lieutenant de vaisseau. — **TRAITÉ PRATIQUE D'ARTILLERIE NAVALE ET TACTIQUE DES COMBATS DE MER**, 4 vol. in-8 avec figures dans le texte et accompagnés de 17 grandes planches gravées, dont plusieurs imprimées en couleurs.

Tome troisième. — Tir convergent. — Tir précipité. — Tir à ricochet.
Accompagné de figures dans le texte et d'un atlas renfermant 8 grandes planches dont plusieurs imprimées en couleurs.

Tome quatrième. — Histoire technique des combats de mer. — Principes d'évolution des vaisseaux à hélice. — Tactique des combats de mer.
Accompagné de nombreuses figures dans le texte.

Paris. — Imprimé par E. Thunot et Cie, rue Racine, 26.

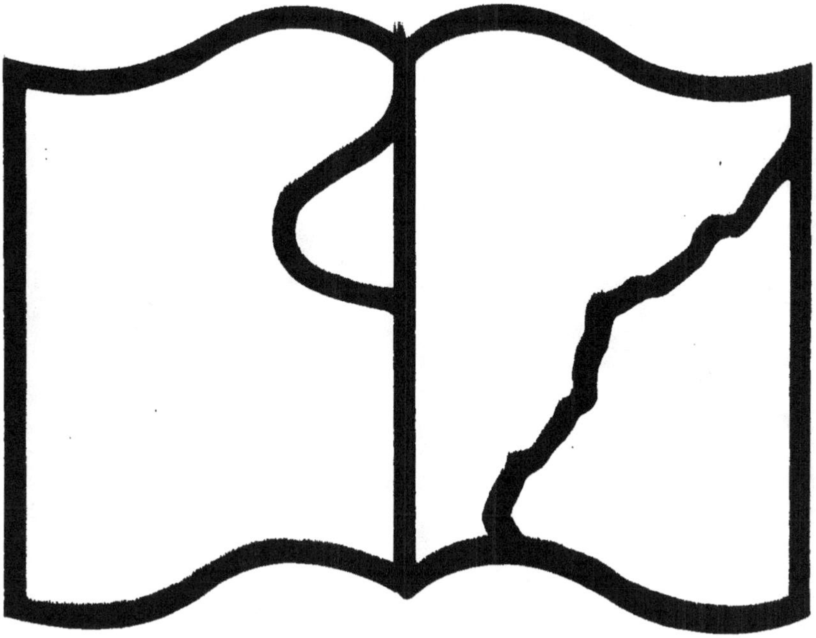

Texte détérioré — reliure défectueuse

NF Z 43-120-11

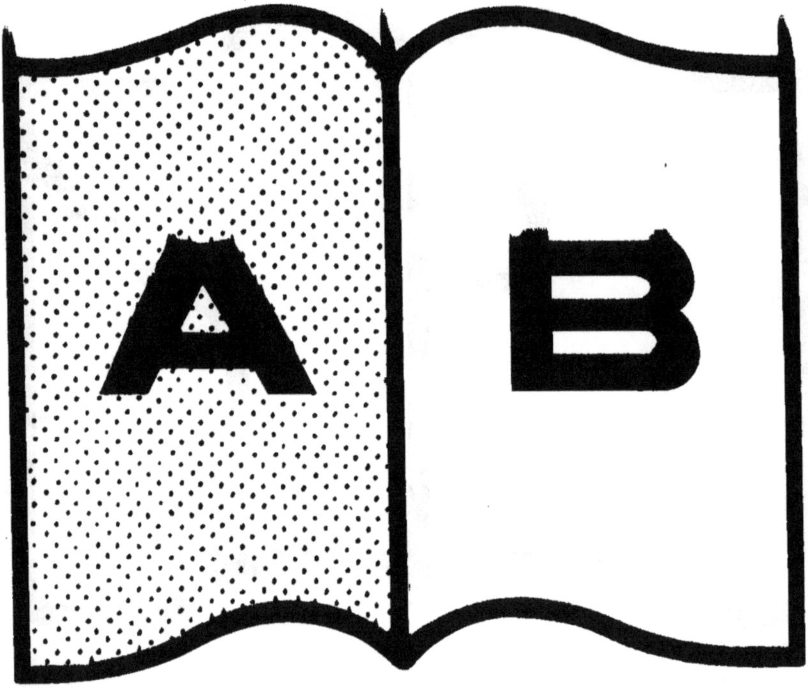

Contraste insuffisant

NF Z 43-120-14